本书为江南大学产品创意与文化研究中心资助项目

"为转型而设计"青年学术论丛

"Design for Transition": Academic Series from Young Scholars

生计方式影响下
信江流域传统聚落营建的生态适应性研究

Research on the Ecological Adaptability of Xinjiang River Basin Traditional Settlement Construction under the Influence of Livelihood Strategy

姬　琳　著

中国建筑工业出版社

图书在版编目（CIP）数据

生计方式影响下信江流域传统聚落营建的生态适应性研究 / 姬琳著. — 北京：中国建筑工业出版社，2020.8
（“为转型而设计”青年学术论丛）
ISBN 978-7-112-24929-9

Ⅰ.①生… Ⅱ.①姬… Ⅲ.①聚落环境 — 建筑设计 — 研究 — 江西 Ⅳ.① TU2

中国版本图书馆CIP数据核字（2020）第043179号

责任编辑：贺 伟 吴 绫
责任校对：李美娜

“为转型而设计”青年学术论丛
生计方式影响下信江流域传统聚落营建的生态适应性研究
姬 琳 著
*
中国建筑工业出版社出版、发行（北京海淀三里河路9号）
各地新华书店、建筑书店经销
北京点击世代文化传媒有限公司制版
北京君升印刷有限公司印刷
*
开本：787 × 1092毫米 1/16 印张：15¾ 字数：313千字
2020年8月第一版 2020年8月第一次印刷
定价：59.00 元
ISBN 978-7-112-24929-9
（35033）

序

设计学的研究在近十年中由于与新科技、新经济、新社会与新人文的不断融合而拓展了其新的边界与内涵。无论是设计驱动重新定义原来由技术或市场主导的创新概念，或是设计在社会转型中积极寻找介入的机会，来重新构思整个生活方式和发展的设施，还是以新的交叉研究视角来重新审视原有的学术领域以重构知识体系，这些都意味着设计学科的知识范畴与教育体系面对转型的新背景与新问题，无疑应具备高度的主动精神、拓展设计视野、关注新兴领域、坚守育人的根本，并且其学术研究的视野也需要更宽广且更具深度。

面对“为转型而设计”的全球性命题，中国设计院校应具有自己的角色，特别是改革开放四十年之际，已具备了设计理论体系的初步构建与设计实践的基础，更应有其中国设计学术建构的使命与责任。而设计学领域的青年博士作为学术思想最活跃的群体，在设计研究范式转型与重塑的当下，聚焦特定学术领域，在其学术成果的产出中常显露出探索的锋芒与先锋的声音。

江南大学设计学院自1960年由无锡轻工业学院造型系创建、发展以来，如今已成为以轻工为特色，在国内外具有重要影响的高水平设计学科、最具国际活跃度的国际化学院、业界卓越设计人才培养的示范基地。在近60年建设与发展的历程中，不断以持续改革来回应不同时代的机遇与挑战，四次国家教学成果奖集中展示了不同时期的设计教育与学术研究的转型。今天，设计学院又提出要以培养适应未来行业领域的、有社会责任感和受尊重的新型设计师与设计领导者，适应新时代、新经济、新社会的转型挑战为办学使命，并以全球性的问题挑战与产业趋势为引领，推动研究型教学与有使命感的主动学习。

这其中，青年教师的学术研究是我们学科塑造持续的学术优势与影响力的关键之一。因此，我们联合中国建筑工业出版社的优势资源，在江苏高校优势学科建设工程三期项目的支持下优先支持青年教师的学术探索，特别是将其近年来有关前沿学术课题的系统研究结集出版。并鼓励其以持续聚焦“为转型而设计”的前沿交叉领域，不断推出新的学术观点以影响设计界。

青年兴则学科兴，青年强则学科强。通过该系列学术论丛的出版，希望推动学院青年教师积极致力于新时代发展的使命，支持其通过学术成果发出自己的学术声音，一起协同将学院努力发展成为全球视野中国设计思考的产生地、国际设计教育变革与实践的示范区，持续推动中国设计教育与学术研究的探索。

张凌浩
江南大学副校长、教授、博士生导师
教育部高等学校机械类专业教学
指导委员会工业设计专业教学指导分委员会副主任委员
中国工业设计协会副会长

前言

以信江流域的传统聚落为本书的研究对象，是源于如下问题的提出：赣东北地区作为江西省内自然景观资源、生态资源和地域文化最为多样化的区域，当地传统人居环境的特征性表现在哪？赣东北地区的生计方式对当地的传统聚落生态适应性的影响机制又是如何进行的？抱着对这些问题的关注，在本人导师周浩明教授的支持下，本书选择了信江流域这个赣东北的核心区域作为研究对象，这也是本书得以形成的主要原因。

本书立足于生态建筑学、文化人类学的相关理论及研究方法，从生计方式的视角，通过对信江流域不同类型传统聚落对于自然资料的获取方式、利用方式进行分析，就这些聚落的环境择址、空间肌理形态、环境营建观念、建筑样式及营建技艺四个营建内容的生态适应性特征进行总结，并就生计方式对聚落环境营建的生态适应性特征形成的作用及影响机制展开了研究。

在“聚落择址”方面，从获取自然资源方式的角度出发，分析不同生计方式类型的传统聚落对于自然环境中生产要素（水、土、热等）的需求差异，并且指出这些需求上的差异使信江流域传统聚落形成了乡村“林池相伴”“近山林远河谷”及集镇“山水交汇”极具生态适应性特征的聚落环境结构模式。

聚落“空间肌理形态”“环境营建观念”和“建筑样式及营建技艺”三方面的研究，则从利用自然资源方式的角度出发，认为传统聚落通过生产要素的组织方式，营建出具有生态适应性的空间肌理形态。传统集约农耕文化中产生的“三才”思想，结合信江流域生计方式中特有的生产技术观念，形成“精耕细作”和“因天”“辅地”“工巧”的环境营建观，指导乡村聚落生产环境的改良和集镇聚落的安全、高效、便利。基于信江流域潮湿闷热气候下生产安全、储藏防潮的考虑，建筑单体在平面、立面、结构上形成了适应当地气候的形态；在营建技术层面，本地匠人基于当地生计方式形成了多数技术简便易学、就地取材、建筑结构简化、考虑建筑有效寿命、工具简单、一物多用、便于携带、度量制度简单的特点。

通过以上研究，本书认为：信江流域以集约化农耕的稻作经济文化为基础衍生出的生计方式，通过生产要素选择、生产要素组织、生产技术观念指导、生产技术需求，影响聚落营建活动在择址原则、空间肌理形态、环境营建观念、建筑样式及营建技艺等方面的特征形成，使聚落在对自然资源进行高效获得与优化利用的同时，确保聚落与自然环境之间稳定、延续的生态适应性关系。

目录

第1章　绪　论

1.1　研究的源起、背景与意义

1.1.1　研究的源起

1. 本书依托于导师周浩明教授关于中国传统环境营建思想的研究课题，主要聚焦于对中国传统人居环境生态设计、营建、思想、技艺等内容的分析梳理，对于地方性传统聚落环境的生态性营建以及形成规律的研究是课题体系中的子课题之一。

2. 共处于同一自然资源条件中，不同社会文化背景下，不同的传统聚落类型能够在自身社群的文化指导下，营建出与自然环境相适应的人居生态环境。对这种生态适应性机制如何运行这一问题的关注也是本书研究的源起之一。

3. 立足于环境设计视角对传统聚落环境营建的生态适应性特征进行研究。

以往传统聚落的相关研究成果多集中于规划、建筑领域，集中于宏观、中观层面的研究成果较为丰富；而本书将从环境设计的视角重新审视传统聚落，尤其是小尺度聚落的环境营建的生态适应性。

2013 年 9 月，国务院学位委员会在《学位授予和人才培养一级学科简介》中关于“环境设计”的定义为“环境设计是研究自然、人工、社会三类环境关系的应用方向，以优化人类生活和居住环境为主要宗旨。环境设计尊重自然环境、人文历史景观的完整性，既重视历史文化关系，又兼顾社会发展需求，具有理论研究与实践创造，环境体验与审美引导相结合的特征。环境设计以环境中的建筑为主体，在其内外空间综合运用艺术方法与工程技术，实施城乡景观、风景园林、建筑室内等微观环境的设计”[①]。

相较于城市规划与建筑学等学科视野下的“环境”概念内涵，对于“环境设计”而言，郑曙旸教授认为：“广义的环境艺术设计概念是以环境生态学的观念来指导今天的艺术设计，就是具有环境意识的艺术设计，显然这是指导艺术设计发展的观念性问题。而狭义的环境艺术设计概念以人工环境的主体建筑为背景，在其内外空间所展开的设计”[②]，在广义上更为强调环境生态观的角度，在狭义上则关注于建筑主体为基点的室

---

① 国务院学位委员会第六届学科评议组编 . 学位授予和人才培养一级学科简介 [M]. 北京：高等教育出版社，2013：416.

② 郑曙旸 . 环境艺术设计概论 [M]. 北京：中国建筑工业出版社，2007：8.

内外微环境；也有学者则认为可以从四个层面进行理解[①]：

1）物理空间尺度层面："环境"一词是指以主体建筑为背景下的室内和室外两个空间的微观人工环境。

2）设计认识论和方法论层面：环境是人们生活、生产空间的系统，具有系统性和完整性。

3）艺术和设计哲学观层面："环境"探讨的是一种人、物与环境应该如何彼此依存的哲学思想，"环境设计"是一种对人、物与环境在空间上如何实现相互依存关系的系统设计。

4）环境生态观念层面：即环境生态意识、环境保护观，1986年原中央工艺美术学院环境艺术系张绮曼教授自日本留学归国后在环境设计初始形成之际就积极推进与发展环境生态观念，使得环境生态意识在"环境设计"兴起伊始就涵括于其研究范畴之中。

本书将依据环境设计的上述特点对信江流域传统聚落以怎样的方式达成人与当地自然环境的生态适应性关系进行研究与探讨。

4. 对于多元混杂文化背景下的信江流域传统聚落环境营建文化生态适应性特点的关注。

1）自然环境具有多样性，而自然环境多样性意味则存在丰富多样的环境生态观念。信江是江西省第三大河流，源于浙赣两省交界处怀玉山南麓，其流域自东向西贯穿赣东北地区东南部，流入鄱阳湖。全流域，山地面积约占流域面积的40%，丘陵面积约占35%，平原面积约占25%，其丘陵是江南丘陵带的重要组成部分。自然地貌兼具山地、冲积平原、河谷、丘陵、红层盆地等多样的地形地貌，坐拥三清山、龙虎山等自然风景名胜，是江西省自然风景资源最为集中之处。

2）传统稻作经济背景下的产业结构具有多样性。信江流域与长江中下游大部分地区一样，以水稻种植作为农业经济的基础，并在稻作经济的基础上发展出各类乡村副业、山林经济和工商经济。信江流域的传统生计方式不仅水稻种植技术发达，而且在山林经济上，因武夷山茶、连史纸生产闻名于全国，在工商经济上形成了以河口古镇为核心，以茶纸贸易为特色的信江集镇群。

3）地域文化具有多元性。信江流域是国内地域文化最为多元性的区域之一，由于地接闽、浙、赣三省，文化上故有"吴头楚尾"之说，自古以来就是吴、楚、越南方文化的交汇之地，赣、徽、吴文化交流聚散之所，宋代朱熹"理学"和陆九渊"心学"的兴起之地，道教正一教（即天师教）祖庭所在，宋代全国道教中心，少数民族畲族同胞聚居之所。在传统环境的营建上，深受闽、浙、赣、皖等多省营建文化影响的特点。

相较于稻作经济相对弱势的徽州地区、自然多样性较为单一的环太湖地区和工商

① 任艺林．"环境"观念溯源——一种整体系统性设计观念的诞生 [J]. 装饰，2018（01）：86.

业相对弱势的西南稻作经济地区，选择信江流域作为研究范围，除了有助于进一步厘清江西地区传统聚落演化状况和营建技术传播情况之外，还有利于丰富多文化背景下的中国传统聚落环境生态适应性营建研究内容。这种由自然地理条件的多样性带来的文化多样性背景，使得信江流域传统聚落环境实际营建案例成为深入探讨、剖析、验证中国传统生态思想观的理想样本区域之一。

5. 信江河谷城镇群建设背景下当地传统营建文化研究的紧迫性。

2013 年江西省政府在《江西省人民政府关于支持赣东北扩大开放合作加快发展的若干意见》文件中计划充分发挥上饶、景德镇、鹰潭三市区位和资源优势，要将赣东北地区建设成为中部地区重要的产业转移承接示范区；发挥农业资源和生态环境优势，建设成为沿海地区优质农产品供应基地；建设成为全国著名的文化生态旅游地。

作为赣东北扩大开放合作加快发展项目的重要组成内容，2014 年上饶市人民政府在《加快“1+5”信江河谷城镇群建设——上饶市城建发展报告》中明确提出，计划到 2020 年，将“1+5”城镇群[①]的城镇化率提升至 65%，到 2030 年建设成为赣浙闽皖四省交界区域中心城市，江西对接东部沿海开放开发示范区，华东地区重要的综合交通枢纽城市，战略性新兴产业和特色产业的集聚地，四省交界的现代服务业区域中心，全国重要的自然生态文化旅游中心，全国一流的生态宜居森林城镇簇群。

在这种建设背景下，信江流域的信江河谷城镇群建设将使信江流域传统聚落迎来历史机遇。根据建设目标该区域将发展为“沿海地区优质农产品供应基地”以及“全国重要的自然生态文化旅游中心”，良好的自然环境、和谐的人地关系、精耕细作的生产方式既是这些目标的发展基础，也是区域的文化特色所在。但长期以来由于该地区混杂的文化背景、多条线索的移民历史带来了较大的研究难度，导致信江流域传统聚落的传统营建文化与环境设计生态研究成果不足，对该区域聚落原有的产业特色、生计方式梳理尚不足，因此在当前的政策背景和开发目标下，该研究主题的推进显得尤为重要。

1.1.2 研究的背景

19 世纪以来，工业文明的兴起促进了科技与生产力的迅速发展，人类从自然中获取资源的能力与效率日渐提高，从而产生了自然可以被人类征服与主宰的观念，并发展出以近代工业文明为基础的“人类中心主义”发展哲学，形成了以人类中心主义为指导，以近代科技为手段，将自然视为征服对象，对自然资源进行掠夺式开发的发展方式。这种忽视人类生存与发展对于自然的依赖性，将人从自然界割离出来，甚至将人凌驾于自然界之上的认知态度和发展模式，最终导致人类与自然的关系走向极度失

① 即以上饶市中心城区为核心，联合将信江沿岸的广丰、玉山、横峰、弋阳、铅山 5 县建设为“1+5”信江河谷城镇群。

衡，使得自然界生态环境极度恶化的同时，也让人类自身走向消亡的险境。本研究正是在这样的背景下展开的。

1. 可持续发展道路在世界范畴内已达成共识。

正是由于认识到“人类中心主义”发展哲学带来的恶果，全球范围内开始高度重视人与自然和谐生态关系的重建。通过可持续发展建设新型的人类文明——生态文明——已是人们的共识。1987 年联合国世界环境与发展委员会在《我们共同的未来》报告中提出社会、经济、人口、资源、环境彼此间相互协调和共同发展的主张，标志着可持续发展理念作为全球共识被广泛认可与接受；1992 年联合国环境与发展大会通过《里约宣言》和《21 世纪议程》等重要文件，则标志着世界各国政府和各界人士就可持续发展的道路达成共识，并承诺为促进可持续发展而共同行动。

2. 生态文明建设理念已成为中国转型发展中的重要组成内容。

以 2012 年中国共产党十八大报告的发表为标志，中国政府正式将可持续发展的道路纳入执政理念，生态文明建设自此开始被全面纳入经济、政治、文化、社会建设“五位一体”的布局之中，此后在中国的经济、政治、文化、社会建设等各方面的建设与发展中，生态文明理念开始全程化的全面融入。2017 年的中国共产党十九大报告中则进一步提出：“必须树立和践行绿水青山就是金山银山的理念”，并要求坚定不移贯彻创新、协调、绿色、开放、共享的“五大发展理念”。在实践上：“统筹山水林田湖草系统治理，实行最严格的生态环境保护制度，形成绿色发展方式和生活方式”。目的在于：“既要创造更多物质财富和精神财富以满足人民日益增长的美好生活需要，也要提供更多优质生态产品以满足人民日益增长的优美生态环境需要”。中国共产党的十九大报告表明，对于生态文明和生态环境的建设与发展的关注度已被提高到了国家顶层设计的层面，生态文明建设理念已是中国转型发展中的重要组成内容。

3. 传统聚落营建体系中的生态智慧正日益受到重视。

对传统聚落建成环境生态价值意义的认知与全社会生态意识的醒觉、发展直接关联在一起。生态思想作为人类认识和改造自然基本指导思想的提出并不早，1866 年德国生物学家海克尔提出了生态学（Ecology）这一概念，但这并不意味着生态的意识就是从 19 世纪末叶才开始，朴素的生态意识在“生态”这一学术术语被提出之前便已植根于人们的传统文化之中。人们自文明伊始就开始思考并寻求人在自然中的地位问题，以及人与自然之间的关系问题，朴素的生态意识是人类早期自然哲学中的一部分。

生态问题并不是人类进入现代工业文明社会后才独有的问题，农业时代，人们对于自然的干预已造成了许多局部性的生态问题，例如《孟子·告子上》中记载了齐国都城临淄郊野的牛山因滥砍滥伐、任意放牧，而从植被繁茂、景色优美蜕变成了一座光秃秃的荒山的故事。

但相较于以近现代工业文明为基础的城市建设，以农耕文明为基础而形成的传统聚落，其成熟的空间结构、功能布局、民居形制、营建技艺往往与聚落所处的自然、经济、社会环境达成彼此适应，而形成了更为和谐的生态关系。因此对于传统聚落与周边环境生态性营建状况的研究，可以对人居环境的地域性可持续发展过程和本质予以揭示。

综观国外相关研究成果，纳德・鲁道夫斯基的《没有建筑师的建筑：简明非正统建筑导论》一书使得人们重新认识到非建筑文化主流中传统聚落与“原始”建筑中蕴含的建筑智慧。B・吉沃尼的《人・气候・建筑》，索菲亚・贝林的《建筑与太阳能》，古市撤雄的《风・光・水・地・神的设计——世界风土中的睿智》，布野修司的《世界乡土民居》等研究成果则使得人们认识到传统聚落建成环境中传统生态智慧对现代人居环境设计的重要启迪作用和借鉴意义。

1.1.3 研究的意义

从生态学的角度对传统聚落的生态性营建进行研究其意义在于：

1. 重新发掘、评价传统聚落营建中蕴含的生态观念价值与意义，对当下及未来人居环境中的生态建设提供启迪与借鉴。

西方学术界已开始注意到，以中国、印度为代表的东方哲学中泛生态意识和自然主义美学观等内容对于人与自然良性关系的建构可以提供有益的启迪，其泛生态意识和自然主义美学观指导下营建而成的传统聚落中体现出的生态哲学、生态思想、生态设计原则等内容也开始引起了国内外学者的关注。

作为中华农耕文明基因库的中国传统聚落，其本身所承载的文化价值与历史意义早已为人们所认同。由于农耕文化与气候之间的紧密联系，中国传统人居环境思想上强调人对自然的协调与适应，其“顺应自然”“天人合一”的文化特点在传统聚落环境营建上也烙下了不可磨灭的印记。因此在农耕经济文化的背景下，具体地域聚落环境的营建中所遇到的生态问题是如何应对与调整的？这种调整与变化对于聚落环境特点的生成又有着怎样的影响？这些问题的研究成果对于今天的中国小城镇、新农村生态环境建设将有着重要的启迪作用。因此立足已有生态思想理论，对现存且保留完好的传统聚落生态性特点、原则及形成规律的研究十分必要。

2. 能够为快速工业化、城镇化中的传统聚落环境与建筑的保护与发展提供可借鉴的经验与方法。

中国的工业化发展可以划分为两个时间段，第一个时间段是计划经济时代，历经20世纪50、60、70年代近三十余年的时间。中国以发展重工业、城市工业为核心内容，在全国范围内初步建成独立完整的工业体系和国民经济体系，至此中国由一个传统农业大国初步转型成为一个现代工业化大国，并成为世界的主要工业大国之一；第二个时间段为改革开放后至今，工业格局全面调整、快速发展是这一时期中国工业化发展特点。由于计划经济时代出于赶超老工业国家的目的，重工业、城市工业被优先发展，而轻工业、农村工业则发展不足，导致城乡断裂的二元结构出现，彼此间壁垒森严、分化严重，乡村发展停滞不前。

计划经济时代下的“城乡二元结构”的户籍制度，将乡村人口束缚于本土而不得流动，导致乡村人口激增，因此在这一时期乡村聚落的形态变迁上出现了明显的空间扩展与扩散现象。改革开放之后，工业化的快速发展促使中国城镇化进入了高速发展时期，大量农村剩余人口向城镇流动，城镇化速度加快。我国城镇化水平在1982年为20.9%，到2010年已达49.7%[①]；为解决农业、农村和农民问题，克服快速城镇化中出现的各种矛盾与问题，建立推动经济高质量发展的强大引擎，为了改变以土地运营为核心的城镇化旧有模式，打破旧有的城乡壁垒、实现城市乡村的一体化发展，2012年“新型城镇化”的建设理念在中国共产党第十八次代表大会上被提出。到2013年我国城镇化率已达53.73%[②]，2018年则达到了59.58%[③]，预计2030年将达到70%的水平。城镇化的快速发展引起全国性的乡村聚落数量减少，1990年底中国有自然村377.3162万个[④]，2002年减少为339.5954万个[⑤]，到2017年则已减少为244.9万个[⑥]。1982年末中国总人口10.1654亿人，其中乡村人口8.0174亿人，到2018年末中国大陆总人口13.9538亿人，乡村人口8.3137亿人，乡村人口占总人口比重已由78.87%降为40.42%[⑦]，2000年，全国有行政村734715个，2014年为585451个[⑧]，15年间仅行政村的数量就减少了20%以上。由以上数据变化可见，改革开放以来工业化迅速发展与高速城镇化的现象导致我国乡村在人口与环境上出现了剧烈的变动；乡村人口的流动与迁徙现象剧增，常住人口急剧减少，乡村的发展陷入了衰退之中。

“快速”发展往往带来经济效益主导型的城镇化。尤其当前我国的城镇化发展路径和模式尚在摸索过程之中，当地的自然环境条件与历史文化传统需要花费时间和精力去挖掘、体会并形成最终的形式，但在一味追求效率的理念下常常被搁置、忽视甚

① 国家数据 . http：//data.stats.gov.cn/easyquery.htm?cn=C01.

② 国家统计局 . 2013 年中国城镇化率达 53.73% . http：//www.chinairn.com/news/20140121/112651478.html.

③ 国家统计局 . 新中国成立 70 周年经济社会发展成就系列报告之十七 . http：//finance.china.com.cn/news/20190815/5055373.shtml.

④ 中华人民共和国住房和城乡建设部 . 2012 年城乡建设统计年鉴 . http：//www.mohurd.gov.cn/xytj/tjzljsxytjgb/jstjnj/index.html.

⑤ 中华人民共和国住房和城乡建设部 . 2017 年城乡建设统计年鉴 . http：//www.mohurd.gov.cn/xytj/tjzljsxytjgb/jstjnj/index.html.

⑥ 同上 .

⑦ 国家统计局 . 2018 年国民经济和社会发展统计公报 . http：//www.stats.gov.cn/tjsj/zxfb/201902/t20190228_1651265.html.

⑧ 同① .

至破坏，导致在今天纯粹完整的传统乡村、集镇聚落已经寥寥。“千村一面”的地区特色危机已经凸显，建立正确的保护与发展模式刻不容缓。

另外，立足于全球化的视角，传统聚落生态性营建特点及对其形成规律的关注，将会呈现出中国传统生态思想的本质与特征、发展脉络和影响因素，本书的研究可以作为探求中国式的可持续发展之道的微观样本，也是反观中国文化在全球化发展中境地的窗口。

3. 为传统聚落地域性可持续发展与活态利用提供基础资料和可参照模式。

强调人对自然的协调与适应的文化特点，传统聚落在其与自然环境的生态性关系上有天然的优势，也是千百年来生活智慧与建筑智慧的集中体现。

因此今天现存的大量传统聚落虽经历数百年风雨，但依旧处于持续运转的状态之中（虽然运转上已较为迟缓），依旧可以满足耕作生产生活等居住活动的使用要求。但是农耕时代下形成的聚落空间环境以及民居建筑形制与现代生活的要求已经不相协调，地方政府与居民都有着改善居住环境质量，适应现代社会生活的迫切需求。这种需求使得传统聚落环境的保护面临着严峻的挑战：

首要问题是目前传统聚落的基础研究工作不足，直接影响到传统聚落环境更新和保护、再利用的有效推进，因此本研究的第一步就是对基础资料进行调研、收集整理。

其次是使用的理念和方法也存在瑕疵，主要存在以下两个问题：

1）以标本式的、静态的观点来进行传统聚落保护，对于新时代下传统聚落如何可持续发展不能给出恰当的建议与意见。

这种标本式的观念往往以“维护传统聚落的历史风貌”的面目出现，只关注物质层面的保护，无视社会生产力发展和经济文化发展下人们生活生产方式等非物质内容的研究，不能解决聚落格局与现有生计方式之间的矛盾。

2）无视当地自然生态和文化生态条件，生搬硬套其他地区的经验，试图以拷贝产业形态的方式来实现传统聚落的振兴与环境更新。

这类实践表现为将某些项目的个别经验拔高为“样板”“榜样”“典范”，机械地将固化形象和标准思维照搬复制，建立以追求速度为目标的发展捷径，结果却失去了旧有的本土聚落特征。

综上所述，虽然信江流域传统聚落在营建时所处的自然和社会环境与当今中国社会面临的环境已是有所不同，但通过对传统环境营建生态适应性特点的研究，挖掘与诠释其中背后隐性影响因素，寻找与当代生态建筑设计思想在本质上一致或相通的观念，全面挖掘与合理阐释其中的生态意义内涵，在赣东北扩大开放合作加快发展时期、信江河谷城镇群建设背景下，对当前传统乡村、集镇等历史文化遗产的更新、振兴，实现可持续性发展，无疑有着直接的参考作用和启迪意义。

1.2 相关概念

1.2.1 信江流域

对于“流域”,《辞海》的解释是:“由地面分水线包围的、具有流出口的、汇集雨水的区域。若流域中地下水与相邻地区无交换关系，则称‘闭合流域’，否则称‘非闭合流域’。该区域的水平投影面积称‘流域面积’。利于形状、面积大小和地形起伏对水文情势有重要影响”。①

信江流域指的是信江水系的干流和支流所流经的全部地域，包括今天的玉山、广丰（雍正九年（1731 年）前称永丰）、上饶、铅山、横峰（明清时期的兴安县）、弋阳、贵溪、鹰潭市、余江（明清时期的安仁县）、余干县等县市管辖区域，大约相当于明清时期的广信府全境与饶州府的安仁、余干二县，即处于今天的江西省东北部上饶市、鹰潭市两市所辖范围之内。

1.2.2 聚落

“聚落”一词《辞海》中解释为:“村落,《史记・五帝本纪》:‘一年而所居成聚。’”②；在近代“聚落”一词则泛指一切居民点。从尺度上而言，聚落的规模大小差异极大，小起单家独居村，大致人口超千万的城市。

聚落的类型可分为乡村聚落和城市聚落，以及处于城乡之间的集镇、乡等类城市聚落。其中乡村聚落按分布状态，可分为集聚型村落和散漫型村落两种类型。集聚型村落也称集村，是由许多农户住宅单元密集聚在一起而形成的村落，其规模可以是数千人的大村镇，也可以是只有几十人的小村落；散漫型村落又称散村，其特征在于每个农户的住宅单元零星分布，住宅单元密度较为疏朗，彼此间存在较大的空余和空隙，且聚落内部的住宅单元彼此之间并无明显的隶属关系或阶层差别，所以聚落也就没有明显的中心 。最极端状态的散村便是一家一户的独立农舍，即所谓“单丁独户之家”。

聚落不是一个两个房子或建筑的简单叠加关系，而是居民点中多种多样的生活、生产场所复合而成的环境系统。

同时聚落也是一种生态系统，聚落作为人类生存与生活的重要空间方式，是人类与自然环境进行能量、物资、信息交换的环境系统，是人类与自然环境发生最直接和最密切联系的时空单元。刘先觉先生因而指出聚落具有以下特点:“一、是新生环境的自然属性;二、整体地考虑生态、社会、文化等环境及其相互关系，强调设计每一局部、

① 夏征农，陈至立 . 辞海 [M]. 上海：上海辞书出版社，2009：1423.

② 夏征农，陈至立 . 辞海 [M]. 上海：上海辞书出版社，2009：1183.

每一层次同各级环境整体的不可分割性；三、强调设计过程中的多科学性”[1]，并认为从生态建筑学的角度而言：“人类的外在环境已不再是过去的自然生态系统，它是一种复合人工生态系统。生态建筑学是运用生态学的知识和原理，结合这一复合生态系统的特点和属性，探讨合理规划设计人工环境，创造整体有序、协调共生的良性生态系统，为人类的生存和发展提供美好的城市。”[2]

聚落作为综合性的生态环境系统，必然要与所在的自然环境、人文环境适应。生态营建适应策略和方法必然受到特定地域、时段的限制，并且主要受当地经济水平、地方文化现状、当地技术水平三种因素的影响、限制与指导，因此对于传统聚落与自然环境的生态性需再从聚落所在地域的上述三个方面来进行理解。

1.2.3 营建

中国古代把建造房屋以及从事其他土木工程活动统称为“营建”“营造”[3]。风景园林学家王绍增教授则认为：“营者，经营、策划也，营建一词就包括了规划、设计直至施工的整个过程”，[4]“营建囊括了规划设计（营）和建筑工程（建）所包含的各种学问”。[5]根据王绍增教授所持观点可见，环境营建是一门综合性学问，其涉及的内容涵盖了环境的策划、规划、设计以及具体的建设实施。

相较于现代语境中“营造”一词对于氛围、场所精神等抽象内容的关注，“营建”一词关注于具体物的计划与建造。

1.2.4 生态适应性

从生态学的角度来说，生态即是有机体与环境因素的相互关系，生态系统则是：“一定时间和空间范围内，生物群落与非生物环境通过能量流动和物质循环所形成的一个相互影响、相互作用并具有自调节功能的自然整体”[6]，世界是由各种大小的生态系统所组成。

“适应”一词，在《辞海》中的解释是：“1. 生物在生存竞争中合适环境条件而形成一定性状的现象；2. 个体随环境的变化而变化、调节自身的同时，又反作用于环境的相互过程”[7]。由于生态系统中各种有机体必须依存于所处环境而生存、发展。且生态系统中存在有机体以及各个子系统之间以合作共存与互惠互利共生行为对彼此关系

① 刘先觉．现代城市发展中面临的生态建筑学新课题 [J]. 建筑学报，1995（02）：11.

② 刘先觉．现代城市发展中面临的生态建筑学新课题 [J]. 建筑学报，1995（02）：12.

③ 戴念慈，齐康．中国大百科全书（建筑学卷）[M]. 北京：中国大百科全书出版社，1988：1.

④ 王绍增．论 LA 的中译名 [J]. 中国园林，1994（04）：58-59.

⑤ 王绍增．园林、景观与中国风景园林的未来 [J]. 中国园林，2005（03）：24-27.

⑥ 卢升高．环境生态学 [M]. 杭州：浙江大学出版社，2010：75.

⑦ 夏征农，陈至立．辞海 [M]. 上海：上海辞书出版社，2009：2080.

进行协调与演化，使生态系统的整体功能和效率趋于最优状态，去实现整个系统与各有机体、子系统之间共同的持续发展的现象。这种通过调整去建立有机体以及各个子系统彼此间相适合的平衡关系的过程就是适应。适应行为保证与促进了有机体的生存与进化，使得生态系统获得平衡与发展，其根本目的在于实现生命的延续。

皮亚杰认为适应是有机体不断运动变化与环境取得平衡的过程。适应行为具有主体将客体（外界事物）纳入主体已有的行为图式中的同化行为，也有主体改变已有的行为图式或形成新的行为图式以适应客观世界变化的顺化行为这两个发展方向。两者相反相成，适应状态就是同化行为、顺化行为两种作用之间取得相对平衡的结果。《设计结合自然》一书中，麦克哈格也指出："生物及其形式朝着适应环境的方面运动就是创造。适应也就能定义为创造,适应也就是生命的提高"[①]。生物本身是具有适应能力的，因此适应性的主体是生物，当环境发生改变时，生物也会发生变化，并通过这一变化来适应新的环境。一个复杂的健康系统应具有整体性和适应性，但这种整体性是一种整体的动态平衡状态，来源于系统内部各个要素之间、系统与外部环境之间的一种连续性调整活动，最终实现彼此适应的行为与过程。系统在动态的环境中需以适应性的方式得以存在与发展，适应性作为内在动力推动着系统向复杂性的方向演化。对于聚落系统而言，其所需的生态适应性就包括了功能、形态、结构、环境、经济以及文化等多方面内容的适应性。

本书所谓的环境生态适应性，并非以技术层面讨论聚落所需匹配的温湿、能耗等环境指标为要素的环境适应性，而是立足于经济文化背景下，聚落对自然生态资源的获取、分配、利用、加工、储存、再生及保护的过程的生态适应性。其中一切来自自然，能被聚落中的人们因生存、繁衍和发展所需而利用的物质、能量、信息、时间和空间，都可视为生态资源。

因此就本书而言，"生态性"的实质就是对生态资源的获取、分配、利用、加工、储存、再生及保护的过程。"适应性"主要表现为在整体环境设计观下，出于人与自然和谐共存、共生目的，而采取的一系列策略与方法;聚落环境与自然环境之间的适应性，表现为在高效利用生物资源的同时，又能够确保生态背景稳定延续。

一个聚落如果能在确保生态环境稳定、延续的状况下实现对生态资源的高效利用，就足以表明该聚落对所处的生态系统已具有极高的生态适应性水平。

1.2.5 生计方式

在《辞海》一书中,关于"生计"一词的解释是:"有关生活的事情;谋生之道。"[②]。

---

① I・L・麦克哈格 . 设计结合自然 [M]. 北京：中国建筑工业出版社，1992：77 -78.

② 夏征农，陈至立 . 辞海 [M]. 上海：上海辞书出版社，2009：2019.

目前国外研究中，关于生计方式的研究主要在文化人类学和经济学范畴中。经济学领域所涉及的生计概念以贫困和农村发展为研究对象，关注于穷人以及乡村农户的生计方式，如美国非政府组织CARE（Cooperative for Assistance and Relief Everywhere）从农户的经济活动开展状况、拥有的能力类型与强弱、有形及无形资产状况这三个要素来考察农户生计系统。并从生计供给、生计保护和生计促进三个方面对农户的生计资本脆弱性进行阐释①。英国国际发展署（the UK's Department for International Development，DFID）则认为"可持续生计是家庭或个人为保持稳定和良好的生活状态所拥有的谋生能力、资产和创造收入的一系列活动"②，关注于可持续生计的分析与发展框架规划的制定，该发展规划框架由生计的脆弱性、方法策略、资产结构、输出和制度转变五个部分组成。

20世纪80年代以来，出于农村复兴、改造的目的，国内学术界对农村生计与生活的研究日益受到重视，在乡村社会经济史研究范畴下，国内农家生计的研究有着较大发展。如黄宗智先生以东北满铁时期遗留资料为基础，对华北与江南地区农村的社会、生产、生活变迁进行了研究，并提出了"内卷化"的理论③。曹幸穗先生的《旧中国苏南农家经济研究》一书中对苏南地区的农业经营、副业经营与农家收入的情况进行了研究④。乔志强、行龙先生主编的《近代华北农村社会变迁》一书中则有大量篇幅涉及农村生活与消费、市场交换等农村经济生活的研究内容，以及农村社会变迁、农村社会心理与人际关系、家庭规模与结构等农村社会关系的研究内容⑤。从翰香先生主编的《近代冀鲁豫乡村》一书，则以河南、河北、山东三省的乡村为研究对象，从社会结构、市镇分布、农业生产、手工业生产、农家生活以及乡村社会变迁等方面进行了研究⑥。

本书所涉及的"生计方式"概念则属于文化人类学领域。周大鸣先生的《文化人类学概论》一书中，将生计方式定义为："生计即是人们维持生活的计谋或办法，其首先与自然资源有关。生计方式指的是人们相对稳定、持续地维持生活的计谋或办法，即通常所说的生计模式或生活习惯。大致可分为搜食（狩猎采集）、粗耕、农耕、畜牧、工业化五阶段"⑦。李根蟠先生在《自然生产力与农史研究（中篇）——农业中的自然

① 伍艳．农户生计资本与生计策略的选择[J]．华南农业大学学报（社会科学版），2015（02）：57-58.

② 同上．

③ 黄宗智教授首先提出用"内卷化"概念刻画中国小农农业的经济逻辑。这一概念有两层含义。第一，它指的是家庭农场因为耕地面积过于狭小，为了维持生活而不得不在劳动力边际回报已经降到极低的情况下继续投入劳力，以期增加小农农场总的产出；第二层含义，则指的是发展不足的经营式农场和小农经济结合在一起，形成的一种特别顽固、难以发生质变的小农经济体系，"内卷化"这个名词就形象地描绘了这种顽固性。

④ 曹幸穗．旧中国苏南农家经济研究[M]．北京：中央编译出版社，1998.

⑤ 乔志强，行龙．近代华北农村社会变迁[M]．北京：人民出版社，1998.

⑥ 从翰香．近代冀鲁豫乡村[M]．北京：中国社会科学出版社，1995.

⑦ 周大鸣．文化人类学概论[M]．广州：中山大学出版社，2009：103.

生产力和自然生产率》一文中则将生计方式定义为："人们谋生的方法和策略，即如何取得维持和延续其生命所需要食衣住行的物质资料，包括这些物质资料的生产方法和利用方式"[①]。李劼先生则认为"生计方式"是"文化人类学、社会学、民族学的学术名词，其实质也是指维持生存的手段，但一般针对'特定'群体而言，所谓的'特定'，主要是指那些自然经济群体，即采集狩猎、种植放牧和渔猎捕捞群体，其显著特点：一是对资源的周期性重复利用；二是对生存需求的低水平满足，交换需求不足；三是群体内的各家庭生计大同小异"。[②]

本书认为，从可持续发展的角度来看，李劼先生的生计方式定义内容限定较为狭窄，生计方式被限定在自然经济的背景之下，且将生计方式的作用局限于仅维持生存这个目标上，否定了生计方式中包含了交换的商业行为内容。周大鸣先生《文化人类学概论》中的生计方式定义则强调了维持生活的一面，对于生计方式的观察角度依旧局限于生存层面，而未有关注到生计方式对于人的发展所起的作用。但周大鸣先生认为生计方式在搜食（狩猎采集）、粗耕、农耕、畜牧、工业化这五阶段都有其各自的类型和模式，表明其观点中并未否认生计方式有着随社会的发展而发展的一面。且根据周大鸣先生的定义进行推导，可见工业化社会阶段时期，人们要维持和延续自身的生存与发展，通过技术、知识、体力等方面的交换行为来换取生计所需的物质资料是生计方式中不可或缺的重要内容。

而李根蟠先生的生计方式定义将视角放置于"维持和延续生命"的总目标中，从而将人"可持续性发展"的内容蕴含在生计方式之中，较为符合可持续发展的追求。李根蟠先生将生计方式的实现方式归纳为"物质资料的生产方式"与"物质资料的利用方式"两个方面。在这点上，笔者认为"物质资料的生产方式"与"物质资料的利用方式"这两个方面内容有着一定的重合性。"物质资料利用方式"本身包括了运用物资进行生产，而未有考虑如何去获得资源——即最初的生产资料的来源——这一问题。从认为交换也是人们获得资源的重要方式之一这个观念出发，本书则认为"获得物质资料的方式"的范畴则较"物质资料的生产方式"所包含的内容更为广阔，也更为契合自然环境中人们生计方式运行的实际内容。

根据上述三种关于生计方式的定义，结合立足于生态性营建的研究出发点，本书以李根蟠先生的生计方式定义为基点，认为生计方式不仅仅是人们相对稳定、持续地维持生活的计谋或办法，也是人们延续其生命，并获得发展的计谋与方法。并认为由于社会经济、文化、技术背景的不同，不同的人群、团体或社会阶层虽同处于相同的

---

① 李根蟠．自然生产力与农史研究（中篇）农业中的自然生产力和自然生产率 [J]. 中国农史，2014（03）: 9.

② 李劼．生计方式与生活方式之辨 [J]. 中央民族大学学报（哲学社会科学版），2016（01）: 45.

自然资源条件中，但会有着与自己所处的社会经济、文化、技术相适应的，且不同于其他人群、团体、阶层的生计方式。生计方式的实现路径在于物质资料的获得方式和物质资料的利用方式两个方面，涵盖了人们的生产、加工、交换等活动内容。

要获得生计所需的物质资料，人们必须通过劳作从自然界中获得资源，并通过生产劳动使资源成为生活所需的各种生活资料。因此相较于生活方式，生计方式更关注于人们的生产劳动这一层面。故而生计方式与自然生态环境、人口数量与结构、生产技术、产业结构等因素密切相关。当生计方式发生转变——即生计变迁与转型——的时候，也就意味着上述因素也发生了变化。

生计方式被看作当地生态环境作用于当地经济文化类型的中介和枢纽。这是因为人们是从生态环境所包含的动植物资源中获得生活资料，从而形成衣、食、住、行等生活方式。即便是同样的自然资源条件下，由于人口数量与结构、生产技术、产业结构等因素的不同，也会形成多样的生计方式。因此在不同的自然生态环境下，生计方式也自然是多种多样的。

生计方式的实现在于资源的获得和利用。因此影响生计方式正常运行与展开的要素就包含着如何获得生产所需资源、如何展开生产、如何将生产成果转化为生存所需。如何获得生产所需资源，其内容包括生产资料的获得和生产技术的获得以及劳动力的获得；而展开生产其内容就包括如何组织以获得的资料、技术、劳力；生产成果转化则包括如何收获、运输成果，如何再加工成果和如何利用成果等内容。与自然环境相关的内容在获得生产资源阶段主要涉及自然资源的所需类型选择，在生产阶段主要涉及如何组织自然资源，在生产成果转化阶段则主要涉及运输环境和再加工环境、交易环境等范畴。

1. 生计方式的分类

生计方式的分类依据来源于 20 世纪 50 年代苏联学者列文和切博克萨罗夫两位学者提出的经济文化类型理论。该理论的目的在于对世界民族进行语言谱系以外的分类。经济文化类型概念被定义为“居住在相似的自然地理条件之下，并有近似的社会经济发展水平的各民族在历史上形成的经济和文化特点的综合体”[①]。20 世纪 80 年代，林耀华等学者则根据国内外民族学研究的新成果以及我国的具体研究情况，将该定义修正、发展为：“经济文化类型是指居住在相似的生态环境之下，并操持相同生计方式的各民族在历史上形成的具有共同经济和文化特点的综合体。”[②]。

王建新先生认为，林耀华先生立足于中国客观条件对经济文化类型的概念定义上

① 林耀华 . 民族学通论 [M]. 北京：中央民族大学出版社，1997，12：80.

② 林耀华 . 民族学通论 [M]. 北京：中央民族大学出版社，1997，12：86.

进行了三个方面的调整[①]：

1）用生态环境代替自然条件，突出人与自然的互动，避免环境决定论的倾向；

2）为弥补忽视精神文化的不足，他强调经济文化类型应包括生态环境、生计方式、社会组织形式及制度、意识形态等内容；

3）加强类型化分析的综合性和合理性，导入体系、类型组、亚类型及分支等操作概念。

20 世纪 80 年代，我国自然经济下的经济文化类型结构框架被林耀华等一些学者分为三个类型组和 12 个类型[②]：

1）采集渔猎经济文化类型组，包括山林狩猎型、河谷渔捞型；

2）畜牧经济文化类型组，包括苔原畜牧型、戈壁草原游牧型、盆地草原游牧型；

3）高山草场畜牧型农耕经济文化类型组，包括山林刀耕火种型、山地耕牧型、山地耕猎型、丘陵稻作型、绿洲耕牧型、平原集约农耕型。平原集约农耕型中又包括北方亚型和南方亚型。

故而不同的生态环境提供了不同的自然资源，不同的自然资源背景下的乡村聚落形成了多样的生计方式，不同的生计方式又生成了不同经济文化类型，最终构成了各地不同的环境生态价值评价标准。

2. 生计方式与生活方式的区别

李劼先生认为与“生计”一词相似的概念便是“谋生”，这两个词描述的都是社会底层个体为维持基本生存的艰难境况；而“生计方式”是被运用于文化人类学、社会学、民族学等学科领域的学术名词，用于描述维持生存的基本手段或方式，其特征主要体现在社会个体的“低水平维持生命运转”这个层面上。[③]

关于生活方式，李劼先生在《生计方式与生活方式之辨》一文中则认为，生活方式是一个人或一个群体在特定的时间与空间系列中的生存状态及各种思想、情感、观念与行为的交织总和[④]；并指出这种“总和”不是一种无序的集合，而是有着特定的结构方式、为特定的生计方式所限制、被群体价值观所渗透、被个体才能与情趣偏好所影响的特质。任何个人或群体都有特定的生活方式[⑤]。

3. 生计方式与生态适应性的关系

动植物自身拥有的生产力为自然生产，人类的生产力为社会生产。人类生存与发展所需要的生活、生产资料，需通过以自然资源为劳动对象的社会生产活动才能获得。

① 林耀华 . 民族学通论 [M]. 北京：中央民族大学出版社，1997，12：86.

② 同上 .

③ 李劼 . 生计方式与生活方式之辨 [J]. 中央民族大学学报（哲学社会科学版），2016（01）：45.

④ 同上 .

⑤ 同上 .

劳动过程是对自然资源的改造，人类通过社会生产活动将劳动注入自然资源这一劳动对象，从而改变自然物质的形态。在这种改造过程中，人们的劳动活动需要依靠自然物和自然力作为工具。即人类的社会生产活动必须是在现有的自然环境条件下利用已有的自然力、自然资源，通过劳动行为来改造自然。人类正是通过改造自然的劳动行为将社会生产和自然生产对立统一起来。

农业生产以人类对植物和动物的劳动生产行为为基础，但动植物自身的自然生产才是农业生产的核心。同时农业动植物的生产直接暴露、受控、依附于自然生态环境，气候、土壤、水源等自然资源都是农业生物生产所必需的条件，因此季节性、地域性正是农业生产所具有的强烈特征。人们的农业经营活动等劳动行为自然就是围绕动植物的自然生产特征展开，因此也就因自然环境的气候、资源的不同有着不同的生产习惯和经济文化类型，从而形成了不同的生计方式。

布野修司在《世界住居》中认为使聚落形态与自然环境条件紧密联系在一起的因素有①：气候和地形（包括微气候和微地形）、从自然中所能获得的建筑材料、聚落人们生存所依赖的产业形态；并认为自然环境决定了地域的植被和产业，进而限定了建筑的材料，通过这样一种连锁的关系限定了建筑的结构形式、架构方法、聚落组织②。

从布野修司所谓的"人们生存所依赖的产业形态"的内容上看，与生计方式概念中"取得维持和延续其生命所需要衣食住行的物质资料，包括这些物质资料的生产方法和利用方式"的内容十分接近，都强调了人们对于维系生存而需进行的生产活动，以获得必需的物质资料成果这一内容。因而也就可以理解为：将聚落的形态与自然环境紧密联系在一起的因素有：气候、地形、自然中所能获得的建筑材料以及人们的生计方式。生计方式对于聚落形态与环境的生态性作用关系就在于：自然环境通过生计方式对于资源的选择、生产、利用方式，在选址、选材、形态和技术等方面限定了聚落营建选择范围与技术思路，从而影响聚落形态的形成，使得聚落环境与自然环境之间达成生态性关系。这也就意味着，在同样的地域范围内，由于聚落间生计方式的不同，从而导致不同的聚落在其环境营建时对于建筑样式、材料、技术等选择以及与对环境的适应性关系的建立有着不同的处理方式。

例如，韩荣培先生在《贵州经济文化类型的划分及其特点》中谈到了贵州各少数民族由于生计方式不同，而导致聚落形态特征的各不相同③：

以刀耕火种的游耕为主要生计方式的少数民族，其聚落往往是以简陋的住房和不发达的建筑艺术为特点的，便携式简单的劳动生产生活工具，简陋的住房，频繁的迁

① 布野修司 . 世界住居 [M]. 北京：中国建筑工业出版社，2011：23.
② 同上 .
③ 韩荣培 . 贵州经济文化类型的划分及其特点 [J]. 贵州民族研究，2001（04）：56.

徙是这一生计方式重要的文化特征；“游耕农业”的生计方式导致这类族群的居住条件以居无定所为特点，从而难以在族群居住区域内形成固定而全面的大型交易市场；生产力低下、材料加工技术简陋，族群内部难以提供足够的生活日用品，必须通过以物易物的方式从周边其他民族获得生活日用品。

山地耕牧型经济文化为主要生计方式的少数民族，他们的大部分住房，多为土墙木顶结构，不注重住房的采光条件，而对于隆冬季节的防寒需要较为关注。在建筑内部设有火塘作为家庭成员活动中心，并视之为神圣之处，有忌讳用脚踏跨锅庄等禁忌；牛、马、猪、羊混合放牧与蓄养，猪的饲养方式采取与牛羊一样牧放方式进行，任由其在房舍周围活动觅食，住宅及其附属建筑中没有严格意义上的猪圈建设。在隆冬季节为了保护家畜，这些民族便把家畜拦在居室里进行饲养。

贵州丘陵稻作型生计方式为主的少数民族，“稻田养鱼”的渔捞业，是这一类型基本生计的重要补充。其聚落在格局上有着“依山傍水”的择址特征，聚落多占据着河谷平畈与山间平坝地区，水稻种植和干栏式建筑的结合，则构成了这一类型乡村聚落景观的基本视觉特征。该生计方式背景下的乡村聚落在较大的河谷、平坝范围内多呈集村式分布，人们追求固定的定居生活和较为稳定的生产活动半径，安土重迁。

因此在人类学家看来，生态环境决定生计方式，生计方式决定生活方式，生活方式一经形成会固定下来成为传统和习俗，并经系统化形成文化，文化会反作用于生计方式并影响到生态环境。因此，地方文化通常是一个地区的人们对其生存所依自然生态环境的适应性体系，它是这个地区人们的宗教信仰、方言习俗、艺术礼仪、生计方式、生活方式、社会组织等一切物质与精神财富的总和。

人们最终形成的生计方式并不是对生态环境的被动应对，而是在文化体系的指导下，针对其特定的生存环境进行创造，主动与之适应的结果。所以，任何一个聚落的外部环境并非是纯客观的自然环境，而是该人群群体在自身的文化体系的指导下进行认知、淘汰、选择、加工、系统化整理后形成的，符合该人群群体生存特点的外部自然环境与生态系统。这样的自然环境是人群群体经济生存的需要，也是精神文化的产物，是一个以自然环境为框架，为纷繁复杂的人造物以及人们的精神产物所编织、结合在一起的有机组合体。每一个人群群体要生存、要发展，就必须依靠其自成的文化体系对自身周边环境进行认知，以经济文化体系指导下发展出的技术为手段，向这个有机组合体索取生存所需的物质资料，并对自身周边环境进行改造，形成环境认同，用以寄托与慰藉精神。

各个聚落由于所依托的文化体系不同，因此任何聚落的人们对其所处的客观外部自然环境，总是按照本聚落自身的文化体系指导去进行认知，依照本聚落经济文化特点、所需去有选择地获取、利用其中的部分资源，同时以经济文化类型塑造下的生计方式为媒介，在对自然资源的获取、加工及利用过程中不断协调本民族内部成员行为。

生计方式不同，协调的方式与途径也就不同，对自然资源的获取、加工及利用结果也自然呈现出系统性差异。可见，与特定地域文化经济发生关系的外部自然环境，已经是非纯客观的、原始状态的自然环境，而是该人群群体在自身的文化体系的指导下进行认知、淘汰、选择、加工、系统化整理后形成的，符合该人群群体生存特点的外部自然环境与生态系统，所以当地民众生计方式对环境的改造作用对当地特有文化体系的形成有着直接的影响结果。

1.3 已有研究与评述

1.3.1 国内外传统聚落环境生态营建相关研究成果

国外学者对传统聚落的生态性研究主要集中于生态人类学、生态系统能量学、生态建筑学等领域。

1.3.1.1 国外传统聚落环境生态营建相关研究成果

1. 生态人类学视野下的居住方式研究

欧美等国在生态人类学视野下的居住方式研究内容上，多将研究对象集中于非洲、拉丁美洲、南亚、东南亚和太平洋岛国等地区的传统聚落。丹麦人类学家施杰勒鲁普（Schjellerup.I）通过自然生态条件、村落历史、房屋结构到村民主要社会经济活动等方面，对秘鲁东北部安第斯山脉的拉·莫娜达（La Morada）村进行考察，探讨了乡村聚落中人口的快速增长带来的聚落生态恶化导致的迁移性居住方式之间的关系①。

2. 生态系统能量学视野下的聚落生态系统研究

地处山区深处的聚落往往有着村落小、对外交流环境封闭、高度依赖当地食物与能源供给的特点。由于山区聚落与外部世界隔离度高，因此对这些外来资源输入极少、能量流动和物质循环范围小、人力和畜力为能源主体的封闭性聚落系统进行能量生态学研究，可以揭示聚落生态系统内产业形态和家庭系统之间的复杂关系。印度学者在这方面有着较多的研究成果。例如印度学者特里帕蒂（Tripathi RS）在其研究成果 *Material and Energy Flows in High-hill, Mid-hill and Valley Farming Systems of Garhwal Himalaya*② 一文中，以印度的加瓦尔喜马拉雅村为例探讨了高山地带和低山地带不同的农作物种植体系以及森林为乡村聚落生态系统提供的能源能力。并认为科学的作物生产设计和适当的森林管理有利于山区地带乡村聚落生态系统能量的自给自足。

---

① Schjellerup Inge, La Morada. A Case Study on the Impact of Human Pressure on the Environment in the Ceja de Selva, Northeastern Peru[J]. AMBIO, 2000, 29 (07): 451-454.

② Tripathi RS, Sah VK.Material and energy flows in high-hill, mid-hill and valley farming systems of Garhwa lHimalaya[J]. Agric Ecosyst Environ, 2001, 86 (01): 75 -91.

3. 生态建筑学视野下的聚落形态与营建技术研究

国外对于传统聚落环境生态营建研究的代表性成果有B·吉沃尼著《人·气候·建筑》(中国建筑工业出版社，1982)以及索菲亚·贝林《建筑与太阳能》(大连理工大学出版社，2008)中传统民居部分。亚洲地区则主要有日本建筑师古市撤雄的著作《风·光·水·地·神的设计——世界风土中的睿智》(中国建筑工业出版社，2006);布野修司以亚、非洲地区传统民居为研究案例的《世界乡土民居》(中国建筑工业出版社，2011)等成果。

其中B·吉沃尼、索菲亚·贝林和古市撤雄的研究多关注于住居的气候适应性经验的介绍，关注在聚落所处的当地风土和地域环境特点下，人们居住的生态适宜性技术的特点介绍。布野修司的《世界乡土民居》一书则以P·奥利弗的《世界乡土百科事典》为底本，对亚洲、非洲地区100多例代表的住居，从宇宙观、防灾、行为、生活风俗等诸多方面就住宅的起源、发生与发展与当地气候要素、建筑要素之间的密切关系进行了探讨。

尤其是布野修司的研究将传统聚落研究视野关注范畴拓展开来，使得人们不再仅仅关注当地自然环境气候性下聚落居住适宜性的技术性问题，也开始关注传统文化、产业形态对传统聚落生态性营建的影响关系。索菲亚·贝林、古市撤雄与布野修司的著作中都有涉及中国局部地区乡土民居气候性策略的实例。

1.3.1.2　国内传统聚落环境生态营建相关研究成果

国内对于传统聚落的研究主要从20世纪80年代开始，研究机构多以高校为主体。

20世纪80年代至90年代期间，国内的学者与团队对于传统聚落的研究主要集中于调查、测绘与聚落文化类型识别等基础研究工作上。如清华大学的陈志华教授、楼庆西教授、李秋香教授、单德启教授，以及东南大学的龚恺教授。这一时期的主要研究成果都集中于传统乡土建筑与村落调查、测绘等工作内容上，如《楠溪江中上游乡土建筑》(生活·读书·新知三联书店，1999)、《古镇碛口》(中国建筑工业出版社，2004)、《诸葛村乡土建筑》(汉声杂志社，1981)、《十里铺》(清华大学出版社，2007)、《关麓村乡土建筑》(汉声杂志社，1981)、《张壁村》(河北教育出版社，2002)、《福宝场》(生活·读书·新知三联书店，2003)、《徽州古建筑丛书》(东南大学出版社，1996 ~ 2001)等一系列成果，并开始对聚落研究的内容与方法开始进行探索，系统化地探究社会历史文化对于聚落形成的影响关系。

从生态学的角度对传统聚落进行相关研究则起始于20世纪90年代初，代表性的学术论文成果有俞孔坚先生的《中国人的理想环境模式及其生态史观》①，夏云先生的

① 俞孔坚. 中国人的理想环境模式及其生态史观[J]. 北京林业大学学报，1990(04): 10.

《中国21世纪节能节地建筑展望》[①],荆其敏先生的《生土建筑》[②],蔡济世先生的《资源型生态圆土楼》[③],王竹先生的《为拥有可持续发展的家园而设计》[④]等文章。这些研究成果有利于积极促进对传统聚落生态价值的重新认知，对传统聚落生态设计原则的提炼与借鉴，以及对传统聚落生态发展理念与智慧的归纳、发展与倡导。

2000年以后GIS技术在传统聚落研究中开始进行使用，例如清华大学党安荣教授2000年将GIS技术运用于云南省丽江地区，对该地区居民点的分布状况与当地地形关系进行了定量分析，并探讨了GIS技术在人居环境研究过程中的方法和流程。西北大学的汤国安教授在2000年运用GIS技术对陕北榆林地区乡村聚落的空间分布规律与区位特征进行了相关研究。东南大学胡明星、董卫等人2003年在《基于GIS的古村落保护管理信息系统》[⑤]一文中开始尝试将GIS技术使用于传统聚落的保护研究之中。衡阳师范学院以刘沛林教授为代表的学术团队则通过GIS手段对不同传统聚落景观基因及其图谱进行相关研究[⑥]。

同济大学刘滨谊教授则从旅游开发的角度，提出了乡土景观具有效用、功能、美学、娱乐和生态五大价值属性，是重要的景观旅游资源的观念[⑦]。

在建筑与聚落的生态营建技术研究方面，西安建筑科技大学刘加平教授、王竹教授对黄土高原的乡村聚落从生态建筑的角度进行再生理论与实践的探索，并进而探讨了地域基因的概念[⑧]。

1.3.2 生计方式与聚落生态性研究的相关成果

1.3.2.1 国外生计方式与聚落生态性研究的相关成果

格伦·D·斯通在*Settlement Ecology*: *The Social and Spatial Organization of Kofyar Agriculture*[⑨]一书（Glenn D. Stone，1996）中，对居尼日利亚中部的科夫亚人从高原迁徙到滨水低地平原后，耕作方式变化与定居方式变化之间的相互适应性关系进行了研究。格伦·D·斯通发现科夫亚人在乔斯高原居住时，采用的是精耕细作式的集约化农业生产方式。迁徙到贝努埃河低地平原后，早期由于所需耕种土地处于未开垦状态，

① 夏云.中国21世纪节能节地建筑展望[J].建筑学报，1991（10）：47.
② 荆其敏.生土建筑[J].建筑学报，1994（05）：43.
③ 蔡济世.资源型生态圆土楼[J].建筑学报，1995（05）：42.
④ 王竹，周庆华.为拥有可持续发展的家园而设计[J].建筑学报，1996（05）：33.
⑤ 胡明星，董卫.基于GIS的古村落保护管理信息系统[J].武汉大学学报（工学版），2003（06）：54.
⑥ 浦欣成，王竹.国内建筑学及其相关领域的聚落研究综述[J].建筑与文化，2012（09）：15.
⑦ 同上.
⑧ 同上.
⑨ Glenn D. Ston.Settlement Ecology：The Social and Spatial Organization of Kofyar Agriculture [M].Arizona：Tucson University Press，1996.

因此农业生产方式就从集约化农业生产转变成了轮歇栽培（包括刀耕火种）方式，且居住方式也转变成为与之相适应的随土地肥力而迁徙的状态。随着人口的繁衍和土地肥力的整体性下降，科夫亚人重新开启了精耕细作的集约化农业生产方式，而居住方式也随之改变，形成了永久定居的居住模式。因此格伦·D·斯通认为，由农业生产体系变化而引起的科夫亚人聚落类型和分布格局的变化这一现象说明地域性的人居方式应与当地的生产方式相适应，生产方式的转变必然引起人居方式的转变。

萨利赫（Saleh MAE）对位于沙特阿拉伯西南高地东部边缘的欧喀什村（Al′kas）进行了研究[①]。欧喀什村文化景观的形成，来自为适应当地环境而特有的传统耕作方式和当地的舆论监督制度，是当地人历经数百年形成的技术体系、知识系统、人力组织等各方面因素相互协调组织的最佳状况，是沙特阿拉伯西南高地传统农业耕作方式与聚落景观协调共生的典型代表。萨利赫的研究反映了传统农业耕作方式和聚落景观存在着密切的关联关系。

迈克尔·奇泽姆（Michael Chisholm）在2007年出版的*Rural Settlement and Land Use*一书中认为，农业人口的流动性、农业生产的便利性、产业形态等多重因素都能够对乡村聚落规模的变化产生重要的影响。书中迈克尔·奇泽姆从城村之间的空间距离、当地农作物产出状况、租金变化等内容出发，就这些因素对聚落规模及形态的形成与影响作用进行了探讨。并认为聚落规模的扩大和从事农事人员的心理感受存在相互影响，因此人们会在最大产量和生活舒适度之间寻找到平衡点。

总体而言，国外学者对于生计方式与人居环境关系的研究集中于人类学范畴中，更多着眼于生计方式与聚落文化系统的关联，对于聚落环境具体营建活动及其生态性的研究成果较少。

1.3.2.2　国内生计方式与聚落生态性研究的相关成果

生计方式与人居环境、聚落、建筑的形态、营建技艺等内容的关联性研究上，国内相关研究正处于起步阶段，成果尚不丰富。以“生计方式”和“传统聚落”作为检索词，在中国知网“中国学术文献网络出版总库”进行检索，按检索结果显示2008 ~ 2017年近10年间共有8篇研究成果，以学位论文成果为多，只有1篇期刊论文，其中历史学领域4篇为主，地理学2篇，土地资源与规划学科2篇，研究成果在时间上主要集中于2014年以后。以2016年为最多，共3篇。

目前的主要成果有韩荣培先生的《贵州经济文化类型的划分及其特点》，蔡为民、张佰林等人的《沂蒙山区农户生计变迁及其住宅形态的响应研究》等论文成果。韩荣培先生在文章中指出，贵州各少数民族因生计方式不同，在聚落对自然环境的生态性

① Saleh MAE. Value assessment of cultural landscape in Al′kas settlement, southwestern Saudi Arabia[J]. AMBIO, 2000, 29(02): 60-66.

上有着各自不同的形态营建特征[①]。蔡为民、张佰林等人则剖析了沂蒙山区农户生计变迁与其住宅形态功能转型的关系[②]。

而关于江西地区生计方式与聚落的形态、营建技艺等内容的关联性研究成果更是寥寥。其中关于农业经济背景下江西地区农家生计的研究成果也不甚丰富，目前较为系统的成果主要有朱仁乐的《20世纪30至40年代赣北地区农家生计研究》(华东师范大学硕士论文，2016)。国内其他学者的研究有一些涉及江西地区农家生计状态研究，但多属于概况性描述。例如陈文华、陈荣华两位先生主编的《江西通史》(江西人民出版社，1999)，何友良先生所著的《江西通史·民国卷》等著作中，部分内容涉及对中华人民共和国成立前江西省的农家生计方式的描述。张芳的《明清时期南方山区的垦殖及其影响》就明清时期南方山区垦殖迅速发展的原因进行了分析，对南方十四个省的垦殖状况进行了叙述与梳理，并对这些垦殖的影响结果进行了评价[③]。许怀林等人合著的《鄱阳湖流域生态环境的历史考察》(江西科学技术出版社，2003)一书从历史的角度对鄱阳湖流域的经济活动与生态环境的相互影响过程和特征进行了梳理，对当代经济急速发展大背景下鄱阳湖流域的生态环境破坏情况进行了叙述，并对当地一些有效的环境治理经验与生态经济发展实践经验进行了总结，并就如何防范和治理鄱阳湖流域环境提出了不少对策性建议。在《江西历史上经济开发与生态环境的互动变迁》一文中，许怀林对秦代至清代期间江西经济开发情况与生态环境变化之间的影响关系进行了阐述[④]。在《清代赣南的生态与生计——兼析山区商品生产发展之限制》一文中，黄志繁指出清代赣南山区紧张的人地关系导致了当地山区自然环境资源的过度开发，继而引起了当地生态环境的破坏与恶化，并认为山区环境下人口状况、土地条件及土地利用方式之间存在着相互制约关系，而这种制约关系正是导致赣南山区中商品生产不能得以良性发展的根本原因所在[⑤]。

1.3.3 江西省传统聚落研究状况

江西毗邻两湖、粤、闽、浙、皖等省，素有“吴头楚尾，粤户闽庭”之说。自唐代以来，江西地区开始进入大规模开发阶段，并在宋代进入了其历史上最为辉煌的时期，成为当时长江中下游地区经济最为富庶与文化最为发达之地。然自明清以降，江西开始进入其发展的衰退时期。较为封闭的地理环境及相对落后的交通条件，使江西境内大批保持传统面目的古村落以及优秀历史民俗建筑得以保存，并在近二十年来逐渐为

① 韩荣培.贵州经济文化类型的划分及其特点[J].贵州民族研究，2001(04)：56.

② 蔡为民，张佰林.沂蒙山区农户生计变迁及其住宅形态的响应研究[J].自然资源学报，2017(04)：704.

③ 张芳.明清时期南方山区的垦殖及其影响[J].古今农业，1995(04)：15.

④ 许怀林.江西历史上经济开发与生态环境的互动变迁[J].农业考古，2000(03)：110.

⑤ 黄志繁.清代赣南的生态与生计——兼析山区商品生产发展之限制[J].中国农史，2003(03)：96.

研究者所关注。

江西近代以来经济相对落后，江西省的地域文化研究力度一直处于关注不足的状态，近年来虽在地域性文化研究的热潮下情形有所好转，但整体而言，江西的地域性文化研究相较于周边省份还是处于冷门状态。

再则自 20 世纪 90 年代末以来，赣文化的独立性存在虽逐渐为学术界所认同，并在人文、地理等多个侧面对江西的地域性文化进行了梳理和探讨，但成就多突出表现在方言、民系、考古、民俗、经济等领域。在聚落、环境等空间领域的研究虽自 1990 年来以黄浩等人编写的《江西民居》（中国建筑工业出版社，2008）为代表始有涉及，且 90 年代以后黄浩先生在原有研究成果基础上对研究内容进行了扩展，但整体上江西的地域性聚落环境营建特点与思想研究至今未有形成如同徽州古镇、巴渝古镇那样系统的研究成果，且在具体的研究内容上也多偏于点状的个案研究。整个江西省在聚落、空间、环境上的研究状况如此，偏于一隅的信江流域相关研究成果也就更为稀落。

从现有的研究成果来看，目前国内学术界江西传统聚落的相关研究点主要集中于以下几点：江西当地社会文化对聚落营建的影响作用，江西传统民居谱系与类型研究，江西传统民居装饰艺术，江西传统聚落的环境形态特征，江西地域性传统民居的营建技艺研究等方面。

1.3.3.1　江西社会文化对传统聚落营建的影响作用研究

聚落形态的形成与当地社会的风土人情、生活文化、生产习俗联系紧密。作为宋明理学和“形式派”堪舆学发源地的江西，其传统聚落模式与形态特点同时受到传统儒家文化和堪舆学说的影响。

在这方面的系列研究成果主要有华南理工大学的潘莹博士、武汉理工大学张奕副教授等人。其中潘莹在《简析明清时期江西传统民居形成的原因》一文中，从国家居住制度的影响、家庭结构的影响、堪舆观的影响、巫文化的影响等四个方面分析了明清时期江西古民居形成的原因①；并在《论江西传统聚落布局的模式特征》一文中以江西宗族性聚落为研究对象，论述了“形势派”堪舆理论对江西传统聚落布局模式特征形成的影响作用②。

其他学者如陈牧川、邓洪武、许飞进、刘烈辉等人以学术论文的方式分别就堪舆理论、宗族宗法礼制与儒商文化以及信仰文化等方面对江西的传统聚落进行了研究。这些成果论证了江西文化中“形式派”堪舆理论对聚落营建存在着较大的影响。

1.3.3.2　江西传统民居谱系与类型研究

在江西传统民居谱系与类型的分类上，东南大学的李国香女士在《江西民居群

① 潘莹 . 简析明清时期江西传统民居形成的原因 [J]. 农业考古，2006（03）：179.

② 潘莹 . 论江西传统聚落布局的模式特征 [J]. 南昌大学学报（人文社会科学版），2007（05）：94.

体的区系划分》一文中将江西民居划分为赣东、赣西、赣中、赣东北、婺源地区五大区系：赣东区系包括赣东部、中部；赣南区系包括赣南部的赣州市、赣县；赣西区系包括江西西部和西北部；赣北区系包括今天的景德镇、上饶、鹰潭三市的主体部分；婺源区系则主要分布于上饶市婺源地区和部分景德镇地区[①]。黄浩在其编著的《江西民居》（中国建筑工业出版社，2008）中将江西境内传统民居总结为天井式民居、客家围屋、赣中“天门式”民居三大类型。在《比较视野下的湘赣民系居住模式分析——兼论江西传统民居的区系划分》一文中，潘莹认为江西传统民居的区系划分上，以湘赣民系为主体，但同时受到越海民系、闽海民系、客家民系等建筑文化的影响，造成了江西民居区系划分的复杂性；并对祭祀类和文化类这两大类江西传统聚落公共建筑的类型、功能和基本形制进行了分析[②]。

对传统民居建筑具体形制的分析，潘莹在《江西传统民居的平面模式解读》一文中，以江西传统民居平面形制为研究对象，归纳出排屋、天井两类基本单元，天井及院落、住房、厅堂三类底层要素，以及由这些基本单元、底层要素组合出的八种传统民居平面模式[③]；并在《探析赣中吉泰地区“天门式”传统民居》一文中，就赣中“天门式”民居形制与当地地域环境因素关系进行了探讨，归纳了“天门式”民居的类型与特点[④]。

万幼楠关注于赣南客家民居建筑谱系与类型的研究，在《赣南客家民居“盘石围”实测调研——兼谈赣南其它圆弧型“围屋”民居》一文中探讨了赣南“围屋”民居与闽西土楼、粤东围龙屋三者之间的历史渊源关系[⑤]；在《欲说九井十八厅》一文中就闽粤赣边地区的客家“九井十八厅”或“九厅十八井”单元组合式民居的异同进行了研究，认为该民居建筑是从“一明两暗”空间单元——中原地区传统建筑最小建筑单元——发展而来[⑥]。

熊伟在《流坑村民居建筑形态研究》（南京艺术学院硕士论文，2008）一文中，就流坑村周边的自然资源条件与当地礼制、民间信仰等人文环境两方面对于传统民居建筑形制的影响作用进行了探讨，并从平面布局、建筑结构、装饰特点等形态特征方面对流坑村传统民居进行了分析。

对于女性文化在传统聚落与民居中影响作用的探讨，朱晓萍在其硕士论文《江西地区传统民居中女性空间的设计及其文化表达》（广东工业大学硕士论文，2013）中，

① 李国香．江西民居群体的区系划分 [J]. 南方文物，2001（02）：100.
② 潘莹．比较视野下的湘赣民系居住模式分析——兼论江西传统民居的区系划分 [J]. 华中建筑，2014（07）：143.
③ 潘莹．江西传统民居的平面模式解读 [J]. 农业考古，2009（03）：197.
④ 潘莹．探析赣中吉泰地区“天门式”传统民居 [J]. 福建工程学院学报，2004（03）：94.
⑤ 万幼楠．赣南客家民居“盘石围”实测调研——兼谈赣南其它圆弧型“围屋”民居 [J]. 华中建筑，2004（04）：128.
⑥ 万幼楠．欲说九井十八厅 [J]. 福建工程学院学报，2004（03）：99.

通过对江西地区赣中民居、赣南围屋、天井式民居中传统女性生活空间以及与女性生活、生产相关的公共空间、环境的研究与分析，总结了江西传统女性文化在生活空间体现出的四个特征，并认为男性文化直接影响了江西地区传统民居空间和传统女性文化之间的相互关系生成。

这些研究成果从多种角度对江西省的传统建筑类型进行了梳理与分类，使得江西省赣南、赣中地区传统建筑类型与地域分布建立了初步的图谱关系，但赣西、赣东北地区的传统建筑类型与分布关系在研究成果上相对缺乏。

1.3.3.3　江西民居装饰艺术研究

黄浩先生在《浓妆淡抹总相宜——江西天井民居建筑艺术的初探》一文中，从江西天井式民居的平面布局模式、建筑结构特点、建筑材料特点、装饰艺术、外墙形态等多个方面出发，探讨了江西传统建筑的艺术特点①；施瑛在《简析江西传统民居的外墙艺术》一文中则从建筑外墙的材料与质感、墙体造型这些形态研究的微观层次探讨了江西传统民居的外墙艺术效果与传统聚落景观之间的视觉感受关系②。

其他关于江西传统民居装饰艺术研究的成果多关注于赣南地区客家传统民居装饰艺术，其次为赣东北地区徽派民居的装饰艺术研究领域。李青、朱姝、邹育君、彭凡、郭鄰、王贵民、赖敏兰等人对赣南客家围屋分别从建筑美学、建筑装饰图案、建筑装饰艺术、吉祥装饰艺术、建筑传统吉祥图案、花窗装饰等方面进行了研究。高健婕《赣南客家女性祠堂研究——论“王太夫人祠”的文化内涵与装饰艺术特点》一文以赣县白鹭村“王太夫人祠”为案例，从女祠这类建筑的装饰特点出发探讨了赣南客家区域人文环境和民俗观以及建筑审美文化特点③。

在《江西徽式民居雕饰艺术特点研究》（浙江农林大学硕士论文，2010）一文中，龚静芳对赣东北地区的江西徽式民居的雕饰艺术特征进行了研究，在对赣东北与徽州两地民居中雕饰作品的对比基础之上，总结了江西徽式民居的雕饰艺术规律和手法特点，及其与徽派民居雕饰构件之间的异同。艾旭霖在《江西传统建筑槅扇研究及其在当代建筑中的应用》（南昌大学硕士论文，2012）一文中，对江西地区传统建筑中槅扇的文化寓意、构造工艺、形制样式等内容进行了总结。

对于江西其他地区传统民居装饰艺术的研究，则有周克修、李晓琼、聂朋等人分别对赣中地区流坑村的雕塑与壁画艺术，赣北九江地区的清代民居建筑装饰艺术特色，赣西邓家大屋花纹雕饰等内容进行研究的成果。

这一批研究成果涉及江西省各文化区，但在信江流域为主体的赣东北地区，研究

① 黄浩，邵永杰，李延荣．浓妆淡抹总相宜——江西天井民居建筑艺术的初探 [J]. 建筑学报，1993（04）: 31.

② 施瑛．简析江西传统民居的外墙艺术 [J]. 农业考古，2009（03）: 200.

③ 高健婕．赣南客家女性祠堂研究——论“王太夫人祠”的文化内涵与装饰艺术特点 [J]. 美术大观，2011（03）: 72.

成果主要集中于徽文化为背景的婺源地区传统建筑装饰艺术，未有见到对信江流域其他地区多元化背景下的建筑装饰艺术相关研究成果。

1.3.3.4 江西传统聚落的空间分析研究

对江西传统聚落的空间分析研究，学者们多将关注点集中于赣南客家文化地区、赣中地区和赣东北徽文化区域。赣南地区的聚落空间分析研究成果中，陈家欢《赣南乡村聚落外部空间的衍变》（华侨大学硕士论文，2014）一文中以江西赣县白鹭乡白鹭村为典型案例，以系统观、整体观的视角，对赣南乡村聚落外部空间衍变的影响因素、构成内容与构成方式进行了研究，梳理了赣南客家乡村聚落外部空间衍变的动因与发展脉络，归纳了赣南客家乡村聚落外部空间的衍变特点。刘骏房《赣南围屋聚落形态及其保护性策略研究》（华南理工大学硕士论文，2016）一文则从宏观、中观和微观三个层面分别对赣南客家围屋聚落群的形态与生长方式、单个围屋聚落的总体格局与空间形态、围屋聚落内部的建筑形态等内容进行了研究。

赣中地区乐安县流坑村的聚落形态典型性较强，因此被众多学者所关注。早在1985年，上海同济大学的吴光祖教授就专程考察过流坑村，20世纪90年代中期清华大学陈志华先生、东南大学李国香女士，以及江西的黄浩先生都曾从宏观角度对于流坑村作过相关分析与研究。许飞进在《乐安流坑村传统聚落形成与演变的特色探讨》中指出流坑村的空间形态特征是以周边自然环境为依托，以当地民俗文化为内容，以宗法礼制、风水为主导，以经济发展为聚落演变关键而形成的[①]。

在赣北的乡村聚落空间分析研究中，白雪的《长江与鄱阳湖交汇处村镇水、陆空间形态演变》（深圳大学硕士论文，2017）一文中，综合考量环鄱阳湖地区的历史、地理、社会、人文及经济背景，对当地传统乡村聚落空间形态及变迁的影响关系进行了研究。

GIS技术在江西省传统聚落空间分析研究上，《江西省传统村落类型及其空间分布特征分析》一文中，魏绪英、蔡军火、刘纯青等人采用ArcGIS 10.2空间分析工具对江西省125个传统村落的空间分布情况进行了定量分析，认为江西传统乡村聚落其类型、空间分布与周边山脉、水系的关联性明显，并指出江西传统乡村聚落为凝聚型空间分布类型，这些传统村落的分布密度由高至低依次集中在吉安、上饶、赣州、抚州、景德镇5个县、市[②]。李小芳、颜小霞二人在《江西省传统村落空间分布特征分析》一文中，同样使用GIS技术对江西省125个传统村落为研究对象进行了村落的空间分布特征及其与自然环境、社会经济因素的相关性研究，并认为江西的传统乡村聚落，在空间分布上呈现出集聚状态，并存在婺源县传统乡村聚落集聚区和“南昌—进贤—丰城”

① 许飞进．乐安流坑村传统聚落形成与演变的特色探讨 [J]. 农业考古，2008（03）：236.

② 魏绪英，蔡军火，刘纯青．江西省传统村落类型及其空间分布特征分析 [J]. 现代城市研究，2017（08）：39.

三地交汇的集聚片区 2 个集聚中心，以及金溪县、吉安市城区和吉安县 3 个次集聚中心；并发现江西的传统乡村聚落分布与自然海拔高程存在一定的相关性，存在着“高—高海拔村落集聚”、“低—低海拔村落集聚”的现象，大多数传统乡村聚落除逐水系分布以外，还与社会经济因素关联密切，传统乡村聚落近半数远离县城、中心城市，且位于经济水平较低的区域[①]。

这些研究成果对江西省赣南客家文化地区、赣中地区和赣东北徽文化区域的传统聚落环境形态形成特征与背后的影响因素进行了探讨，对信江流域传统聚落环境的生态适应性营建研究具有直接的参考意义。

1.3.3.5 江西民居营造技艺研究

李久君关注于赣东闽北地域的传统民居营建技艺研究，其论文《原型之“辨”，原型之“变”》以类型学方法归纳该区域乡土建筑的插梁架侧样式样，并探究了其形成原因，且对该地区的插梁架侧样式样与《鲁般营造正式》一书相关记录的样式之间的传承关系进行了辨析[②]。兰昌剑的《一种传统砖石混合砌体形式与结构研究》以江西省抚河中游地区的金溪县传统建筑为案例，对江西赣中地区传统建筑砖石砌体结构的砌筑材料、砌筑方式、形式语言组织规则进行了研究，就当地砖石混合砌体结构语言与建筑形式语言之间的内在联系进行了探讨[③]。汪颖的《客家围屋的生态特色——江西龙南县客家围屋佣景研究》对江西龙南县客家围屋佣景的研究中，分析了当地围屋的物理特征、设计理念、构造制式和使用功能，对客家围屋因地制宜的生态营建方式进行了解析[④]。翁佳《抚河下游地区住宅穿斗式木结构法式研究及其当代应用》（南昌大学硕士论文，2014）一文中将研究点集中于鄱阳湖南部的抚河下游地区天井式民居穿斗式木结构，从类型学的角度分析了该地区的民居屋架构成，对檩、柱、穿等相关木构件的类型进行了归纳和总结，并对各构件的数据进行统计定量分析，形成了较为详实的研究成果。

这些研究成果对信江流域的传统建筑营建技术的生态适应性研究具有直接的参考意义。

1.3.4 信江流域传统聚落研究状况

信江流域传统聚落研究状况上，目前的主要成果有：

在《江河汇集的商埠古镇——铅山河口镇》[⑤]一文中，张奕从社会经济文化发展等历史条件因素出发，通过河口镇的发展演变、选址特征、聚落形态、空间布局、建筑

① 李小芳，颜小霞．江西省传统村落空间分布特征分析 [J]. 江西科学，2016（02）：66.

② 李久君．原型之“辨”，原型之“变”[J]. 建筑学报，2016（02）：74.

③ 兰昌剑．一种传统砖石混合砌体形式与结构研究 [J]. 华中建筑，2017（08）：26.

④ 汪颖．客家围屋的生态特色——江西龙南县客家围屋佣景研究 [J]. 华中建筑，2004（01）：100.

⑤ 张奕，周斌．江河汇集的商埠古镇——铅山河口镇 [J]. 华中建筑，2013（04）：147.

基本形制等内容的研究，探讨了地方产业对于信江流域集镇聚落环境文化特征的影响；并且在其指导的硕士论文《产业文化视角下江西古镇形态特色研究》（武汉理工大学硕士论文，2012）和《产业发展视角下江西河口古镇研究》（武汉理工大学硕士论文，2012）的成果中对于信江流域中重要的集镇聚落在形态方面进行了较好的分析比较与总结，并就河口产业发展与古镇空间形态的关系进行了一定的研究。

叶群英的《明清（1368-1840）信江流域市镇的历史考察》（江西师范大学硕士论文，2004），对明清时期信江一带的市镇发展历史进行了总结，认为信江沿岸的市镇是以信江水系网络为支架而生成的，市镇的密集程度和繁荣程度与水陆交通的便利程度成正比，其中与水运的发达程度联系尤其紧密，信江流域市镇的分布状况及其繁荣与否取决于本区域的交通状况。

对于宗教信仰在传统江西集镇聚落和建筑组群营建的影响作用研究上，则有匡达晒、徐齐帆、吴保春等人从宗教信仰的角度，对于宗教文化在上清古镇的选址、空间布局和建筑特征上进行了探讨，吴保春的《龙虎山天师府建筑思想研究》（厦门大学博士论文，2009）一文更是从道教教义的角度对天师府的建筑营建特点进行了解读。

这些研究成果从产业和宗教等影响因素出发，探讨了信江流域传统集镇空间分布特点与空间形态特征，但在村落层面的相关研究成果较为缺乏。

1.3.5 国内传统聚落环境生态性研究现状评述

1. 国内传统聚落生态性研究现状的局限

1）对影响传统聚落环境生态性营建活动的因素研究或聚焦于自然环境因素，或聚焦于宗教、礼制等文化因素，对经济文化类型在其中的影响作用研究不足；

2）对于传统聚落生态性结果与聚落经济文化类型之间相关联系的研究内容多集中于人类学与社会学等学科范畴，研究者多作力于生计方式与农家经济收入状况、生活习俗、娱乐方式等抽象文化范畴之间的关联性研究，极少关注聚落周边环境结构、聚落组织形态、聚落内部建筑的样式等具体的物质层面与当地生计方式之间的关联性研究。

2. 江西省传统聚落生态性研究现状的局限

1）江西传统民居传统营造技艺的研究成果较少，相关研究成果主要集中于抚河流域地区，对于其他地区传统营建技艺的生态价值挖掘和保护方面的研究则更是缺乏。对于传统民居的保护一旦脱离传统营造技艺的支持，就会变成不伦不类的假古董制造。目前传统营建技艺在今天江西乡村聚落营建活动中的使用范围日渐缩小，使得掌握传统技艺的匠人数量也日渐减少，他们或开始转行另谋生计，或逐渐老去。加之现代不少青年人将传统营建技艺视为落后的行当，使得传统营建技艺日渐后继无人，因此传统木匠、石匠、泥瓦匠、漆匠等行业从业人数日渐减少。因此抢救性保护和挖掘江西当地建筑技艺与保护这些非物质文化遗产变得刻不容缓。且由于年久失修，不少传统聚落的环境与建筑正日益衰败、腐朽、坍塌、消失，如何充分运用新工具、新技术去保存传统民居，以及改良传统工艺技术操作工序的研究也成为今天江西传统聚落研究的当务之急；

2）从生态性营建的角度进行研究，是对传统聚落与民居研究领域的外延和内涵认知与理解的深化。但是在江西传统聚落与建筑的研究中，多数学者还处于关注聚落形态、建筑式样的特征与分类范畴之中，对于传统聚落、建筑其形态生成与人文要素之间的关系的探讨、解析目前正处于重点关注阶段，但对于江西本土山水环境、自然资源下，聚落、建筑自然环境之间的相互适应性关系的影响要素探讨及其生成规律、规则等方面的探讨，整体上还处于初步阶段。

3. 信江流域传统聚落环境生态性研究现状的局限

纵观前人的研究成果，对于信江流域地区传统聚落的生态性研究仍然存在以下几个问题亟待深入研究：

1）信江流域传统聚落与民居建筑类型研究不足；

从对江西传统聚落的研究热点来看，学者们的研究成果多集中于赣南客家民居民系区域、赣北徽派民居民系区域和赣中民居民系区域。信江流域地处闽浙赣三省交界之处，身在江西地方文化最为多元的赣东北地区，流域内水陆交通便利，商贾往来不绝。便利的交通和频繁的对外交流，使得信江流域的建筑营建受到周边多个民居建筑体系的影响。然而这种建筑文化上的多样性影响也带来了信江流域民居建筑文化特征的杂交性与复杂性，研究难度较高，因而导致了江西传统民居研究成果的相对匮乏，使得信江流域的传统聚落与民居建筑谱系、类型与体系的研究内容一直处于缺失的状态。

2）传统聚落与民居生态性营造技艺的挖掘和保护研究不足；

3）传统聚落、民居环境生态性营建理论的深入研究不足。

因此，本书研究试图立足于信江流域传统聚落与民居的类型研究，结合传统建筑的生态营建技艺，从信江流域的地域经济文化类型入手，探讨传统聚落环境营建活动与自然环境之间的生态性关系特点及其形成规律。

1.4 研究对象、研究方法与研究内容

1.4.1 研究对象

本书研究对象为信江流域的传统聚落，研究范围限定如下：

1. 地理空间范围：信江流域是指信江水系的干流和支流所流经的全部地域，大约是明清时广信府全境加上饶州府所属的安仁、余干二县辖区的范围，即今天江西省上饶市下辖的玉山、广丰、上饶、铅山、横峰、弋阳和鹰潭市下辖的贵溪、余江、余干共 2 市 9 县的范围。

2. 营建技艺和建筑样式范畴：所谓的传统聚落与传统建筑，在营建技艺上必须以农耕时代传承下来的建筑营建技艺修建而成，在建筑样式上，必须为按照 1949 年以前当地传统建筑样式与形制而建成。

3. 时间范围：以 1949 年前建成的集镇聚落，20 世纪 60 年代以前建成的乡村聚落为考察对象。

集镇聚落对外来文化反较为敏感而迅捷，1949 年以后，信江流域由于地处交通要道，新兴集镇聚落中的建筑、环境等空间的营建受外来样式和时事影响大，较少体现当地传统地域气候特点和文化特点。

从地方志中可知，1970 年以后由于上饶水泥厂、铅山水泥厂的建成投产，现代建材开始大规模进入信江流域建材市场，并且促使当地村落中旧有的传统建筑营建技艺发生改变，此后水泥花窗、水泥栏杆等大量现代建筑构建和做法普遍使用在村落民居建筑上，从这些案例中难以获得传统营建技艺的信息。

4. 聚落类型上，以传统乡村聚落（简称：村落）与集镇聚落（简称：集镇）为考察的主要对象，行政级别为县以及高于县级的城市聚落为对比参照考察对象。

5. 聚落主体的历史遗存状况：要求 1949 年以前建成集镇聚落、1970 年以前建成的乡村聚落内部的建筑物与环境设施保存状态良好，60%以上的建筑物、环境设施自建成以来，未被大规模改建与整修过，未被替换为现代建筑材料和构件，或者聚落的规模虽有扩大，但聚落核心区域依旧保持着历史风貌，未被严重破坏。

6. 信江流域进入“中国历史文化名镇名村名录”与“江西中国传统村落名录”的乡村聚落和集镇聚落（图 1-1）。

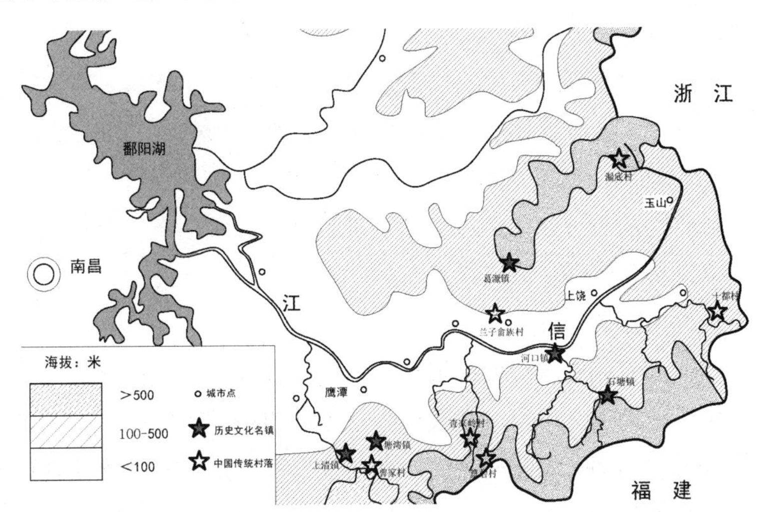

图 1-1 信江流域录入中国历史文化名镇名村、传统村落名录的聚落点

（图片来源：自绘）

1.4.2 研究方法

相关图文资料主要分布在各种史料与基础文献之中，在研究的时候需要对已有的资料做总体梳理与分析，在明确的方向指向下进行知识系统的梳理。

同时对于聚落营建的生态思想研究要避免只强调整体、静态的认识方式和线性技术史观，由于信江流域南北两岸地域经济文化的多样性，因此必须要将整个信江流域南北地区进行区域细分，关注各区域之间经济文化的对比与变化；要考虑具体的聚落营建生成以及所处历史语境的多样性和复杂性，避免某一先验趋势不断推进、简单进化的线性思维。

在这样的方法观取向下，本研究采用了以下几种研究方法：

1. 文献分析法

对信江流域地区传统聚落环境营造思想的研究离不开对文献史料与以往研究成果的具体分析，尤其要注重对信江流域地区各个历史时期的地方志、家谱、乡规民约、碑文等档案遗存的收集与分析，这有助于对具体聚落个案的深入理解。

本书主要涉及的地方文献为地方志。信江流域的地方志资料较为全面，除信州府的府志以外，各县自明清以来都有自己的县志，其中龙虎山、怀玉山等重要名山也有单独的方志予以记载。地方志在聚落的营建内容上多有涉及，虽不是直接叙述集镇聚落的营建方式，但对于集镇聚落的兴起和消亡等大事件记载多较详细，且对于当地的自然环境与自然资源、生产、经济活动内容的记载也较为丰富。

另一类文献为族谱，族谱对于聚落营建内容的反映多体现在族谱的村落、宅基图示上。通过对这些图示的判读，可以在一定程度上了解聚落在某一时期的空间格局，理解聚落的演变过程。

此外要认识到文献不仅是理解思想等信息的来源，同时也是作者意图、思想与观念的体现，这种意图、思想、观念也同样是研究的对象。此外对于史料性文献要注意信息的甄别，因为“史料”不是“史实”，前人所遗留的文献传达了重要的历史信息，但所传达的也可能是经过主观加工甚至歪曲的信息，对这种主观性的研究认识也有助于对传统营建思想形成和演变规律的理解。

2. 田野调查法

信江流域地区的传统聚落环境遗存较多，并且在该地区传统营造技艺的传承和应用实践活动尚有保留，实践过程中出现的各种现象都是解读传统聚落环境营建思想中生态意识与观念的重要佐证。考察聚落环境遗存时需要从观念与实践的互动关系来理解传统聚落环境营建思想中的生态意识与观念，而在信江流域地区这种多元地域文化区域，传统聚落环境营建思想是多层次、多方面的，因此必须对更广泛的社会背景和周边文化维度有所关注。在对具体聚落环境中的生态观念进行考察时，应该更多地注重对周边地方性文化的观察与分析，特别是在生计方式与生产习俗等相关的文化背景上要多加注意，观察这些农耕生产劳作特点、禁忌、习俗等文化对于具体聚落环境营建中生态性适应的倾向性影响。

本书的田野考察基本分为三个阶段：

第一阶段为研究基础调研，通过对地方志、家谱、相关史地资料等地方文献的收集、整理、阅读，结合“中国传统村落名录”“中国历史文化名镇名村名单”“江西省传统村落名录”“江西省省级历史文化名镇（名村）名单”，对信江流域的传统聚落分布状况，进行考察点的选择，并进行与生计方式相关的社会文化背景及地理经济条件考察。在这一阶段，选定 29 个可能具有调研价值的聚落考察目标进行初步走访，以确定主要考察目标。

第二阶段为实地考察阶段，对信江流域选择的传统乡村聚落和集镇聚落进行实地考察。在走访过的考察目标中，本书已调研的信江流域聚落类型如下：

1）列入“中国传统村落名录”、“江西省传统村落名录”的乡村聚落，如：铅山县太源畲族乡查家岭、太源畲族水美村、玉山县双明镇漏底村、鹰潭市贵溪市耳口乡曾家村，广丰县嵩峰乡十都村、铅山县篁碧畲族乡畲族村等。

2）列入“中国历史文化名镇名村名单”和“江西省省级历史文化名镇（名村）名单”的集镇聚落，如：贵溪市上清古镇、铅山县石塘古镇，铅山县河口古镇等。

3）正在准备申报历史文化名镇的集镇。如：铅山县陈坊古镇、上饶县石人街等。

4）非历史文化古镇（村），但是沿用传统营建技艺营建而成，以及聚落空间结构与形态依旧保持着历史风貌的古镇（村），如：鹰潭市桂家村、杨碧村，上饶县湖村乡水晶村、严家湾村，上饶县石人乡南塘村等。

5）局部较好保留有传统聚落结构的村落，如：上饶县湖村乡霞坊，上饶县皂头乡姬家村、前洋殿村等。

6）地方志上记载有历史街区遗存，但走访中发现已消亡传统聚落 7 处。

7）对比研究对象：太湖流域同为稻作经济作为主导生计方式的无锡、苏州两市的礼村、李市村，以及地处山地丘陵地带的苏州市東山村和西山岛明月古村，水网湖荡低地的周庄古镇。

8）信江流域历史街区风貌空间结构保留较好的县级城市聚落：锦江古镇（安仁县城）、永平古镇（铅山县城）。

在本阶段的田野调查中，具体考察内容为：

1）对聚落的物质环境特征进行记录，主要内容为对村落形态、典型建筑单体、街巷空间、水系结构、植被种植情况、聚落功能布局等内容进行测绘，对上诉内容进行相关影像资料的拍摄工作。

2）结合本地生计方式特点与居民进行交流与访谈，对典型的生活空间和活动场所进行图像记录。围绕本聚落中的居民主要生计来源、住宅营建成本与营建情况、聚落中人们日常劳作空间条件的优劣、居民先祖迁徙情况和定居择址原因等内容与本地居民展开交流访谈。

第三阶段走访本地工匠、民俗研究员、本地文史研究员、传统手工业暨农业从业人员，了解本地建筑营建技艺、民风民俗、聚落经济历史简况、聚落变迁简况等内容。其中深度访谈相关人员 79 人，其中传统工匠 16 人（传统大木工 6 人，细木工 3 人，石匠 3 人，漆匠 2 人，泥瓦匠 2 人），民俗研究员 5 人，本地文史研究员 5 人，传统手工业从业人员 21 人（造纸匠 4 人，篾匠 3 人，传统榨油坊工人 5 人，茶商 3 人，纸商 4 人，药商 2 人），传统农业生产者 29 人（林木种植 9 人，水稻种植 20 人）。

3. 归纳法[①]

归纳法即归纳推理，是人类对事物进行认知的两种逻辑形式之一，是从认识、研究个别事物到总结、概括一般性规律的推理过程。本书将通过经实地调研获得的测绘数据、访谈信息以及地方典籍、文献资料的分析和整合，对信江流域传统聚落营建活动下结构形态形成的生态适应性共性特征进行分类、归纳、总结，对影响其结构与形态生成的非物质形态要素进行分析与归纳，进而对非物质形态要素的影响作用特点和路径进行总结，最终得出相应结论。

4. 横向比较法

横向比较法是指在统一标准下，对同类的不同研究对象进行相互间比较的方法。本书选择同在信江流域自然资源条件下，不同生计方式主导的皂头平畈地区村落群、红层盆地丘陵地带的桂家村，山地地区漏底村、南塘村，以及河口古镇、石塘古镇等信江流域典型传统聚落作为对比研究案例。

其中桂家村属于信江流域中下游地区红层盆地丘陵地带典型的大型稻作经济村落，而且其村落核心区域空间形态自清代以来几乎无大的改变。漏底村，南塘村都属于信江流域上游山区山林经济村落，其中漏底村为大型村落，南塘村为中小型村落。漏底村于 2014 年入选第三批“中国传统村落名录”。南塘村则是以依托山林资源进行手工造纸的手工业型山林经济村落。河口古镇、石塘古镇同属于信江流域中游地区传统集镇聚落，其中河口古镇是信江流域集镇群的核心集镇，2014 年 3 月，河口镇被列为第六批“中国历史文化名镇”；石塘古镇则是信江流域集镇群中专业型二级

① 对于简单枚举归纳推理来说，前提中所考察的对象数量越多，结论就越可靠。对于科学归纳推理来说，前提的数量不起重要作用，只要是真正揭示对象与其属性间因果联系的必然性，尽管前提的数量不多，甚至只考察一两个典型事例，也能得到可靠结论。

集镇的代表。

同时选择同以稻作经济作为主导生计方式的太湖流域无锡、苏州两市水网地区、滨湖丘陵地带的典型传统村落与传统集镇，在环境择址、空间肌理形态、环境营建观念、建筑样式及营建技艺四个营建内容的生态性特征进行对比，就生计方式在聚落环境生态性营建中的作用及其影响机制展开研究。

5. 空间分析法

赵永、王岩松等学者认为"一切对象都毫无例外地发生在特定的空间中"①，所以空间分析法今天在地理学、测绘学、建筑学、生态学、经济学、地质学、考古学、医学、刑侦等学科领域都有相关应用。由于空间概念的广义性，因此各学科学者对空间分析的定义及具体研究方法不尽相同，比较常见的有基于地理信息系统（GIS）的图形分析，有基于统计学的建模；既有针对物质空间的形态、逻辑分析，也有非物质的社会网络、行为轨迹等分析。

本书涉及的研究对象中小尺度的村落较多，甚至是只有几户人家的散村，经过仔细的比对，最终选择 Global mapper 来实现研究对象的空间生成，并进行相关分析，尤其是与生计方式密切相关的聚落周边地势形态、洪水水位分析及用地功能分析，并从中推导出生计方式对信江流域传统聚落生态性营建的影响机制。

1.4.3 研究内容

第 1 章对选题的源起及其研究背景进行阐述，明确研究意义；对传统聚落、生计方式、生态适应性等课题研究的相关理论概念进行了介绍与范畴限定；对相关研究现状进行了梳理与评价；然后在研究综述的基础上对研究对象和研究内容以及研究思路框架和研究方法进行介绍和论述。

第 2 章从信江流域的自然环境、地域文化人口变迁情况和生计方式演化状况四个方面切入，梳理了信江流域传统聚落的自然环境条件以及历史背景、经济背景、生计方式类型等情况。

第 3 章从物质资料获得方式的角度分别探讨了在稻作经济、山林经济与工商业经济等生计方式影响下，不同类型传统聚落因生产要素需求不同而产生的自然资源选择差异性，进而比较并探讨了乡村聚落"林池相伴"、集镇聚落"山水交汇"的环境结构模式、择址原则及形成原因。

第 4 章从物质资料利用方式的角度，比较了稻作经济与山林经济、工商经济等生计方式影响下的聚落因生产要素组织方式不同导致的空间肌理差异，分析了不同肌理

① 赵永，王岩松．空间分析研究进展 [J]. 地理与地理信息科学，2011（05）: 1.

结构的生态性特点；探讨了生计方式对聚落肌理差异性、生态适应性形成的影响作用。

第 5 章研究了指导物质资料利用方式的生产技术观，就传统“三才”思想影响下传统聚落环境营建观的生态性进行了探讨。从集约化农耕文化形成的“三才”思想出发，梳理了“三才”思想与信江流域乡村、集镇等聚落营建观念之间的联系以及不同营建观在具体聚落营建活动中的生态适应性特点。

第 6 章，针对信江流域潮湿闷热的“雨热同期”气候特点，对当地建筑样式为满足于生计方式所需而形成的特征，包括平面、立面、结构上形成的与气候生态适应形态进行分析；在营建技术上，本地匠人立足于稻作经济生计方式特点形成了以技术简便易学，就地取材，建筑结构简化、考虑建筑有效寿命，工具简单、一物多用、便于携带，度量制度简单为特点的营建技术体系。

第 7 章，为全书总结、后续研究的可能及本书主要创新点。

1.5 研究框架

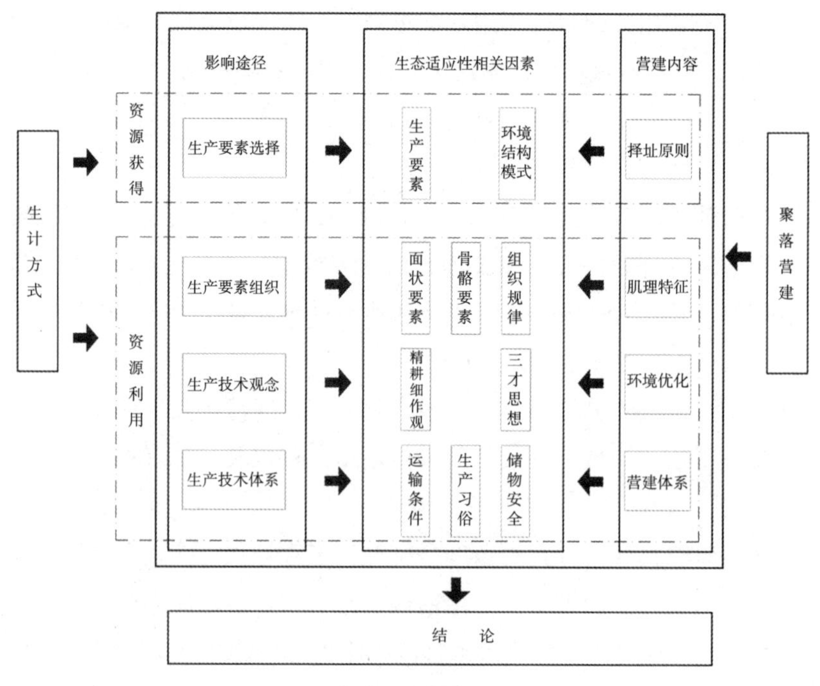

本书研究框架

第 2 章　信江流域概况与传统聚落生计方式

物质环境是聚落形成的基本前提，亦是影响聚居空间分布与发展的首要条件。本章是对信江流域地区背景情况的论述，对该区域传统聚落生态适应性演变的宏观环境背景进行梳理，作为研究开展的前提。绪论中已对信江流域所处的地理范围进行了粗略的描述，本章将具体介绍信江流域的自然地理、文化特征和人口变迁、传统聚落历史发展状况和沿革等基本情况，并以对当地生计方式类型的梳理为基础，确定本书研究的主要问题与组织逻辑。

2.1　信江流域的自然环境概况

信江地处赣东北地区，古名余水，又名上饶江，因其流经信州而称为信河、信江，是江西省五大河流之一[①]。信江发源于玉山县境内浙赣交界处怀玉山脉，流向自东而西，从河源至余干县瑞洪镇鄱阳湖水口处止，干流全长 356 公里（图 2-1）。信江主干在余干县西北大溪渡分为龙窟河、西大河东西两支，龙窟河经波阳县（清代鄱阳县）境珠湖山汇入饶河流入鄱阳湖，而西大河作为信江干流的延续，在瑞洪镇注入鄱阳湖[②]。

信江干流各段在明清时期有着不同的名称，同治《广信府志》记载道：“信江……在玉山曰玉溪、冰溪，在上饶曰上饶江，弋阳曰弋阳江、葛溪，贵溪曰芗溪，随地异名，皆此水也”[③]。

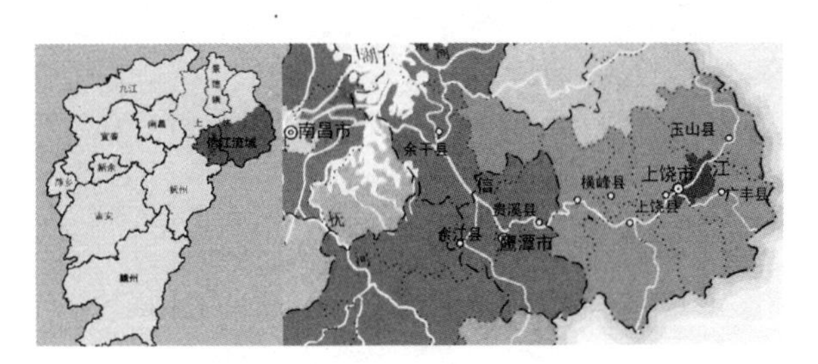

图 2-1　信江流域位置示意图

（图片来源:《江西地理图册》）

① 江西五大河流指赣江、抚河、信江、修河、饶河。

② 程宗锦 . 江西五大河流科学考察 [M]. 南昌：江西科学技术出版社，2009：24.

③ 广信府志 . 地理 . 山川 . 清同治 .

2.1.1 信江流域的地形

信江流域的地形呈不整齐的长方形，地势由东北向西南倾斜，东、南、北三面地势较高，西北方向地势较低，大致成马蹄状，全流域面积为 175990 平方公里[①]，流域形状系数为 0.147。东西直线长度为 196 公里，南北宽 86 公里，其中流域最宽处宽 120 公里，最窄处宽度为 40 公里。流域的东南部和东北部分别为武夷山山区和怀玉山山区，中部为河谷及丘陵地形为主的信江盆地（图 2-2 ～图 2-4）。其中武夷山山区的地势较高，高程在 800 ～ 1300 米之间[②]，而怀玉山山区地势相对较低，高程在 300 ～ 800 米之间[③]。

图 2-2 信江流域图

（图片来源:《江西水系》）

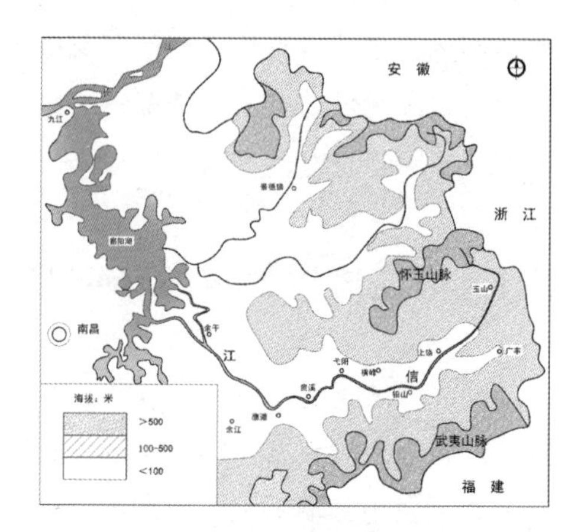

图 2-3 信江流域地势图

（图片来源：根据《江西省地图集》绘制）

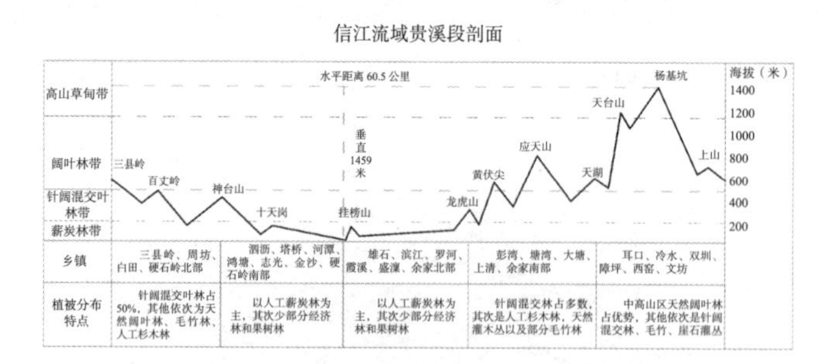

图 2-4 信江中游贵溪段地形剖面图

（图片来源：依据《贵溪县志》表 6-1 自绘）

信江以上饶县城和鹰潭市市区为节点分为上游、中游、下游。上饶县城至玉山县

① 熊小群，杨荣清 . 江西水系 [M]. 武汉：长江出版社，2007：114.

② 同上 .

③ 吴志坚 . 信江流域水土流失现状与发展态势研究 [J]. 水资源研究，2008（06）：15.

城段为上游，其中紫湖至河源段属深山区，紫湖至玉山县段属浅山区，玉山县至上饶县之间沿岸地形以中山丘陵为主，地形起伏较大，高程在 300 ~ 800 米之间。上饶县至鹰潭市市区河段为中游，两岸地形以盆地为主，间或丹霞地貌的低矮丘陵；鹰潭至余干县大溪渡分流口段为信江下游，属于鄱阳湖冲积平原区。信江流域地形特征素有“七山半水分半田，一分道路和庄园”[①]之说，综观全流域，山地面积约占流域面积的 40%，丘陵面积约占 35%，平原面积约占 25%[②]，因此地处信江中下游的信江河谷及鄱阳湖冲积平原地区是信江流域的主要粮食产地。

怀玉山脉自东而西绵延 150 公里，构成了信江流域的东北部边界，山脉平均海拔 500 米，是赣东北两条主要河流——信江、乐安江的分水岭，也是鄱阳湖水系和钱塘江水系的分水岭。主峰玉京峰海拔 1819.9 米，是江西第五高峰。信江流域东南部的武夷山脉是赣闽两省的界山，平均海拔 1000 ~ 1500 米，长约 500 公里，其主峰为江西省的第一高峰——海拔 2158 米的黄岗山，坐落于铅山县境内。

信江流域内的山地分为由山区和丘陵衍生出的四种地貌：

海拔 100 ~ 200 米的红砂岩丘陵地区；海拔 200 ~ 400 米左右，岩质灰岩、硅质、白云质、质灰岩为主的丘陵低山地区；海拔 400 ~ 500 米左右，地质结构以红色砂岩、粉砂岩、砂岩、夹页岩、花岗岩为主低山地区；海拔 1000 ~ 1400 米左右的花岗岩中低山区。

中山、低山分布于流域的东南部和东北部。信江东南方向的中山由武夷山脉分支而来，有五府山、铜钹山、黄冈山、状元山等较大的支脉。信江东北方向的中山则由怀玉山脉分支而来，主要有灵山、华坛山等较大的支脉。

信江流域是我国红层盆地的重要分布地区，红层盆地的红石丘陵岩性以软弱的砂页岩为主，丘陵坡度平缓，形状浑圆，相对高度多在一二百米左右。

红层盆地的土壤类型为酸性红土，有机成分少、黏性大，因此对地表依附能力低，极易被冲刷，而信江流域地处亚热带季风气候，降水量较大。因此致密坚实红砂石构成的山体因土层微薄，难经雨水冲刷。信江流域雨季雨水充沛，被雨水冲刷带走的泥土沉淀于山体之间的小型盆地与谷地间，成为当地耕地资源的主要来源。丘陵本身则往往成为无水无草无木的濯濯童山，所以当地的耕地资源十分紧张（图 2-5）。

信江流域红层盆地的红砂岩岩层厚度超过 2000 米，且岩层坚实厚密，下雨时石质的山体上排水十分迅速，但地表水难以下渗，造成地下水资源贫乏，被地质部门视为贫水区。但红层贫水，并非无水。红层地区地质构造复杂，储水构造类型众多，因此地质学上认为，如果在红层盆地寻找到地下水较为富集的区域，石质山体上开凿出水井

① 铅山县县志编纂委员会 . 铅山县志 [M]. 海口：海南出版社，1990：83.
② 程宗锦 . 江西五大河流科学考察 [M]. 南昌：江西科学技术出版社，2009：62.

图 2-5 信江流域红层盆地分布状况

（图片来源：照片自摄，地图根据姜勇彪《江西信江盆地丹霞地貌研究》论文资料自绘）

也是常见的情况。且由于岩层渗水条件差，在降雨条件良好的信江流域，在丘陵间的盆地常因雨水汇聚而形成面积较大的水塘和湖泊，有利于水稻等庄稼的夏季抗旱。

红石丘陵出产的建筑用石材——红砂石砌块有 500 毫米 ×240 毫米 ×250 毫米与 200 毫米 ×250 毫米 ×600 毫米两种传统尺寸，砌块抗压强度 10 ~ 35 兆帕左右，可以做非框架式建筑或一般民房的墙体。红砂石砌块具有易开采、易加工、坚固、耐风化、颜色经久不褪等特点，被大量应用于墙、地基、路面等建筑材料，完全由红色砂岩砌块建成的建筑最高可达 12 层楼高度。红砂石砌块墙体色彩艳丽，有很强的装饰性，洗磨红石工艺是信江流域红层盆地地区传统建筑的一大特色。1922 年修建的余江县锦江天主堂，就是以红石为主要建筑材料．由经过洗磨的红石砌造而成，墙面光滑平整，其中天主堂三扇曲拱大门尤具特色（图 2-6）。

图 2-6 余江县锦江天主堂门头的红石工艺

（图片来源：自摄）

信江流域“七山半水分半田，一分道路和庄园”山地丘陵自然地形特点是当地传统聚落各种生计方式得以展开的前提，也是聚落营建的建材来源。山地丘陵为主导的地形条件限定了不同生计方式在地理空间上的分布，而山地丘陵蕴含的资源条件则构成了当地聚落建成形象特征的基础。

2.1.2　信江流域的自然资源条件

自然资源是人类取自自然用于生存、发展和享受的物质与空间。具体的生产形式指导着人们对于资源类型的选择，同时自然环境所能提供的资源类型也影响着生产形式的形成。信江流域素有赣东北粮仓之称，同时也是古代重要的茶、纸生产与贸易基地，以及唐宋以来全国重要的铜矿开采地，这与信江流域自身自然资源条件特点密不可分。

2.1.2.1　信江流域土壤资源

信江流域的主要土类有红壤、水稻土、潮土、紫色土这 4 种，亚类 6 个，土属 19 个[①]。在空间分布上土壤的水平地带性及垂直地带性明显。土地的肥力不算肥沃。其中由砂岩风化而形成的红壤，占全流域土壤总面积的 60% 以上，多分布于常开辟为旱地、果园、林地的丘陵岗埠缓坡地带，是信江流域土地开发利用最广泛的一种土壤。其次为水稻土，这是主要的耕种土壤，各县市均有分布，面积 703.66 万亩，占全流域土壤总面积的 24% 左右。

2.1.2.2　信江流域耕地资源

信江流域的耕地资源主要集中在下游区域，而其上游、中游的耕地资源分布状况如下：

1. 东北部中低山、丘陵区

作为信江与乐安江的分水岭，怀玉山脉横亘于信江流域东北部。山体平均海拔高度在 1000 米左右，山峦连绵、沟谷纵横，因此耕地类型以梯田、坡地为主。其中中低山区农田主要分布于沟谷的溪沟小河两岸，丘陵地带则沿河两岸形成大片农田。

2. 中部中、低丘陵、河谷区

这一带是信江流域上中游地区耕地的主要分布地带，区域上包括弋阳县全部，以及横峰、铅山、玉山、广丰、上饶等县在信江两岸的全部河谷地区。

3. 南部中低山、高丘区

这一区域的武夷山脉峰峦连绵，山势陡峻，多高山深谷；区域内耕地所占的面积比例较少，耕地所处的位置也较高；耕地类型多为山垅田、梯田和坡地，水利条件较差，因此或只种一季水稻，或作为旱地进行耕作，且农作物产量较低。

其中上饶市的土地资源具体情况为[②]：

农用地 189 万公顷，占上地总面积的 83.01%，包括耕地 40 万公顷、园地 3.3 万公顷、林地 127 万公顷、牧草地 208.31 公顷和水面 18 万公顷；未利用地 25 万公顷（含滩涂 6.6 万公顷和苇地 2449.60 公顷），占土地总面积的 11.02%。

总体而言，信江流域土地利用有着如下的基本特点：

---

① 上饶市信州区地方志编纂委员会 . 上饶市志 [M]. 北京：方志出版社，2005：37.

② 数据来源于上饶市人民政府信息公开平台 . http：//www.zgsr.gov.cn/doc/2010/10/29/82812.shtml.

1. 土地利用分布状态呈垂向层次分布。林业层分布在海拔 500 米以上的位置，占利用土地面积的 55.83 %；海拔 50 ～ 500 米位置的土地为农林过渡层，由林地、园地和旱地构成；海拔 50 米以下的地区主要分布着耕地、水面和各类建设用地。

2. 除信江下游靠近鄱阳湖区的余干县外，其余各县（市）丘陵山地面积均占该区域土地总面积的 50%以上。

2.1.2.3　信江流域林业资源

山地针阔叶混交林主要由柳杉、粗榧等针叶树和山核桃、栲、槠等阔叶树组成。在铅山县主要分布于陈坊、太源以南以及湖坊西南山区，是铅山县主要林区的组成部分。

常绿、落叶针阔叶混交林主要分布在长寿、太源等地。有甜槠、曼青岗、木荷、冬青等常绿树种，落叶树种主要是枫树、苦楝等，常和杉、马尾松等伴生。

常绿阔叶林（照叶林）主要分布在 800 ～ 1200 米以下的低山丘陵地带。代表树种：壳斗科的各种栲类，香樟科的樟、天竺桂，山茶科的木荷、山茶、柃木。

亚热带低山丘陵暖性针叶林由主要由马尾松、杉组成的大片纯针叶林构成，分布于海拔 1000 米以下的低山丘陵地带。也有与毛竹形成的杉、竹混交林，以及与阔叶树林形成的针阔叶混交林。

毛竹林生长于海拔 1500 米以下，大量分布于 300 ～ 800 米海拔区域。信江流域竹资源占地面积约 164 万亩，充沛的竹资源支撑起明清时期当地星罗棋布的土纸制造业与发达的铅山连史纸制造业。

2.1.2.4　信江流域矿物资源分布状态

信江流域的重要矿产有铜、铅、锌、蛇纹石、钨、铀、金、银、稀有金属和稀土等。其中地处武夷山脉北麓铅山县永平镇（原铅山县治所在）的永平铜矿现为中国第二大露天铜矿（图 2-7 ）。由于永平铜矿的巨大开采量，信州铅山场唐宋时期成为永平监下辖的两个重要矿山之一[①]。

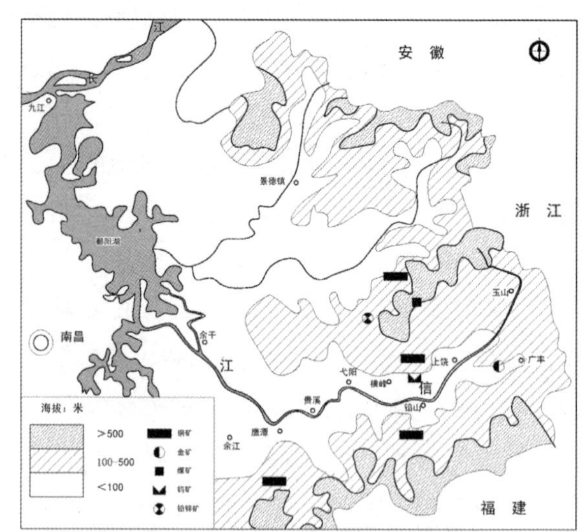

图 2-7 信江流域矿产资源分布图示

（图片来源：根据《江西省地图集》资料自绘）

矿产资源对于信江流域的集镇

① 永平监是唐宋两代最为著名和权威的官营造币中心，于唐乾元初年（公元 758 年）由中央政府始设饶州（今鄱阳县）城郊。永平监管辖的重要矿山有两个，即饶州兴利场（包括后来的德兴县场）和信州铅山场永平监。在唐初设置之时，每年铸钱 7000 贯，到南唐时年铸钱已达 6 万贯，至宋代时年铸钱量已高达 61.5 万贯，对当时社会经济生活的许多领域都产生过巨大影响。

聚落形成与分布的影响作用，主要体现在铅山县和横峰县的形成和发展上，这是由于开矿是劳力集中型产业，往往汇聚了数万乃至数十万的青壮人口，易于导致群体性暴力事件的发生，为防止因大规模劳力集中而导致的骚乱和暴动，政府往往特别设立相应的官府机构以便于管理与弹压。例如高岭土使得制陶业在横峰地区兴起，为防止制陶工人的暴动，因而设立了横峰县，而永平铜矿由于同样的原因导致了铅山县（今永平镇）的兴起与发展。

2.1.3　信江流域的交通条件

信江流域东接浙江衢州市常山、江山、开化三县，东南连福建邵武市光泽县与南平市浦城、崇安二县；北接省内乐安河流域的德兴、万年、鄱阳三县，南通往南昌市进贤县与抚州市东乡、金溪、资溪三县。接壤浙西、闽北，联系赣中、赣北，扼守闽浙交通之要冲，古代一直是江西通往福建、浙江的水上通道，也是闽越地区北上入京的要道，向有江西东北部门户之说。清同治《广信府志》称信江流域“广信牙闽控越，襟淮面浙……信实为诸省之要”[①]，历史上广信府（今上饶市）就一直是华东地区的交通战略要地。

由于地处毗邻浙江、福建这些明清东南经济发达的地区，勾连省内外的水陆交通畅通，从而吸引了大量来自各地的坐贾行商，信江流域成为江西省市镇分布最为稠密的地域之一。在信江流域水陆相通的交通网络上，形成了密若繁星、“错于乡者”、“商贾辐辏”的墟市和市镇。这些集镇或因从墟集发展而成，如上饶县的沙溪镇、上泸镇、皂头镇，玉山县的樟村镇、贵溪县的上清镇、弋阳县的大桥镇、横峰县的葛源街、广丰县的洋口镇、五都镇；也有因通向浙江，而成为百货集散地的玉山县七里街，还有因造纸业发达而成为造纸中心的铅山县石塘古镇、陈坊镇、紫溪镇和湖坊镇，信江河畔的铅山县河口镇更是因其茶纸贸易繁荣，自明清以来与景德镇、樟树镇、吴城镇并称为江西四大名镇。

2.1.3.1　信江的水运条件

信江主干较长，且支流众多，其中集水面积在 10 平方公里以上的有 18 条，30 平方公里以上的有 12 条，1000 平方公里以上的有 3 条。因此对于聚落来说，信江充沛的水量使得在这一区域构建民居聚落有着天然的水运优势。

玉山至上饶的信江上游河段河面宽度较窄，均宽约 100 米左右，可通行 4 ~ 5 吨的船只。而上饶至鹰潭的中游段，以河口古镇为界，其上游以上河面的宽度约为 140 米，可以通行 7 ~ 12 吨的船只。河口古镇至鄱阳湖段，河流两岸多丹霞地貌为主的丘陵以及河滩地，河面宽度在 100 ~ 250 米之间不等，局部宽度可达 500 米之处，可通行 15

① 广信府志 . 地理 . 山川（扼塞附）. 清同治 .

吨的航船（图 2-8）。

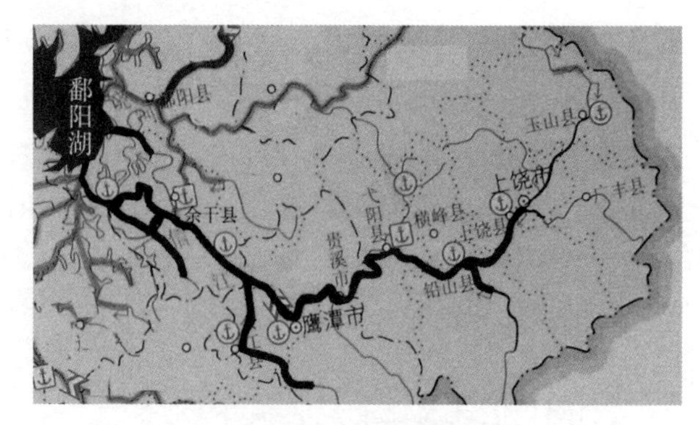

图 2-8　信江航运通航航线

（图片来源:《江西水系》）

明清时期信江流域内部各支流的交通运输能力也较强。例如灵溪、丰溪、丁溪、铅山河、双港溪、紫溪、上清溪等支流都可通行中小型船只。丰溪可以通行 4 ~ 5 吨的船只，饶北河、泸溪可通行 3 ~ 4 吨的船只，丁溪可通行小型船只。其中铅山河、紫溪河在明清时期官方设立有专门的河运机构管理航运。地处信江下游的余江、余干二县河道水网更是发达，水运即是当地居民人员及物质流通最为常见的方式。

经信江水道，江西腹地和福建闽西、闽北的物资经或可逆流而上到玉山，再陆运至常山东门，改由新安江水运到达杭州，再通过京杭大运河沟通长江三角洲地区以及中国北方地区市场；或可顺信江而下到河口，改装大型航船后从河口古镇到余干瑞洪进入鄱阳湖后，或出湖口进入长江水道，再经长江北上或西行前往湖北、四川，也可经滁汉港行至南昌转入赣江水道逆流而上，在赣州改陆路越过大庚岭，再顺珠江水系的北江而下进入岭南地区或出海前往东南亚等海外市场。

2.1.3.2　信江流域的陆运条件

明清时期的信江流域与外省之间的陆路交通也很通达，其流域内通往外省的陆路要道主要有以下几条：

通往浙江的道路主要有两条，分别前往浙江衢州的常山县和江山县：

其一是从上饶到衢州市常山县的道路，至常山县城后，可经驿路，或经新安江水陆抵达杭州。

这条通道最重要的是玉山至常山段的玉常大道，大道长 40 公里，今横贯江西南北的 320 国道玉常段也基本是沿此路修筑而成的。此道明嘉靖间已是坦途，历史上屡加修筑，直至民国年间仍是由赣入浙的重要通道。

其二则是由广丰县东北到浙江衢州江山县的道路。同治年间编撰的《上饶县志》记载为："南出府门过长清浮桥，由上饶之水南上郭中塘铺（商民五十余家）茭塘抵广丰界（三十里），由茭塘铺、三里亭至广丰县城……又自广丰县东由梅溪、杉溪、洪桥、枫林至松峯山浙江衢州府江山县交界，八十里（平陂大路）。又自广丰县东北由玉田排山竹崖至浙江衢州府江山县交界七十里"[①]。

① 上饶县志 . 疆域 . 清同治 .

通往福建的道路则有三条：

其一是上饶市（广信府）经广丰县通往福建南平市（古建宁府）浦城县的驿道，沿此路到达浦城后可再通往福州，这条路线就是历史上中原地区入闽的重要通道“福州官道”。

其二为上饶市（广信府）经铅山县，过分水关大道前往福建南平市（古建宁府）武夷山市（古崇安县）的路线。此路自上饶市起，经铅山县石溪、铅山县城（今永平县）、紫溪、车盘、乌石汎，再越过分水关进入福建古建宁府崇安县境。这条道路与玉常驿道一起构成由浙西入赣东北再前往闽北的三省通途。

还有一条从贵溪县出发，由中坊渡经张家桥、江浒山，然后至福建邵武府光泽火烧岭界的驿道，约一百五十里路程[①]。

除上述主要官道外，信江流域内尚有其他山间小路可陆路通往浙、闽两省。然而怀玉山山脉和武夷山脉将信江流域切割、分裂出峡谷、河谷、平畈、盆地，使得山区地带山高路远，地形崎岖，交通艰辛。人们日常出行多要翻山越岭，商贸货运或凭肩挑手扛，或凭推独轮车（鸡公车，也称羊角车）往来（图 2-9）。

图 2-9　信江地区的独轮车

（图片来源：自摄）

2.1.4　信江流域的气候特点

信江流域地处长江中下游地区，属于广义上的江南地区，《史记·货直列传》中有谓“江南卑湿，丈夫早夭”[②]之说。同治《上饶县志》中描述信江流域的气候特点为：“春夏多南风，秋冬多北风，所在类然；而信则多东西风，水之异也，风亦随之，其地势为之乎。自春而夏，晴日少而雨日多，每至经旬累月连绵不止。故潮沴之气也较他处特甚。自夏而秋，则炎酷少雨，民之苦旱岁以为常。或偶有过云倏来倏止，雨后复晴，反致生蟊。秋后多雾，晓起不辩街衢，冬寒不减中州，惟以雪为瑞雪盛年之兆，来年丰稔。而冰雪之在山谷者，日霁不消，大抵山多水寒使然。此气候稍殊，有不容不誌者”[③]。在古人眼里信江流域是个多雨、潮湿、闷热的地方。

信江流域属于亚热带湿润气候，受海洋性气候影响，气候温和，日照充足，四季分明，无霜期长，年积温在 3600 ~ 4800℃之间，年平均气温 15℃左右，雨量充沛，

① 广信府志 . 地理 . 疆域 . 清同治 .

② 司马迁 . 史记（第 10 册）[M]. 北京：中华书局，1963：3268.

③ 上饶县志 . 星野 . 清同治 .

是江西省年降雨量最高的区域。据《江西水系》一书记载，信江流域其年平均降雨量为1855.2毫米，其中闽赣交界处的铅山河上游地区最大降雨量超过2150毫米，是信江流域的暴雨区[①]。

由于地形的原因，信江流域平原、河谷与低矮丘陵地带的年平均气温在17～18℃之间，山区年均气温则较平原、河谷与低矮丘陵地带低3～4℃，而年均降水则要多400毫米左右。

信江流域的季节特点具体为[②]：

3月上旬至6月上旬为春季，持续时间76天，日平均气温一般在10～22℃之间。在这个季节里，天气复杂多变，冷暖空气相互交替，天气时晴时雨，会有大风、雷雨，甚至是冰雹出现。3月至5月间平均降雨量为725毫米，占全年降雨量的43%。其中在4月至6月的时间段里，降水量可达847.9毫米，占全年降水总量的48%左右，常伴有洪涝灾害出现。

6月中旬至9月下旬为夏季，持续时间为114天，日平均气温在22℃以上，最高气温可达41℃。初夏为梅雨季节，日照少，湿度大，升温慢，有大暴雨出现；进入盛夏以后气温急升，7月至8月期间气温大于35℃的天数达到30天以上，常有干旱等灾害天气出现。

9月下旬至11月下旬为秋季，持续时间为64天左右，日平均温度在22～10℃之间，正常情况下，暑气日消，天气秋高气爽。但有的年份会出现秋旱，俗称“秋老虎”，有时也会出现连绵的秋雨天气，俗称“烂秋”。

12月上旬至次年3月中旬为冬季，持续时间在111天左右，日平均气温在10℃以下，冬季降雨量在450毫米左右，占全年降水量的31%，常出现冰、霜、雨雪天气。冷空气活动频繁，往往每隔7～10天左右影响1次。强冷空气影响时，造成强降温过程，最大降温值6～8℃。在冷空气的影响下，常常会伴有大风雪，西北风盛行，最大可达8～9级风力。积雪多不深，消融也快。晨霜凝重，常见1～2厘米厚度的薄冰。

由于信江流域降水受到季风影响明显，所以全年干湿季明显。降雨集中在4月至6月之间，占全年近一半的雨量，而进入7月以后，降雨量猛然减弱，其7月至9月期间，降水量为331.6毫米，占全年降水总量的19%左右。在夏季高温下蒸发量较大，往往导致“伏旱”的灾情出现。这就意味着在居住环境方面，夏季的时候人们要面临着两种气候状态，一是在立夏以后至6月底期间，梅雨季节带来的高温、湿闷的状态，再则是7月至9月期间的高温、干旱状态。

---

① 熊小群，杨荣清．江西水系[M]. 武汉：长江出版社，2007：114.

② 上饶县县志编纂委员会．上饶县志[M]. 北京：中共中央党校出版社，1993：25.

2.2　信江流域的地域文化

赣东北地区是江西文化最为多元的区域。信江流域在历史上一直是中原地区通往闽北、浙西以及沟通岭南的咽喉要地，也是中原政权渡江后南下的军事要冲，在南北朝以前，一直是百越文化与中原文化冲突严重的地区。信江流域早期居民为百越的一支，春秋时期为干越人，东汉、三国时期为山越人①。

春秋时期，大体上以余干为中心，鄱阳湖和赣江以西为楚地，鄱阳湖东部地区以及今天的皖南属于吴越。处于吴越和楚之间、湖泊河流密布的赣东北地区一直是干越人的活动地区。干越人善于铸造青铜器，好滨水而居，主要定居在平原低地或靠近江河湖海水道纵横的地区。由于滨水而居，干越人在生产方式、生活习俗等方面多与水的因素联系密切。在饮食上越人习惯于“饭稻羹鱼”，种植水稻、爱食水产品；在交通和居住习俗上“水行山处”，善于操舟、居住建造于山地的干栏式建筑之中；为便于近水生活而文身断发，并由此形成了对于龙蛇的崇拜信仰、实行滨水悬棺的葬礼习俗和好崖画艺术的文化习俗。

滨水悬棺葬是干越人特有的殡葬制度，武夷山西侧江西的南丰、黎川、贵溪、铅山、弋阳、横峰、上饶、德兴等地均有越人的悬棺葬和崖葬被发现。这些依山傍水、悬于悬崖峭壁之间的墓地、墓穴表明墓主来源于居住在濒临江河湖海的民族，从这点上也可以看出干越人“处于溪谷之间，篁竹之中，习于水斗，便于用舟，地深昧而多水险”②的生活特点（图 2-10）。

图 2-10　龙虎山山形及古干越人悬棺

（图片来源：自摄，http://www.5011.net/zt/xuanguan/）

东汉建安年间，中央政府在信江江畔始设上饶县，标志着汉族文化与百越文化融

① 山越为闽越、于越、东越人的后裔。

② 班固．汉书 [M]. 北京：中华书局，1964：2778-2781.

合的开始；三国时期以东吴政权为代表的中原文化开始在信江流域占据主导地位。唐代乾元年间的信州府城郭建成，则标志着信江流域在文化上和心理上彻底融入了中原政权。因而信江流域文化基因上有着吴、楚、越等地方文化与中原文明交融的特点，再经“安史之乱”所引发的人口南迁、“靖康南渡”和明清时期“江西填湖广”大规模的人口迁徙，信江流域成为多元文化的聚集地。

唐宋以后，信江流域又是宋代朱熹“理学”和陆九渊的“心学”的兴起之地，在宋代也一度成为全国道教的发展中心。鹰潭市西南20公里处的龙虎山，作为道教正一教（即天师教）祖庭所在，自明代以来便是长江以南地区的道教统领。这些地理上、区域文化上以及哲学宗教历史上的多样性使得信江流域成为江西省地方文化多样性最为丰富之地。

2.3 信江流域人口变迁对传统聚落发展的影响

2.3.1 信江流域人口变迁

历史上江西是一个开发较晚，又远离中原政治中心的地域。长久以来信江流域的人口数量与密度相对低于周边的饶州、洪州、抚州等地区，在江西属于人口低密度区域。即便是在人口数量达到历史最高峰值的南宋时期，信江流域依旧以79.51人/平方公里的人口密度低于周边的抚州116.32人/平方公里，临江117.10人/平方公里的人口密度[①]。历经南宋末期的农民战争，以及宋元战争的影响，信江流域人口在元代降至792433人左右。再经元明之际的战争，到明初的洪武年间，信江流域人口数量再降至506908人左右，人口密度也降至39.98人/平方公里左右[②]。同时由于明政府的封禁政策，赣东北山区，尤其是信江流域东部怀玉山区与武夷山之间的铜钹山山区，农业垦殖一直未能展开[③]。明中期以后，由于明政府统治的日益腐朽和横征暴敛，信江流域山区人口数量迅速下降，使得信江河谷丘陵地带农业日渐萎缩，而山区则是更为荒凉；明清之际的战争再次导致信江流域人口数量的大量下降，在明末信江流域的人口数量已降至326880人左右，人口密度也降至25798人/平方公里左右[④]。人口的大量下降，成为明末清初外来流民大规模迁入的空间资源条件前提。

---

① 上饶县县志编纂委员会．上饶县志[M]．北京：中共中央党校出版社，1993：25.

② 同上．

③ 铜钹山因传说产铜，古时称为“铜塘山”。唐广明元年（公元880年），黄巢帅军南下江西，依托铜钹山为后方作战。唐中和四年（公元884年）中央政府平定黄巢后，为防止农民起义军再度利用铜钹山的险峻地形造反，便正式封禁铜钹山，因此铜钹山更名为封禁山，又名封景山。历代政府也多加封禁。清同治八年（公元1869年）封禁山开禁，复名为铜塘山。

④ 曹树基．明清时期的流民和赣北山区的开发[J]．中国农史，1986（02）：14.

明清时期信江流域人口多集中于处于流域中部位置的信江河谷、沿江沿河的平畈、平原地带，怀玉山区、武夷山区的人口密度只会远远低于平原河谷地区，山地地区的人口密度则会更是稀少。有学者估计赣东北地区山区人口密度还不足河谷、平畈等农业区人口密度的 1/3，且山地地区中人口多集中于便于耕作的山间谷地之中[①]。

明清之际的战乱导致清初期信江流域人口凋敝、大量耕地荒芜，甚至到康熙年间还是一派地旷人稀的模样，“信属自变乱以来，杀掠逃亡，于兹六年，故丁缺田荒，为江右十三府之最”[②]。为尽快改变这一状况，当地官员便主张通过迁入大量外来人口去恢复各项生产活动，发展地方经济，并指出“今日广信之大利，莫过于招垦”。顺治年间玉山县开始制定“将召垦闽人另立壹图”[③]的移民方针，而大规模招民垦荒正式开始则自清康熙中期开始。

清代信江流域上游地区玉山、广丰、上饶三县的流民主要来自闽、浙、皖等邻省，以及本省的南丰地区。省外移民以福建省为主，省内移民以南丰为主，移民形成的村落往往超过 40% 的比例（表 2-1）。时间上流民的迁入主要集中在顺、康、雍、乾时期，并以顺、康二朝迁入的流民数量为略多。

信江流域中游地区的弋阳、贵溪、铅山等县自元代至明、清时期一直有流民陆续迁入，迁入数量上以清前期为多，但迁入人口的增速较为平缓。其中弋、贵二县的流民主要来源于闽北地区。从分布地区看，弋阳、贵溪二县的闽籍流民村主要密集于县域中部平原地带，南北山区的流民村较少（表 2-2）。铅山县的情况较特殊，福建省流民主要集中于铅山南部山区。在生计方式上，这些流民中“然业之者众，小民藉以食其力十之四三焉”[④]，制纸工人在当地人口构成中占有相当大的比重。

明清时期玉山县各类地形流民建村数量统计表　　**表 2-1**

地形	原籍本县		原籍福建		原籍南丰		原籍皖籍		其他		合计
	村庄数	百分比（%）	村庄数	百分比（%）	村庄数	百分比（%）	村庄数	百分比（%）	村庄数	百分比（%）	总村数
山区	177	32.96	189	35.20	46	8.57	56	10.43	69	12.82	537
丘陵平原	387	46.13	111	13.23	152	18.12	102	12.15	87	10.37	839
丘陵	92	37.86	47	19.34	53	21.81	20	8.23	31	12.76	243

（资料来源：曹树基 . 明清时期的流民和赣北山区的开发 [J]. 中国农史，1986-07-02：29.）

① 曹树基 . 明清时期的流民和赣北山区的开发 [J]. 中国农史，1986（02）：14.
② 广信府志 . 艺文 . 清同治 .
③ 同上 .
④ 广信府志 . 风俗 . 清乾隆 .

曹树基先生认为，清代信江流域流民的迁徙有如下特点[①]：

1. 清初在政府大规模招垦的政策下，闽、浙、皖以及江西南丰地区的大批流民迁入信江流域，其中闽南、南丰的流民以封禁山为主要开垦、定居目标而进入玉山、广丰、上饶三县；闽北流民则主要迁入信江中游河谷平畈地区的弋阳、贵溪二县，而迁入铅山县的福建流民除垦荒外，有相当大的人数比例从事造纸业。

2. 流民主要迁入玉山、广丰、上饶三县，最终导致迁入人口数量上大大超过了本地土著。流民在铅山、弋阳、贵溪三县的人口比例中也占较大比重。

3. 到清代中后期，信江流域的流民人口迁徙潮逐渐停止，信江流域中上游山区地带新的经济结构基本确立，传统农业技术条件下土地开发基本结束，社会整体环境进入稳定发展期。

信江流域从明末至清代中前期的流民迁徙状况，确立了今天当地的人口及生产布局，其影响力直到今天，依然是当下理解和认知传统聚落的价值、意义所必须依赖的基础和前提。

江西铅山、弋阳、贵溪三县各类地形自然村建村时间统计表 表 2-2

县名	滨江低丘平原			丘陵			山地		
	调查总村数	明以前村数	百分比（%）	调查总村数	明以前村数	百分比（%）	调查总村数	明以前村数	百分比（%）
铅山	297	41	13.80	378	31	8.02	239	5	2.09
弋阳	570	143	25.09	—	—	—	731	103	14.09
贵溪	300	70	23.33	171	53	30.99	830	93	10.57

（资料来源：曹树基．明清时期的流民和赣北山区的开发 [J]. 中国农史，1986-07-02：14.）

2.3.2 人口变化对传统聚落发展的影响

2.3.2.1 对信江流域手工业的发展推进作用

信江流域自宋代以来一直是全国重要的有色金属产地，矿产以铜、银、铅为主，历史上铅山地区与怀玉山区的矿区常有大批矿业工人聚集。但由于山地环境复杂，历史上常被矿工、流民占据，因此自唐代以来，历代中央政府多以铜塘山为中心的怀玉山区进行圈禁。山区的封禁政策导致了赣东北地区矿冶业和山区种植业的衰落和萧条，迫使外来移民大量进入陶瓷业、造纸业等手工业领域，大大促进了信江流域当地手工业生产的发达，从而使得赣东北地区分别在乐安河流域的景德镇和信江流域的河口镇形成了两大集镇，并分别成为南方地区的陶瓷业中心和造纸业中心。

① 曹树基．明清时期的流民和赣北山区的开发 [J]. 中国农史，1986（07）：14.

清代铅山县从事手工业者达数万人之多。铅山县的乡民多以造纸为业。由于造纸工作劳动强度大，拥有竹林山场的本地人多不愿做制纸工，而是开设造纸槽，聘外来流民为制纸工人。早期造纸工人主要以附近贵溪、安仁两县及抚州市东乡县的人员为主，随着贵溪县的造纸业兴起，铅山县的造纸工逐渐以东乡县人为多。清嘉庆《东乡县志》记载东乡人“造纸于铅山尤多。铅山，故岩邑，而纸厂为亡命渊获，乌合者动以千计”[①]。东乡来的纸业工人在铅山地区只进行季节性务工，且多在夏冬两季返回东乡务农、过年，并不脱离原有的户籍与土地。史料表明，直到民国时期铅山地区的纸业工人仍以东乡来者为主。

众多的外来人口，使得信江流域工商业集镇聚落开始繁荣发达起来，各县、镇对粮食的需求量也大为增加。如铅山县“其地业纸槽，人多米乏，不通舟楫，必藉肩挑”[②]。虽有信江河谷与鄱阳湖冲积平原作为粮产区，辅以信江航道运销，但也只能解决信江流域的基本粮食供给，且玉山、广丰、上饶等上游地区诸县的粮食供给则尤为紧张，还需从隔壁的浙江省输入大量粮食以补不足。

2.3.2.2　对当地农耕经济结构变化的影响作用

流民不仅把大量的劳动人口输入了荒僻的怀玉山区与武夷山区，还带来了新的农作物品种和技术，由此带来了信江流域本地农耕经济结构的变化。

1. 经济作物种类的变化

苎麻是信江流域流民带来的主要经济作物之一。清康熙年间“铅山多流民苧麻，棋布山谷”[③]，“闽建来玉多以种苧为生”[④]。例如清初广丰县大南乡的种麻业是由南丰流民带来形成的，早期这些流民在此进行季节性种植，冬季则回南丰过年，平时搭建窝棚临时居住，而后才逐步建屋定居并形成聚落。乾隆时信江流域的苎麻种植已是颇具规模，出现了“广信府诸县种苎麻，以上饶居多”[⑤]的状况。

蓝靛也随着流民的迁入在山区中开始广为种植，特别是在怀玉山开禁后，玉山县一带出现了“地成片段者栽蓝”[⑥]的景象。

清代信江流域烟草种植与加工十分著名，其中烟叶产量以广丰为最，而烟草加工以玉山为强。广丰烟叶产量居江西各县之首，且质量甚佳，乾隆时就有“浦（城）出名烟而叶实藉于（广）丰”[⑦]之说；而在清代中期，玉山县制烟业的规模和质量已是闻

① 东乡县志 . 风土 . 清嘉庆 .
② 铅山县志 . 人物 . 清同治 .
③ 广信府志 . 职官 . 名宦 . 清同治 .
④ 玉山县志 . 土产志 . 清道光 .
⑤ 江西通志 . 物产 . 清光绪 .
⑥ 朱承煦，曾子鲁 . 怀玉山志 . 土产民风 [M]. 南昌：江西人民出版社，2002：706.
⑦ 广信府志 . 物产 . 清同治 .

名于国内，“夫淡巴孤之名，著于永丰，其制之精巧，则色香臭味莫与玉比，日佣数千人以治其事，而声价驰大江南北”[①]。至此信江流域已成为国内烟草著名产区，烟草成为信江流域大宗出口的农产品主要内容。

广丰烟产地的形成与福建流民的迁入密切相关[②]，如广丰县关里乡作为信江流域烟叶种植的核心区，就地处流民集中活动的铜塘山边缘。而烟草种植时间稍迟于广丰县的上饶县，烟草业的兴起同样是闽籍流民带来的结果，道光《上饶县志》中载“烟，向惟盛于广丰，今山农亦有种者”[③]，且上饶县烟叶的产地也主要是集中于铜塘山区边缘地带。

甘蔗于康熙年间由福建流民引入信江流域，各地方志多有记载“闽人来铅植蔗”[④]，“砂糖，以蔗浆煎成，多闽人种”[⑤]。由于当地的自然条件不适合甘蔗的大规模种植，信江流域的蔗糖制造业并不发达。

2. 山林经济生计方式变化

山林经济的变化首先体现在山区粮食种植业的变化上。明清以来信江流域山区流民以种植玉米、红薯为主食。大约在清乾隆初年玉米传入信江流域。清同治《广信府志》记载“近更有所谓苞粟者，又名珍珠果。蒸食可充饥，亦可为饼饵。土人于山上种之，获利甚丰”[⑥]。信江流域上游的广丰、玉山等山地地形为主导的县，是以玉米、红薯作为主粮的主要区域。玉米以林粮间作的方式植于山地。具体的种植方法为[⑦]：第一年在山坡上砍伐林木、烧荒、下玉米种、收获玉米、继续垦山；第二年在玉米地上间种杉树；第三年间种油桐于杉林间，仍间植玉米于其中，第四、五年不种玉米，以便于桐子树分杈结籽。采摘桐子再过二、三年，届时伐去桐树，且杉木成林。若干年后，又周而复始。这种至少有百年以上历史的“林粮间作”种植制度能够有效地利用山地，解决山民的部分口粮，从而有助山区经济林木和经济作物的共同发展。另外山坡玉米种植与造林结合，也能减轻山地水土流失程度。

红薯亦在清乾隆年间传入信江流域，乾隆《贵溪县志》云“贵溪先无此物。近年得闽种，种者始多”[⑧]。清同治《广信府志》则记载“番薯出西洋，闽粤人来此耕山者，携其泛海所得苗种之。日渐繁多……可以备荒，历今三十余年矣”[⑨]。

在经济作物的种植变化上，由于山区中土地面积有限且贫瘠，且因山区气候等原

① 玉山县志．风俗土产志．清道光．

② 曹树基．明清时期的流民和赣北山区的开发 [J]. 中国农史，1986（02）：31.

③ 上饶县志．土产．清道光．

④ 铅山县志．物产．清康熙．

⑤ 上饶县志．物产．清康熙．

⑥ 广信府志．物产．清同治．

⑦ 曹树基．明清时期的流民和赣北山区的开发 [J]. 中国农史，1986（02）：32.

⑧ 贵溪县志．物产．清乾隆．

⑨ 广信府志．物产．清同治．

因使得玉米、红薯的收成仅够家庭的半年口粮而已。加之山区中耕地以旱地为主，水田稀少，因此种植价值单价高的经济作物用于交换口粮和生活物资才是高效的生计之道。信江流域山区中“货无他奇，惟茶油、菜油与时低昂”[①]，因此以种植、加工茶籽树、茶油为代表的林木经济成为山区乡村聚落农户生计的主导方式。

早期信江流域的山区，农户多以种植杉树等木材为主要经济作物，流民的涌入使得信江流域的大量山林地被开发为耕地，进而导致了山林经济的经济作物种植内容也产生了变化。油茶、油桐、漆树等经济林木被福建以及其他地区流民引入，并在信江流域山区大面积垦殖。

清同治《广信府志》云：“桐子、木子（油茶）树皆可为油，上饶、兴安所出，转旺他邑。闽人种山者多资为生计。漆……种来自闽，七邑皆出，品视袁州稍劣”[②]。清道光《玉山县志》则记载“山近德兴开化者，皆以种杉致富”[③]，山农“以余力竭之于山茶、桐、衫、竹及靛、薯、玉蜀黍，可岁计收也”[④]。当地农户采用了农作物、杉间作，并实行“戴帽穿靴”的林木保护措施，在开垦山地的同时避免了荒山的出现，富裕了山民，减轻了人口对土地的压力，也减缓了水土流失程度。

2.3.2.3　促进乡村聚落由平原河谷向丘陵山地区迅速发展

对于土地资源的开发，人们往往是从平原、河谷地区开始，逐步向丘陵、山地推进。以水稻为主要作物的信江流域，人们在开垦稻田的时候也自然是首先选择便于开发成水稻田的洼地和靠近河流、池塘等水源的低矮地区，并在稻田附近建设乡村聚落以定居下来。所以，信江流域的河谷、平原地带自然是乡村聚落最早的分布区域。

随着人口的增加，乡村聚落首先在人口规模上开始拓展，进而导致聚落整体形态的扩张，在聚落人口或建筑规模超出土地产出的承载力后，乡村聚落自然开始发生分裂与迁徙，导致乡村数量上的增长，并开始向丘陵地带发展，然后依次向山区地带发展。外来人口的大规模进入，则加速推进了乡村规模和数量的增长速度。

由于宋元战争、明代的封禁政策以及明清之际战争的原因，导致信江流域人口数量下降，进而使得流域内的山区开发程度非常低。明中后期直至清初，信江流域山区乡村聚落分布点分散，常常是数里甚至数十里始见一村落，且聚落规模小，常常是一聚落才寥寥数家农户而已。徐霞客于崇祯九年途经江西贵溪与安仁交界的沥水，只见“山溪上居民数十家”[⑤]，这已是信江流域山区中较大的村落。

至清初信江流域的山区中还是乡村聚落稀少的状态，《广信府志》旧序中记载广信

① 玉山县志 . 土产志 . 清道光 .
② 广信府志 . 物产 . 清同治 .
③ 玉山县志 . 土产志 . 清道光 .
④ 同上 .
⑤ （明）徐弘祖著 . 朱惠荣校注 . 徐霞客游记校注 [M]. 昆明：云南人民出版社，1985：153.

府在清康熙时期“七邑界连闽浙，深山穷谷，竹夭木魁”[①]，一幅人烟寂寥的景象；在雍正时，怀玉山中也还是仅有“佃人数十户”[②]，甚至在乾隆初年怀玉山区还处于一种原始自然状态：“乾隆初年开山时，树木丛杂，竹警蒙密。有麋鹿成群卧于道旁，雉兔遍山，取之应手。”[③]。

经过清初持续的大规模移民活动，以及乾隆中期前后番薯、玉米等高产粮食作物的引入，信江流域的人口数量大大增加。到了道光年间，怀玉山山区已是“生齿繁故地力尽”[④]的状况了。番薯的传入，提高了山区人民的生存能力，也促进了人们对山区的开垦，使乡村聚落在山区中生存发展起来变得方便，导致信江流域山区地带乡村聚落的数量开始快速增加。乾隆九年间才开禁的怀玉山区到了嘉庆时期已是“高阜处所，种植茶树、山薯、杂粮等物，低洼之处，尽属稻田或傍崖为屋，或砌石成蹊，谷口崖腰，人烟相接”[⑤]。

2.3.2.4　促使集镇聚落规模扩大与专门化的形成

1. 集镇聚落规模扩大

流民自明清以来大规模引入造纸、制茶、制陶等手工业行业，使得信江流域的集镇聚落中作坊、商铺的数量大大增加，外来务工和经商的商人数量也日益增多，导致流域内的集镇规模也日益扩大。清光绪年间，河口镇有商店 1900 家左右，民国初年则有 2000 余家。上饶县清同治九年，广平镇有商民数千，沙溪有商民千余，上泸也有店铺 300 余家。贵溪县宣统元年七月成立贵溪县商会，入会商号达 110 家。其时雄石镇、鹰潭镇以及上清、塘湾、文坊、花桥等地商业已颇为繁华，尤以徽商为著。

明万历年间的河口镇文人费元禄指出，河口镇仅用了七十余年的时间就从一个“二三家”的小草市发展为“而百而千，当成邑成都矣”的大型市镇[⑥]。至清代中叶，河口镇已成为有大小街巷数十条、沿河码头十余座、每日停泊大小货船达 2000 多艘的商业重镇。

2. 专门化的集镇聚落开始形成

明代以来流民大规模进入手工业的状况推动了信江流域集镇聚落的形成与发展。流民带来的各种新作物、新品种和新技术，引起了信江流域地域经济结构的新变化，并开始出现专门从事特定农产品、手工业产品贸易的集镇聚落。

苎麻的种植和夏布生产工艺使得玉山县成为国内重要的夏布交易市场；广丰县也因烟草种植与加工成为当时国内重要的烟草种植与加工基地，广丰县洋口墟则是信江

① 广信府志 . 卷首 . 原序 . 清同治 .
② 广信府志 . 地理 . 山川 . 清同治 .
③ 朱承煦，曾子鲁 . 怀玉山志 . 土产民风 [M]. 南昌：江西人民出版社，2002：708.
④ 玉山县志 . 风俗志 . 清道光 .
⑤ 同② .
⑥ 费元禄在《晃采馆清课》卷之上中称：“河口，余家始迁居时仅二三家，今阅世七十余年，而百而千，当成邑成都矣。”

上游地区重要的烟草、菜油贸易集散地，汇聚于该镇的烟叶多半由墟市云集而来的“客商”贩运往福建浦城；葛源街是米谷、桐油的交易市场，也因“以葛得名颇为道地”[①]成为葛粉的专业市场。贵溪县上清镇因“山饶竹木之利，店铺数百家，商品贸易最为繁盛”[②]，广丰五都墟“产靛青、竹木”[③]，两者同为竹木专业市场，同时五都墟也是“靛青”等染料的专业交易市场。石塘古镇“其地宜竹，水极清冽，纸货所出”[④]，是信江流域重要的纸张专业市场。同样为纸张专业市场的还有“近山产竹，槽户造纸，颇为近力，客商贩运，行铺二百余家”[⑤]的玉山县上泸坂和铅山县湖坊市，同时由于“其山产煤，窑民颇杂，又饶纸利，行铺二百余家”[⑥]，湖坊市与上饶县应家口同样成为煤炭专业市场。兴安县姜里村“店铺三百余家，产竹木纸张”[⑦]，也是重要的竹木、纸张的专业贸易市场。

人口的增加也使得信江流域的粮食、食盐供应需求日益加大，进而推动了粮食贸易的展开，弋阳县的七公镇和大桥镇是信江流域内著名粮食专业市场，而鹰潭镇成为信江流域重要的盐业市场。

3. 以河口为中心的信江流域集镇群开始形成

河口镇地处联系闽赣往来要道与沟通浙赣的信江干流汇合处，是浙赣闽三省货物往来的重要通道，因此与作为信江航运起始点的玉山县一道成为信江流域的一级集镇。良好的交通环境使得河口古镇成了周边石塘、紫溪、湖坊等地以连史纸造纸业为核心的纸业贸易集散中心，和闽赣两省武夷山区茶叶贸易的集散地。而大批的专业性集镇则处于二级集镇的地位，与河口古镇、玉山七里街这两个一级集镇共同构成了信江流域的商业集镇群。

2.4　信江流域传统聚落分布状况与现存状态

通常河流冲积沉积物形成的棕色土壤质地疏松，通透性良好，保水保肥较好，十分利于农业的发展，因此这些地带也是信江流域人口密度最为集中和乡村聚落最为集中的区域，其中农业人口比例为最多，1950 年上饶县信江两岸和各冲积平原上的人口比例中 91% 为农业人口，1958 年为 94%，1965 年为 88%，1978 年为 95.65% 。其中上饶县皂头镇所处的平畈地区人口密度最大，1982 年平均 600.33 人 / 平方公里，而山

① 广信府志 . 地理 . 物产 . 清同治 .
② 广信府志 . 地理 . 乡都 . 清同治 .
③ 同上 .
④ 同上 .
⑤ 同上 .
⑥ 同上 .
⑦ 同上 .

区中人口分布则较为稀少，地处信江流域南部武夷山区的五府山山区的人口平均密度只有 52.61 人 / 平方公里。

2.4.1 集镇聚落的分布与信江流域的交通关系

据叶群英统计①，在清同治年间信江流域九个县中，共有 96 个墟市和市镇。其中墟市和市镇数量最多的是玉山县（22 个），其次是安仁县（16 个）、余干县（14 个）、广丰县（12 个）、铅山县、上饶县（各 11 个），弋阳县和贵溪县（各 4 个），兴安县则最少（2 个）。

因其境内便利的水陆交通条件，玉山县为信江流域内市镇数最多的地区。玉山县的市镇大抵以县治为中心呈放射型分布，据叶群英统计为：东南方向 1 个，正东方向 3 个，正北方向 3 个，西北方向 6 个，正西方向 5 个②。玉山县境西部、西北部的集镇分布最为密集，且西部县境内平均 5 公里的路程便设有一市。

叶群英认为信江流域的市镇大多沿信江干、支流水路或通往浙江、福建的陆路分布，且交通越是便利的沿岸地区市镇分布越密集、市镇规模越大越繁荣③。因此水运条件最差的兴安县市镇分布最为稀少。而玉山县东境与浙江省交界，西境和西北境为信江干流和支流玉琊溪所经，因此是市镇分布最为密集之地。玉山、河口、瑞洪三个县、镇分别作为链接浙赣、闽赣以及信江与鄱阳湖经济区的枢纽，构成了信江流域的一级中心市场。而玉山县的樟村、临江湖，上饶县的沙溪，广丰县的洋口、五都街，铅山县的石塘，弋阳县的大桥，兴安县的葛源，贵溪县的上清、鹰潭，安仁县的邓家埠，余干县的黄金埠和龙津，则构成了联系玉山、河口、瑞洪的二级中间市场，对周边农村和墟市形成了一定的影响力（图 2-11）。

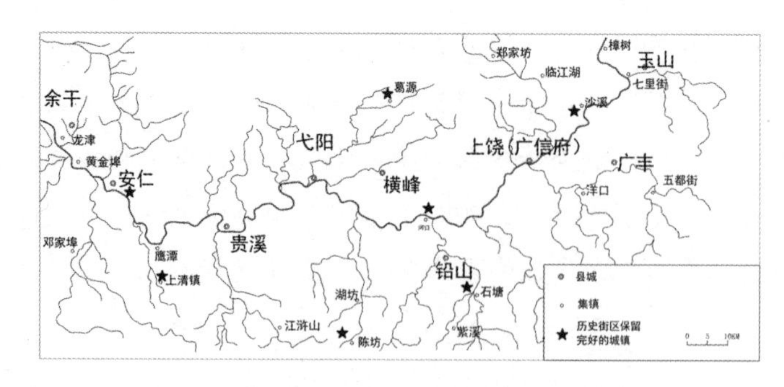

图 2-11 清同治年间信江流域主要集镇分布状况

（图片来源：根据叶群英《明清 1368-1840 信江流域市镇的历史考察》相关资料自绘）

① 叶群英 . 明清信江流域市镇分布状况考察 [J]. 江西师范大学学报（哲学社会科学版），2008（06）：107.

② 同上 .

③ 叶群英 . 明清（1368-1840）信江流域市镇的历史考察 [D]. 南昌：江西师范大学，2004：27.

2.4.2　信江流域传统聚落现存状态

目前，信江流域多数传统聚落正处于日益消亡状态，其中地处交通便利、经济条件优越区域的传统聚落消亡速度更为迅速。20 世纪 80 年代末，信江流域尚存有大量传统聚落，但随着城镇化的发展，以及现代建筑材料和技艺的广泛传播，加之当地农民都有一生中必造一栋民宅的传统习惯，以及大批外来的所谓“西式洋房”住宅样式在当地的盲目传播，导致信江流域大量传统聚落消失。以煌固镇为例，1993 年编撰的《上饶县志・县城集镇》章节中记载了当地重要的清代大型民居建筑“七栋屋”和“章宅桥”等建筑如今已是破坏殆尽，被当地居民任意拆除、改建、加建，周边环境也不复历史风貌。

在传统乡村聚落的保存状况上，现今保存较好的传统乡村聚落多地处怀玉山区和武夷山区深处，如上饶市玉山县双明镇漏底村，铅山县太源畲族乡查家岭、篁碧畲族乡畲族村，分别地处怀玉山区和武夷山区深处四面高山围绕的山地盆地之中，即便 2000 年以来江西省开始实行村村通工程，从漏底村前往山外最近的集镇双明镇还有 25 公里的盘山单行车道，篁碧畲族乡畲族村距山区外丘陵地带的紫溪镇则是有 30 公里的盘山单行车道，交通仍然十分不便。但正是由于交通不便，才使得聚落得以避免现代建筑材料和建造技艺的冲击，聚落形态演化缓慢，反而保存了相对完好的聚落历史风貌。

传统乡村聚落类型上，目前信江流域已经录入“中国传统村落名录”“江西省传统村落名录”的乡村聚落主要有铅山县太源畲族乡查家岭、上饶市玉山县双明镇漏底村、鹰潭市贵溪市耳口乡曾家村，横峰县姚家乡兰子畲族村、广丰县嵩峰乡十都村、铅山县篁碧畲族乡畲族村。

由于信江流域沟通闽浙赣三省，且茶纸贸易发达，规模较大的集镇聚落或处于水陆交通要隘，或处于茶纸贸易的起始点和大的转运点。因此传统集镇的保留状况也与集镇所处地区的交通条件现状和茶纸贸易现状有关。在交通条件依旧良好的陆路交通要隘，由于集镇在继续发展，传统集镇空间关系和历史风貌几乎无保留，如玉山的七里街和上饶县的洋口镇，这些地区现今依旧交通繁忙，但明清时期的历史风貌已荡然无存。历史上因水运和茶纸等传统工商业而兴起，并因水运、传统工商业衰落而衰落的集镇聚落往往现存状况较好，例如铅山县的河口古镇、陈坊古镇以及石塘古镇、上饶县的石人乡、贵溪市的上清镇等地。目前，信江流域已经录入历史文化名镇名录的集镇聚落有贵溪市上清古镇、铅山县石塘古镇、铅山县河口古镇。

2.5 信江流域传统聚落的生计方式

2.5.1 信江流域生计方式历史演化

在江西信江流域西北方向的万年县仙人洞与吊桶环等遗址发现了迄今最早的江西原始稻作遗存。但根据学者分析[①]，在新石器时代江西信江流域山区的人口数量、发展速度和聚落规模都远不及河姆渡为代表的平原地区，并认为在新石器时期的信江流域，原始聚落的生计活动中，山地的采集、渔猎经济所占的比重较之同时期南方河姆渡等滨湖平原地区的比重更大，农作物的驯化与栽培的规模都相当有限。

春秋战国以后，信江流域山区地带人们的生计方式可能依旧是以采集渔猎为主、种植农业为辅，有着“人民山居，虽有鸟田之利，租贡才给宗庙祭祀之费。乃复随陵陆而耕种，或逐禽鹿而给食”[②]的特点，这种状态一直持续到秦汉时期。由于越人在生计方式上以迁徙的方式“随陵陆而耕种，或逐禽鹿而给食”，说明越人的农耕地点和渔猎地区一直处于变化状态中，因此可以推断出作为南方越国西境的信江流域地区，在春秋时期其耕作方式很可能还处于以撂荒游耕制稻作技术为主体的状态。再从《汉书·地理志》所说的“楚有江汉川泽山林之饶；江南地广，或火耕水耨。民食鱼稻，以渔猎山伐为业，果蓏蠃蛤，食物常足……饮食还给，不忧冻饿，亦亡千金之家”[③]，到《汉书·严助传》里记载的：“越人欲为乱，必先田余干界中，积食粮，乃入伐材治船”[④]的情况来分析，越人有着在准备战争的时候才进行耕作农田以积储军粮的习俗特点，所以一些学者认为，至少在汉代信江流域的干越人水稻等农作物种植还没有占据生计生活主导地位，其原因之一就在于越人是“欲为乱”，才“先田余干界”以“积食粮”[⑤]。

三国时期，信江流域及其周边地区的稻作经济有着较大的发展，孙吴嘉禾三年（234年），皖南以及赣东北地区的山越人叛乱，丹阳（今安徽省宣城地区）太守诸葛恪在军事上采取“分内诸将，罗兵幽阻，但缮藩篱，不与交锋”[⑥]的战略，在经济上“候其谷稼将熟，辄纵兵芟刈，使无遗种。”[⑦]的策略，使得山越人“旧谷既尽，新田不收，平

① 袁家荣．玉蟾岩获水稻起源重要物证 [J]. 中国文物报，1996-03-03；广西文物工作队等．广西南宁地区新石器时代贝丘遗址 [J]. 考古，1975（05）；杨式挺．谈谈石峡文化发现的栽培稻遗迹 [J]. 文物，1978（07）；广东省博物馆等．广东曲江石峡墓葬发掘简报 [J]. 文物，1978（07）。参阅：李根蟠．我国原始农业起源于山地考 [J]. 农业考古，1981（01）；孔昭宸，刘长江等．中国考古遗址植物遗存与原始农业 [J]. 中原文物，2003（02）；陈文华．中国原始农业的起源和发展 [J]. 农业考古，2005（01），等。

② 吴越春秋 [M]. 南京：江苏古籍出版社，1986：85.

③ 班固．汉书 [M]. 北京：中华书局，1962：1666.

④ 班固．汉书 [M]. 北京：中华书局，1964：2778-2781.

⑤ 鲁西奇．南方山区经济开发的历史进程与空间展布 [J]. 中国历史地理论丛，2010（04）：33.

⑥ 陈寿．三国志 [M]. 北京：中华书局，1959：1431.

⑦ 同上．

民屯居，略无所入，于是山民饥穷，渐出降首”[①]。被迁移至河谷地带的山越人“从化平民”，受命“屯居”，因此，山伐渔猎在其生计中所占的比重亦大幅度降低，另一方面也可见当时的土地垦辟，仍是主要集中在河谷、山间盆地及低山、丘陵地带。

从隋唐至南宋，梯田在信江流域及其周边山区开始出现，例如南宋初年袁州（今江西省宜春市）就已有着：“……良田多占山岗上，资水利以为灌溉，而罕作池塘以备旱暵”[②]的营建梯田现象，到南宋乾道九年（1173 年），袁州已是“岭阪之上，皆禾田层层，而上至顶，名梯田”[③]。

虽然隋唐以后随着土地开垦面积的日益扩大，信江流域及其周边地带农作物种植业开始成为主导性生计方式，但伐木、渔猎等生计方式在山区地带民众的生计活动中依旧占有相当大的比例。北宋时期，信江流域北部边缘的安徽歙、睦、宣诸州，以及信江流域东部边缘处的浙赣山区，多经营漆、楮、松、杉等山林物产。如范成大在宋乾道九年正月经过严州（今浙江建德），见到“歙浦杉排，毕集桥下”[④]，故可知杉木种植业已是浙赣交界山区地带山林经济的重要产业内容：“休宁山中宜杉，土人稀作田，多以种杉为业。杉又易生之物，故取之难穷”[⑤]。信江流域的怀玉山脉与武夷山脉，杉树等山林物产丰富，历史上是重要的木材贸易来源所在。

总体而言，唐、北宋时期，信江流域及其周边的皖南山区、浙赣山地、丘陵山地的开发程度相对较高，信江流域及其周边的婺州、衢州、饶州、抚州、袁州等处于赣东、赣北、赣中地区山地地形为主的地区发展也较快，进而带来了人口的剧增。在宋代史料记载中，信江流域人口数量在宋代约三百年的时间里增加了近四倍，其中在元和时期人口数量为 28911 户，到宋初为 40685 户，熙宁年间则为 132717 户，崇宁时期则是达到 154364 户[⑥]。

明清时期，在农作物的耕种方式上信江流域山区开始推行连作制，逐渐淘汰刀耕火种、撂荒游耕式的休耕制。《铅山县志》记载同治年间就有一年三熟的水稻种植制度：“信州地区适宜种水稻，有早、中、晚的区分，早稻在农历六月收，中稻八月收，晚稻十月收，中稻、晚稻每年只能收获一次，唯早稻春天播种，夏天收获，接着下秧，十月收获，谓之两番”[⑦]。信江河谷平畈及部分低山丘陵地区由于是水热条件较好的地方，

① 陈寿 . 三国志 [M]. 北京：中华书局，1959：1431.

② 徐松 . 宋会要辑稿 [M]. 北京：中华书局，1957：4928- 4929.

③ 范成大 . 范成大笔记六种——骖鸾录 [M]. 北京：中华书局，2002：52.

④ 范成大 . 范成大笔记六种——骖鸾录 [M]. 北京：中华书局，2002：45.

⑤ 同上 .

⑥ 参见《元和郡县图志》卷 28，江南道四“信州”条，第 678 页；《太平寰宇记》卷 107，江南西道“信州”，第 2148 页；《元丰九域志》卷 6，江南路“信州”，北京：中华书局，1984 年，第 246 页；《宋史》卷 88《地理志四》，江南东路“信州”，北京：中华书局，1977 年，第 2187 页。

⑦ 铅山县县志编纂委员会 . 铅山县志 [M]. 海口：海南出版社，1990：138.

甚至已经出现了“双季稻——冬种红花绿肥（或油菜）”[①]一年三熟的轮作复种制。一年一熟的连种制在信江两岸的中高山区也基本得到保障。

山区除了木材采伐业以外，茶叶、油茶等经济林特产品种植业也有所发展，山区林业经济的发展使得林木资源丰富的武夷山区有大量林木及茶、纸、漆、蔗糖等山林特产品通过分水关、桐木关、鸭母关等山脉孔道往来于信江流域与闽江流域。例如《广信府志》记载：“木之属山多散木，鲜任栋梁。竹利七邑皆有。惟上饶、铅山、贵溪之南境尤饶，大半用以造纸。桐子、木子树皆可为油，上饶、兴安所出较旺，他邑闽人种山者亦多资为生计。漆木作□种来自闽，七邑间出……乌桕树上饶最广，他邑皆有之，取子舂榨造烛，名曰玉烛，玉山者良。”[②]。清光绪三十三年，铅山县令朱炳光则称：“县属种植，本以茶叶为大宗，不销外洋，仅制绿茶以销浙闽，种茶无利，发展受挫，仍喜种竹。其他树种，以油茶树为多，因籽可以榨油，农民颇愿种植”[③]，由于清末国内茶叶市场的萎靡不振，山区地带的农民转以种植油茶作为生计。

同时被称为“棚民”“流民”的山外移民大量流入信江流域，成为信江流域开发的主力军。这些移民进入山区之初，也往往会采用刀耕火种的方式垦辟土地，但这种方式主要适用于垦辟土地之初。随着时间的推移，林地的所有权日渐明晰，无主山林区域也日渐稀少，烧山垦荒式的游耕模式越来越缺乏相应的空间，对于已开垦的土地也再不能随意撂荒，流民们便只有尽可能地经营灌溉设施与梯田，实行作物连作，进而定居下来，出现“棚民既有水田，便成土著”[④]的状况。棚民从“迁徙无定”的无固定产业、无固定居所状态转变为“渐治田庐”，不再舍弃已开垦的田地，开始专心营治稻田，进行连年连续耕种的定居模式。稳定下来的“棚民”“流民”就逐渐形成了新的本土居民，进而使得山区水稻种植业进入稳定化的发展阶段，也促使了山区农耕的灌溉水利得到全面发展。

明清以来，信江流域乡村聚落中的人们在河谷平畈与丘陵之间小块盆地上种植水稻；在低山与丘陵地区，林业的经济种植则为其主要生计方式。因此，信江流域的乡村聚落民众生计所依靠者，除了以水稻种植为核心，兼顾玉米、红薯的粮食种植业外，还包括茶、果木、桐油、茶油、竹的种植与加工，杉树等其他经济林木的种植、采伐，以及由林业发展出的土纸生产、制茶、榨油、夏布制作等生计方式[⑤]，并部分兼营以塘田一体为特点的养渔业和部分依靠河、塘、湖的渔捞业。因此，相较于相对单纯地依

① 铅山县县志编纂委员会 . 铅山县志 [M]. 海口：海南出版社，1990：138.

② 广信府志 . 物产 . 清同治 .

③ 铅山县县志编纂委员会 . 铅山县志 [M]. 海口：海南出版社，1990：174.

④ 严如熤 . 三省边防备览・卷十二・策略 . 清道光 .

⑤ 这几类手工业具有一定的季节性，农民往往是在生产的当季短时间地进行相关的手工劳作。例如信江流域的不少农民掌握有土纸的工艺，但进行土纸生产只有在春季嫩竹长到一定尺寸的时候才会进行，且多以家庭为单位进行生产；而制茶和榨油则需要等到茶叶和茶籽收获以后才会进行相关的加工工作。

靠土地的北方中原地区，信江流域农民的生计方式更为多元化。

具体而言，在信江流域山区以木材、竹材、茶油、水果、茶叶种植等林业为主，水稻种植主要是用于农户自己的口粮消费使用；丘陵地带则往往水稻、蔬菜栽培和果树、茶叶种植等林业并重；河谷地区以水稻、蔬菜、苎麻、烟草等经济作物种植为主要农业，其中稻谷、蔬菜、夏布和烟草业是当地乡村聚落居民主要的经济来源。

在乡村聚落内部夏布、土纸、制茶等家庭手工业经济以及季节性的运输服务业也是重要的生计方式。例如在信江流域竹材资源丰富的地区，季节性的土纸制造业便是不少乡村聚落重要的经济来源之一。而在农闲时节加入挑夫的行列，例如，由于信江流域的广丰与福建浦城、浙江江山三县毗邻，山多地少，周边的农民就会在农闲的时候集合成伙，去做挑夫。挑夫依据前往的目的地而分成“蒲城担”和“江山担”，所谓“蒲城担”，就是将武夷山东北部汇集到浦城的茶叶、纸张、药材等山货挑到广丰桐畈、靖安等地小型船运码头，再装船运到铅山县河口大航运码头；或将河口船运而来的丝绸、瓷器、日用百货人挑到浦城，再由浦城分流到闽东北各地。这些挑着货担走在广丰到浦城古道上的挑夫队伍，被称为“浦城担”。“江山担”亦是如此，只是挑夫走的是江山到广丰线路或是江山到河口线路而已。再如制茶业，绿茶、红茶一直是赣东北地区的重要特产，靠近武夷山北麓的铅山县，靠近怀玉山脉的广丰县等地都是传统的绿茶和红茶产地，其中铅山县的河口镇更是明清时期南方地区重要的茶叶贸易重镇。

2.5.2　传统村落的生计方式及特点

信江流域的传统农业聚落，其生计方式总体上属于农耕经济文化组的平原集约农耕南方亚型经济文化类型。

江西省自明清以来至今一直是水稻大省，信江流域概莫能外。《铅书・食货书第五》中说“铅山之壤，负山而吐洪，山处什之五，泽处什之三，水处什之二……垦土布谷者三之，山田半焉，泽田半焉，水田参焉，而皆稻，稻水禾，惟其为多山泽，皆陷地而滔水也，视雨泽之优缩，为丰歉侯，故其名逸……”“铅山惟稻黍间之，稷粱少种焉，何？稷粱宜高燥，铅下湿，故为稻最宜。”[①]。

江西省 1936 年各种主要作物及次要作物每亩平均产量与产值　　表 2-3

作物种类	每亩平均产量（斤）	每亩平均产值（元）	作物面积（亩）
早稻	296	7.58	30039.83
晚稻	246	6.89	13889.26
黄豆	87	4.11	7453.57

① 笪继良 . 铅书 . 食货书第五 . 铅山县志网 . http: //ysxz.net/Html/yanshu/index.htm.

续表

作物种类	每亩平均产量（斤）	每亩平均产值（元）	作物面积（亩）
油菜籽	68	4.31	5283.35
棉花（籽棉）	45	4.25	1001.11
小麦	83	3.38	1931.71
大麦	85	3.27	597.88
荞麦	98	2.74	499.25
芝麻	48	4.16	1172.3
花生	163	10.49	736.67
芋头	1269	16.75	137.26
山薯	483	6.08	316.39
粟	167	4.87	305.6
蚕豆	97	4.15	171.42

（资料来源：经济部江西农村服务区管理处.《江西农村社会调查》.1938-05：110-111.）

从表2-3中可见，1936年江西省水稻种植面积远超其他粮食种类，占全省粮食作物种植总面积的69.66%。1934年任江西省农业院院长的董时进先生将这种农业生产结构定义为“稻作独尊”。而信江流域2005年耕地面积为16.3030万公顷，其中水田面积为15.0491万公顷，占流域耕地面积的92.32%，2005年全流域粮食总产量达148.0256万吨，其中稻谷总产量为138.9416万吨，占流域粮食总产量的93.86%。[①]“稻作独尊”的农业生产方式成为信江流域乡村聚落的主导生计方式与水稻在当地人们生活中的重要性是分不开的。朱仁乐认为：江西自然水热条件适合水稻的大面积种植、水稻的亩产量相对较高、水稻在日常生活中具有粮食作物与经济作物的双重功能，是导致江西省地区当地生计方式出现“稻作独尊”现象的三个重要原因[②]。

在江西人均耕地面积较狭小，人口稠密的环境条件下，农户为实现耕地利用的最大化，往往选择作物产量较高的作物，但选择水稻种植的原因却在于“稻每亩平均产量要低于芋头和山薯，每亩平均产值低于芋头、花生，但却高于诸如黄豆、油菜籽、棉花、麦等其他作物，尤其是在每亩平均产量上要远远超过后者。从作物面积上看，虽然花生、芋头、山薯等每亩平均产量与产值较高，但种植的规模却较小，相反其他的作物却种植较多。因此在农家种植面积较大的农作物中，稻的平均产量与产值无疑是最高的，这也正是农户愿意将大量的田地用于种稻的主要原因”[③]。

在江西“主要用于食用的作物有稻、芋头、山薯、小麦、大麦、荞麦等粮食作物，而出售比重较大的有黄豆、油菜籽、甘蔗、花生、芝麻、棉花、蚕豆，这些主要是经

① 黄国勤.江西省信江流域生态系统可持续发展研究[J].中国生态农业学报，2008（16）：982.
② 朱仁乐.20世纪30至40年代赣北地区农家生计研究[D].上海：华东师范大学，2016：33.
③ 同上.

济作物。而其中稻的商品出售百分比最小，用于交租的比例最大，远远超过其他作物，农家自家消费的比重达到三分之二，而根据表中的作物面积亩数，可以知道农家首先必须满足自身生存的各种需要，种植足够的粮食作物之外，才会经营其他的经济作物。稻的出售比重虽不高，但因种植规模大，亩产量也较高，故而仍有大量的稻谷被充当经济作物用于出售。”①

关于稻作生计方式的特点，林耀华先生认为其特点在于②：

1. 在单位土地面积上密集地投入劳动力和技术，以此作为增加产品产量的主要手段。

2. 农副产品深加工技术较发达。

3. 稠密的人口以村落为单位聚居。每个村落事实上都是进行多种经营的单位。

4. 农作物以水稻为主，副业多与渔麻桑有关。年收成可达二至三造③，产量高而且较稳定。

5. 居民饭稻羹鱼，不喜面食。

6. 村落不似北方整齐紧密，村镇街道狭窄弯曲，民房星罗棋布。室内有木床，无火坑，一般不大注意采光。

7. 运输多赖船舶或人力。

8. 这个亚型分布区内丘陵较多，加之进入集约农耕体系较晚，所以文化模式丰富，方音错综复杂，人民思想活跃，喜于标新，乐业工商，不惮奔波。

同时，由于信江流域地形特征素有“七山半水分半田，一分道路和庄园”④之说，以信江为中心线，信江两岸从河谷到丘陵再到山地的南北高、中部低马鞍状地形构成了流域的地貌特征。仅信江流域中游的铅山段地区，山地丘陵地形就占了全地区土地面积的 98.1%，其中山区面积占 49 .3%，丘陵面积约占 48 .8%，而平畈河谷只占全地区土地面积的 1.9%。由于山地面积占据了流域的大比例面积，在广义上的信江流域山地地区中⑤，以木材种植、茶业、造纸业、茶油种植等为代表的山林经济也就成为流域内乡村聚落生计方式的重要组成内容。

2.5.2.1　信江流域稻作经济生计方式特征

自然生态环境对于生计方式以及生活方式起决定性作用，但生活方式、生计方式

---

① 朱仁乐 . 20 世纪 30 至 40 年代赣北地区农家生计研究 [D]. 上海：华东师范大学，2016：34.

② 林耀华 . 民族学通论 [M]. 北京：中央民族大学出版社，1997：95-96.

③ 农作物一年一熟即是一造。

④ 铅山县县志编纂委员会 . 铅山县志 [M]. 海口：海南出版社，1990：83.

⑤ 广义的山地包括高原、山间盆地和丘陵；狭义的山地仅指山脉及其分支。丁锡祉和郑远昌认为，相对高度在 500 米以上的区域都为山地（丁锡祉，郑远昌 . 初论山地学 [J]. 山地研究，1986（03）：179-186）；肖克非则将起伏高度大于 200 米的地域均归入山地，并指出起伏高度是指山地脊部或顶部与其顺坡向到最近的大河或到最近的平原、台地交接点的高差（肖克非 . 中国山区经济学 [M]. 大地出版社，1988：17-19）。一般所说的“山区”大致与广义的“山地”概念相一致，即指起伏的相对高度大于 200 米的区域，它不仅包括高山、中山、低山，还包括高原、山原丘陵及其间的山谷与山间盆地。广义的“山区”概念实际上包括了平原之外的全部地区。

对生态环境有反作用。信江流域的传统乡村聚落其生计方式对自然环境的生态性，是与当地精耕细作的稻作经济联系在一起的。这种联系首先表现在对水稻种植文化的生态性上。水稻的种植要求有充沛的水资源用于灌溉，因此在信江流域稻作经济文化中，乡村聚落其周边耕作环境往往围绕水资源构建出与自然环境相适应的生态环境系统，并在生计方式上形成了下列特点：

1. 精耕细作经营土地的生产过程和理念，在土地上密集投资劳动力和技术，从而在单位面积的土地上获得作物产量的增加。

2. 开发自然的基本原则为对低洼平旷地带的高度估价与重视利用，目的在于最大限度地将低洼平旷地带改造为农田以便获得更多的耕地资源；稻作生计方式促使人们在开发耕地的时候，将水源充沛的山间河谷、山间盆地、丘陵间的平畈、冲积平原作为首要的选择位置，并把乡村聚落营建在紧邻着稻田的丘陵、岗阜、坡地之上，形成傍山依水的景观特点。

3. 生产过程中，注重土地、水资源以及自然环境的高度协调统一，对水源涵养与维护具有生态保护的萌芽意识。

4. 在工具与技术上，水稻耕种的牵引力以水牛等畜力为主体进行犁耕，且劳动生产工具种类齐全，并具备功能各异的各种加工工具。山地梯田稻作农耕模式中，依靠人力使用扁担挑运是其主要的运输手段。

5. 注重土地的养用结合，大量使用牛粪、猪粪等厩肥和草木绿肥恢复土地肥力，保证土地资源的可持续永久使用。

6. 造纸、制茶、夏布、蓝靛、烟草等农副产品的制作与深加工技术发达，商贸活跃，民众思想积极而包容，对新生事物接受程度高。

2.5.2.2　信江流域山林经济生计方式特征

古人在经济观上认为山是产生万物之主体，也是财富的主要来源，民众日常所需的材用皆取于“山林川谷丘陵”，故《释名·释山》云：“山，产也，产生物也”[①]，《礼记·祭法》中则云：“山林、川谷、丘陵，民所取材用也”[②]。管子也认为“山林菹泽草莱者，薪蒸之所出，牺牲之所起也”[③]山林等自然资源是谷物、桑麻、六畜等资源的来源，故“为人君而不能谨守其山林、菹泽、草莱者，不可以立为天下王”[④]；《史记·货殖列传》则说：“周书曰：农不出则乏其食，工不出则乏其事，商不出则三宝绝，虞不出则财匮少。财匮少而山泽不辟矣。此四者，民所衣食之原也。原大则饶，原小

① 刘熙.释名.释山 [M].北京：中华书局，1985：11.
② 胡平生，陈美兰.礼记.祭法 [M].北京：中华书局，2007：166.
③ 黎翔凤，梁运华.管子校注·下 [M].北京：中华书局，2004：1426.
④ 同上.

则鲜。上则富国，下则富家。贫富之道，莫之夺予，而巧者有馀，拙者不足。”[①]《铅书·铅书序》中则说：“语云：山之峻拔秀丽者，不生宝则生人。”[②] 由此可见，在古人看来山是国家财富来源的重要所在，是人们生存之所依赖，山泽之中的资源开发程度决定着国家的贫富程度。因此聚落如果营建在山区附近，聚落便于从山里获得大量的财富。

图 2-12　灵山脚下榨油房

（图片来源：自摄）

由于明清以后的长江中下游地区人口大量增加导致人地关系紧张，对于粮食所需量迅速增加，从而导致人们在农田的经营上一方面加强精耕细作，采取集约经营，提高复种指数，以增加单位面积粮食产量；另一方面则是努力扩大耕地，与水争田，向山要地。同时，信江流域丰茂的林业资源使得人们在山林经济上努力进行开发，以木材、竹材、茶油、水果、茶叶种植等林业经济作为主要生计方式（图 2-12），这种山林经济生计方式所具有的特点为：

1. 生计方式以山林产出为主导，造纸、榨油、制茶、竹木器等山林产品加工技术较为发达。

2. 具备一定的粮食生产能力，水稻种植业是该生计方式的传统辅助经营手段，主要用于人们口粮的满足。

3. 在山地上挖石造田，是该生计方式下人们获得耕地的重要途径，也是人们营建住房时获得石材的重要手段。

4. 以生态轮植的方式对土壤进行改良，是山区林业种植技术的特点。

5. 使用石灰改良耕地土壤，以延长土地的肥力年限。

6. 出于山高水冷风寒的山区局部气候特点，居住环境上考虑山区冬季的防寒需要，地处海拔较高位置的农舍单元的居住建筑多以土墙或者周边增加披屋进行御寒，不注重采光条件；另外由于山地地形对于建筑基地的限制，地处海拔较低位置的独栋式民居建筑较为注重外廊空间的建设，以便于户外生产作业。

① 司马迁 . 史记 . 货殖列传 [M]. 北京：中华书局，1963：3255.

② 笪继良 . 铅书 . 铅书序 . 铅山县志网 . http：//ysxz.net/Html/yanshu/index.htm.

7. 运输以肩挑为主要的运输方式。

8. 注意林业与梯田之间的生态关系，为保证自上而下的梯田自然灌溉水源充足，梯田以上的山体上原有植被人们严加保护，以保护山体土壤、树林的蓄水能力。为减轻人们的劳动强度，聚落布局与耕地之间的距离都保持在能当日往返的最小半径劳作活动范围以内，因此居民多居住于半山腰上，处于梯田与山上林地之间，略低于山体最高水源水位的海拔位置。

2.5.3 传统集镇的生计方式及其特点

集镇在经济结构上与乡村经济结构有着本质的不同，主要体现在集镇聚落中的大部分居民既不依靠农业生产，也不依靠田地、山林或湖泽等第一产业作为主导生计方式，而是以工商业经济作为主要生计方式。

集镇作为城市聚落与乡村聚落之间的准城市聚落，就其发展历史而言，起源主要来自几个方面：

1. 由乡村聚落发展而来，例如地处信江支流的陈坊河，河边的湖坊镇和陈坊镇。

2. 由民间的草市、圩市、墟集自行发展而来，如处于上饶河谷地区的皂头镇、洋口镇以及铅山河口古镇等。

3. 由军事要隘或行政所需设立的军政聚落发展而来，如铅山县的石塘古镇和贵溪县上清古镇。

4. 因道观、佛寺等因宗教兴盛而形成，诸如灵山东北麓的石人街、贵溪县上清古镇等地。但由于宗教活动是有规律的，且加之这些道观、佛寺多处于交通不便的山区，这些集镇聚落的人流量因而与宗教节日活动关系密切，所以集镇发展规模受到一定的限制。例如上饶县灵山东麓的石人街为地方神刘太真、李德胜的宗教信仰之地，每年阴历九月初一到初十当地宗教节日的时候，闽、浙、皖、赣四省乡民云集于此，每天人次高达数万人，但平时街道上人烟稀少，商业萧条，集镇中的人们平日或以药材、山货贸易，或以造纸、制茶等山林经济为主要生计，在宗教节日的时候，家家户户则出售宗教用品作为一年收入的重要补充。

信江流域山多地少，自明清以来人口繁衍，导致地少人多。人口的增加使土地资源和其他环境资源的日益不足，从而导致了人地关系紧张。《怀玉山志・土产民风》中描述道："……老农尝述：清乾隆初年开山，树木丛杂，竹菁蒙密，有麇鹿成群，卧游道旁；雉兔遍山，取之应手。金鸡墩畔，金鳞游泳，塘中鸳鸯栖迟，上人物相狎，习而不察也。然野猪、田猪、猪熊、狗熊及不认识之野物，并白蛇、黑蛇、四足蛇之毒虫，往往为害。近年竹树扩清，人烟稠密，物不待毁而自远矣。"[①] 在中国古代商人被列为

① 朱承煦，曾子鲁．怀玉山志．土产民风 [M]. 南昌：江西人民出版社，2002：706-708.

“士农工商”四民之末，在重农抑商的传统下，经商往往是无可奈何的选择。但人口的压力使得信江流域人们不得不将外出经商作为生存的手段，清同治年间的《贵溪县志》中记载道：“乡之民力田而外藉资生理工其一焉，或陶于饶，或楮于铅，或效技于本邑他郡，虽艺能不无工拙，凡利用云尔……懋迁有无通货财也，乡务本多而逐末少，肇牵服贾十之二三，间有载米粟于饶徽。鬻楮钱于荆楚，货竹木于京淮……”[①]。

信江流域的手工造纸业有着优厚的自然资源条件。温润潮湿而多雨的气候利于竹子的生长，信江流域盛产的各种竹子——毛竹、车竿竹、水竹、苦竹、斑竹、紫竹、凤尾竹、棕竹、箬竹等，覆盖山麓丘陵绵延数十里的竹林处处可见，提供了充裕的手工造纸原料；温润潮湿的气候带来茂密的植被除了提供鸭屎柴、毛冬瓜、南脑等各种必须的造纸药之外，还提供了充足而廉价的燃料；充沛的降水带来众多的山间支流和终年不涸的山泉、溪水，为造纸提供了优质而不绝的水源；而造纸所需的石灰资源，信江流域的山区中储藏量更是丰富，十分便于人们就地取材。

在信江流域集镇聚落中，纸张贸易和茶叶贸易是集镇贸易的大宗。这是因为铅山县的造纸业十分发达，铅山地区的石塘、陈坊、紫溪等集镇都是造纸业重镇，皆以出产质量优质的连史纸出名。宋应星在《天工开物》中道：“若铅山诸邑所造柬纸，则全用细竹料厚质荡成，以射重价。最上者曰官柬，富贵之家通刺用之。其纸敦厚而无筋膜，染红为吉柬，则先以白矾水染过，后上红花汁云。”[②]《天工开物》初刊于明崇祯十年（1636年），可见在明崇祯十年以前，铅山的手工造纸工人就以精细的竹料，制出了工艺水平很高的“官柬”纸。而明代万历年间成书的地方志《铅书》记载“铅山唯纸利天下”[③]，清同治《铅山县志》则云：“铅山土物，纸为第一。”[④]翦伯赞主编的《中国通史纲要》指出：“明朝中叶，铅山是江南地区五大手工业区之一，铅山的手工造纸业与松江的棉纺织业、苏杭二州的丝织业、芜湖的浆染业、景德镇的制瓷业齐名。”[⑤]

在清代乾隆、嘉庆、道光年间，铅山县的石塘、石垅、车盘、英将、陈坊等地区从事手工造纸业的槽户多达 2300 多户[⑥]，造纸工人人数占全县人口的十分之三、四。这些造纸重镇所产纸张主要经船运至河口古镇集散。

除了上述几处造纸重镇以外，信江流域玉山、广丰、上饶等地山区丘陵地带的农民在春季毛竹发芽生长之际，往往利用农忙间隙制造质量较为粗糙低劣的草纸、毛边纸出售，用于补贴家用，因而也产生了一些以收集草纸、毛边纸进行销售经营的集

① 贵溪县志．地理．风俗．清同治．
② 宋应星．天工开物译注 [M]. 上海：上海古籍出版社，1998：293.
③ 笪继良．铅书．食货书第五．铅山县志网．http：//ysxz.net/Html/yanshu/index.htm.
④ 铅山县志．地理．物产．清同治．
⑤ 铅山县县志编纂委员会．铅山县志 [M]. 海口：海南出版社，1990：214.
⑥ 同上．

镇，如上饶县灵山东北山麓高处的石人乡南塘村（图2-13），不过二十户人家左右，人均耕地不过五分地，因竹资源丰富，村民过去多以造纸为主要经济收入来源。广丰县的十都王村，虽名为村，但在清代末期，居民大部分以纸张收购和其他商业为生计，是当地重要的纸张贸易集散地。

图2-13　灵山南塘村

（图片来源：自摄）

茶叶种植、加工、贸易也是信江流域传统聚落生计方式的重要产业内容。明万历《铅书·食货第五》载：铅山“凡石山带土者、两山夹岸者、阳岸者、阴峡者皆种以荈木”[①]。清同治《铅山县志》则云：“铅山物产，纸外惟茶”[②]。铅山制茶历史甚为久远。除了本地的茶叶以外，最为大宗的茶叶则主要是来自闽北的武夷山区。茶商们将收购而来的茶叶集中至河口进行择捡、分类，再包装好由河口装船，沿信江至鄱阳湖再至长江运往全国各地。纸张贸易和茶叶贸易的兴旺使得民间有“买不尽的河口，装不完的汉口”之说。

此外，信江两岸丰富的林木资源、毛竹资源也促进了当地手工木器制造业的发展。例如在《铅山县志》中记载，在清光绪年间河口镇的竹器店就达到了50余家，而河口的柳木制品，在清代末也曾盛极一时，据《江西农工商矿纪略》载，“光绪三十年八月梁令树棠表称：河口镇有柳木提盒、扇匣、面盆、托盘等器，木料产自福建，刨作薄片，围箍成器，外饰朱漆，加绘金边，鲜艳夺目。闽浙亦来贩卖，共开铺店九家。”[③]

可见在信江流域诸如石塘、河口等重要的商业集镇聚落中，人们的生计主要来源于竹木器制作与加工、纸张贸易、茶叶贸易等工商业。手工业和贸易的繁荣使得运输业得以发展起来，大量的挑夫、脚夫、船夫聚集于集镇之中，以为商行运输货物为生计。

聚落的生存与发展要求，将聚落与环境生态性适应的相互关系建立在维护聚落生计方式可持续进行与发展的基础之上，因为环境资源条件对人们的生计方式有着巨大的直接影响作用，使得人们对于聚落的营建必须考虑生计方式与自然环境之间的彼此适应问题。以商贸与运输服务为主体的集镇聚落生计方式，自然以聚落是否处于交通要隘来决定能否长久地实现聚落经济、文化的发达与发展为首要考虑因素。在低技术

① 笪继良．铅书．食货书第五．铅山县志网．http：//ysxz.net/Html/yanshu/index.htm.

② 铅山县志．地理．物产．清同治．

③ 铅山县县志编纂委员会．铅山县志[M].海口：海南出版社，1990：222.

状态下的农业社会，集镇聚落在其营建的过程中必须考虑如何有效地利用周边山水形势与水力资源来支持商业、运输业的正常、有效运转，因此，信江及其若干支流的通航能力优劣与否、水陆交通形式关系就决定了沿岸能否形成兴旺的集镇。集镇聚落中人们的生计方式也就与聚落周边的河流水运条件以及山水交通形势紧密联系起来。例如，在民国时期浙赣铁路的开通，使得河口向信江上游的水路航运日益萎缩，并在中华人民共和国成立后，随着鹰厦线等铁路路网的日益完善，河口的航运最终停止，航运的衰落使得河口这个昔日江西四大古镇之一的商贸重镇最终陷于沉寂。

信江流域集镇聚落的生计方式与山水形势主导下的水陆运输条件之间存在的生态适应性使得其生计方式有着下列特点：

1. 以山林经济为基础展开的手工业生产和商贸活动成为生计方式的主导；

2. 注重山水形势对水陆交通的影响，致力于由山水形势带来的交通便利因素的开发与利用；

3. 注重水陆交通设施如桥梁、道路、码头的高效营建与维护；

4. 集镇聚落中居民多为外来客商，注重会馆等公共建筑与环境的营建与维护；

5. 聚落的内外环境建设以利于本聚落内外的交通高效性为指导。

总体而言，信江流域的传统乡村聚落生计方式是建立在以稻作经济为基础，山林经济为补充的集约式农耕经济之上的；该流域传统集镇聚落的生计方式则是以该集约式农耕文化为基础发展出的工商业经济。

2.6　小结

本章从信江流域自然环境条件和人口变迁、经济文化类型三个方面，介绍了明清时期信江流域传统聚落的兴起、分布和发展情况，并对当地的生计方式类型和特点进行了梳理与总结。

信江流域水热俱佳的水稻生产条件，悠久的水稻种植历史，使得精耕细作的稻作文化成为整个地区的经济文化基础；明清以来的人口大量迁入，为乡村聚落和集镇聚落的形成与兴盛提供了人口基础；信江流域地处三省交界，坐拥丰茂的山林资源，兼有便利的信江水运，为当地传统茶、纸制造业和商贸活动的兴起与展开提供了优越资源条件。

基于上述条件，信江流域的传统聚落是以精耕细作的稻作经济为主导的生计方式，结合衍生的山林经济、工商经济等生计方式，要求作为生产、劳作、贸易发生场所的聚落环境必须与当地自然环境之间建立起与生计方式相符的生态适应性关系，从而实现对自然资源获得与利用上的便利，实现聚落的生存与良性发展。

第3章 择址：生计方式影响下的传统聚落环境结构

生计方式的实现在于物质资料的合理获得方式和物质资料的有效利用方式。要获得生计所需的物质资料，人们必须从自然环境中筛选与自己生计方式相适应的自然资源作为生产要素，生产所需的生活物资。聚落作为具有生产职能的环境场所，其坐落位置周边必须要有可以支持生产作业正常进行的自然资源条件。

不同的生计方式对资源的利用方式各有不同，对同样自然资源条件下的生产要素需求就各有差异。因此，不同生计方式背景下的聚落在择址上对具体自然资源类型选择也就各有侧重，并由聚落周边自然资源选择次序导致了环境结构模式的差异。

本章通过对信江流域不同生计方式背景下的村落、集镇典型传统聚落坐落环境选择，以及周边环境营建的生态适应性特点进行归纳与成因分析，从生产要素的类型选择、选择秩序，以及由生产要素构成的聚落环境模式三个方面，就生计方式在自然资源获得方式层面对传统聚落择址的生态适应性影响机制进行探讨。

3.1 不同生计方式对生产要素的选择需求

3.1.1 稻作经济对自然资源中生产要素类型的选择

对于稻作生计方式而言，便于水稻种植的水、土、热等自然资源是实现稻作生计方式的必要生计条件。水稻是一种喜温湿、根部适宜在被水长期浸泡的土壤里生长的植物，利于水稻生长的自然环境有着如下的特点：

1. 拥有大量灌溉水源

水稻的种植日常需要大量的水源进行灌溉[①]，且偏爱于平坦、低洼、潮湿环境，水流平缓的水体环境，以便于稻种发芽、扎根，形成新的植株。河流、溪流，以及大面积的陂塘、水池等水体附近的平畈、缓坡，因具有良好的灌溉条件，其都是理想的水

① 生产1吨小麦大约需要耗费1000吨水资源；1吨玉米大约需要耗费1200吨水资源；1吨水稻大约需要耗费2000吨水资源。1亩的双季水稻需水800 ~ 1000立方米。

稻田开垦之处。因此，信江流域以水稻经济为主导生计方式的乡村聚落的坐落位置就不得不邻近于这些平坦、低洼、潮湿的地带。

2. 地形平缓、便于积水

水稻生产需要平缓、便于积水的地形，以便形成泥沼化的土壤环境。洼地是水稻高产的基本措施，其作用在于提高秧苗的保苗率；再则，结合水田的田埂等因素便于水田的蓄水工作。水稻种植要求每格田内高差小于 3 ～ 5 厘米，即“高差不过寸，寸水不露泥”。如果土地的高差小于 5 ～ 7 厘米，水稻的保苗率可达 92.6%；高差大于 7 ～ 10 厘米，保苗率则仅为 45.6%。于是人们需要通过粗平、套平和细平等步骤平整水田土地。而地势平坦的河滩地无疑有利于水稻田的平整工作。

3. 日照条件较好

水稻在生长环境上对于气温要求较高，水稻在谷种发芽、分蘖、穗分化、开花、抽穗等生长阶段不仅需要适宜温度，且对温度变化敏感，例如低温会使水稻枝梗和颖花分化延长，而在抽穗时期若温度连续 2 ～ 3 天低于 22℃（适温 25 ～ 35℃）则易形成空壳瘪谷，开花期若气温低于 20℃或高于 40℃（最适温 30℃），开花授粉会受到严重影响，结实率下降或无法结实。因此水稻种植必需具备较好的日照条件，以便形成可以适合水稻生长的积温环境。

4. 无高大植被遮蔽

从水稻种植大环境来看，植被茂盛的自然环境意味着土质肥沃，水资源充沛，利于大面积的水稻稻田的开垦。但另一方面而言，水稻为短日照作物，稻田周边的植物与稻作生产之间存在着生长与发展的竞争关系，因此对于水稻田的四周环境而言，地势越是开阔，不被高大的植被、山体、建筑物所遮蔽，则越是有利于水稻的生长。

5. 便利的交通条件

相较于北方粮食种植业，水稻种植更需要人们的精心护养。例如在传统的水稻种植技术下，一顷水稻从育苗到收割需工时 948 日，而种粟一顷仅需工时 283 日，前者为后者的 3 倍。水稻田所需的精细化程度高于粟田，但水稻田的产量也高于粟田，在古代的种植技术下，南方一亩水田的产量相当于北方旱地三亩。正是由于水稻种植的精细化特点，使得乡村聚落的位置必须邻近稻田，以便于人们日常照料水稻的生长。地处水稻种植大省的信江流域，大部分村落坐落的位置是因便于水稻种植作业的开展而确定的。村落与稻田之间的交通条件需满足稻田平整、水稻种植、日常照看往来与肥料、秧苗、稻谷运输要求。

再则，以稻作经济为主导生计方式的乡村聚落多处于平畈、河谷以及低丘陵地带，各项生活生产资金来源主要依靠售粮所得，因此聚落所处的交通条件要求也较高，以便于稻谷的运输与贩卖。

3.1.2 山林经济对自然资源中生产要素类型的选择

山林经济生计方式主导下的村落以粮为食，以林为用。稻田、菜地、林中采集用于自给消费，林业产出及副产品用于市场交换，换取现金。脱胎于自给自足经济模式，但有着市场化的一面。村落以木材、竹材、茶油、水果、茶叶种植为主要产出，在粮食生产上由于农业生产环境远较平畈、低丘陵地带恶劣，极端情况下，一些以山林经济为主导生计方式的村落甚至没有可用于粮食生产的耕地，全然依赖于以山林产出通过商贸交换获得粮食、衣物等生存资料。因此，以山林经济为主导生计方式的山地村落在自然环境条件的选择上有着自己的特点，并反映在水资源环境、植被环境、热环境和交通环境上：

1. 充足的水资源环境

木材砍伐与销售、榨制茶油以及造纸，或需要运输水道，或需要水力开发，或需要水塘沤竹。同时为保障村落粮食供给安全，山间开垦出的旱地、水稻种植地也需要有足够的灌溉水源。因此山区地带水量充沛的溪流、河岸都是进行林木经济作业的理想地带。

2. 繁茂的植被环境

植物资源是山林经济乡村聚落赖以生存的重要经济基础，是生产对象，因此植被种类与繁茂以及分布状况，是村落择址的重要影响因素之一。

茶叶、茶油、木材等经济作物种植自是需要良好的植被生长环境。而造纸业也需要茂密的竹林和松木提供充沛的原料与燃料。同时繁茂的植被环境也是潜在的救荒口粮供应地，这对于粮食供应艰难的山地村落的生存尤为重要[①]。

3. 日热环境良好的开阔地形环境

山地丛林地区，高海拔，导致积温低于平原、河谷和盆地地区。

大面积的森林使得日照不足，进而导致水温低，农作物生长季相应缩短。且连片的树林会荫蔽阳光的直射，而且会导致流经树荫下的溪流、水井水温的降低。流经林区的溪流河水水温都会偏低，夏季热季会推迟。但在秋冬交接之际，林区降温的时间又会比其他同纬度地区的盆地、平原推迟一些，有凝露，但少霜雪。

山谷谷地、山区盆地等低处，由于冷空气的作用，会在秋冬季节出现凝露、霜降，导致微环境变得湿冷，而不利于人们的居住。

---

① 以铅山地区山民粮食结构为例，根据《铅山畲族志》记载，新中国成立前山中农民正常年景的粮食结构为：籼米饭粥2~3个月，然后是红薯、黄粟、高粱、玉米等杂粮7~8个月，其余时间为野菜、葛粉、蕨粉（各农户年消耗约200~400斤）以及树叶，树林是菜蔬的重要来源，山民多食菌菇与竹笋，其他蔬菜虽有，但量少。菌菇类来自树林，竹林是笋的来源（笋四季都产）。

为满足各种经济作物、粮食作物的种植，茶叶、茶油籽晾晒，纸张干燥的生产所需，山林经济需要良好的日照环境来获得必需的热环境。于是开阔的向阳山地、盆地是山林经济主导下的村落坐落位置。

地势开阔也利于山地村落的通风。信江流域山区由于林木茂密，树林、湿地中因杂草、落叶堆沤而腐烂形成瘴气，将村落布置于开阔的山坡地带，利于山风将“瘴气”吹散，保障村落居住环境的空气清新。

4. 与集镇之间的恰当交通距离

山林经济下的村落其生存所需的粮食、衣物等物资除少部分依靠种植业直接提供以外，大部分需要依靠商贸途径进行交换来获得。因此，村落与集镇之间的距离也是山林经济展开所必需考虑的。山地地区多以陆路交通为主，且由于山地崎岖，物资往来以肩扛手提为主，山地村落与最近的集镇、集市之间距离都控制在 25 ~ 30 公里以内。

3.1.3　工商经济对自然资源中生产要素类型的选择

对于集镇聚落而言，交通线是其生计方式——商业与手工业——存在的生命线，因此对于集镇聚落而言，周边环境应具备下列构成要素：

1. 适于航运的水体环境

传统农耕时代长江中下游地区在山地面积占据主导的地形条件下，大规模的物资运送需依靠航运方可实现。信江流域集镇聚落的分布自然也与河流的航运能力密切相关。集镇需拥有适于航运的河流，以及适于建设码头的河岸地形条件，因此濒临的河流必须水资源需充沛，便于大规模人口聚居；且河流河道深广，水流平缓，便于航船停泊；河岸则需要高平，而无洪涝的危害，并利于集镇聚落的展开；同时需处于必经山水交汇处交通节点。

从自然生态系统的角度来看，河流是生态系统中的重要廊道，是自然界物质能量流的重要流通途径，能够为低地与河流两岸的生态系统提供所需的物质与营养成分。而多条河流的汇聚，使得汇聚点的生态系统能够得到高于其他周边区域的物质交换与营养成分。因此在河流汇聚之处营建的聚落，能够具有较好的水土资源，便于生活生产的物质生产。

2. 充足的耕地资源

集镇需大量的粮食供给来满足众多的非农业生产人员生活所需，因此集镇周边必须具备一定可以开垦为稻田的土地资源。例如武夷山区因关隘众多，历代中央政府在此设有石佛寨、桐木关、马铃关等大量军事要隘。这些军事要隘虽地处交通要道，但因为缺乏相应的耕地资源支持，无法容纳大量人口的驻入，因此也就未有发展成为集镇。

3. 广阔的商业腹地空间

“然则山川者，其风水之源，谷食之本”[①]，信江流域的集镇聚落，以山林产出的木材、竹材作为手工业的主要生产原料，以茶叶、纸张作为主要贸易对象。山是所有物产的最初产出地，信江流域集镇聚落中的手工业所需的木、竹材料之所出，贸易主要商品茶叶、药材、纸张、桐油、茶油的最初生产基地；同时也是聚落营建所需的木材、石材等建筑材料主要来源。由此，集镇需拥有支持其工商业活动内容与活动半径的腹地空间。其中地处支流流域的二级集镇多以山区为腹地，而地处集镇群核心地位的一级集镇以二级集镇为腹地。

3.2 信江流域传统聚落环境择址的生态适应性特点

信江流域地形较为多样，可粗略分为因河流冲积作用而形成的河谷平畈、红层盆地丘陵地形和山地地区。在典型性分析案例样本的选择上，以皂头平畈地区村落群、红层盆地丘陵地带的桂家村，山地地区漏底村、南塘村，以及河口古镇、石塘古镇等信江流域传统聚落为典型案例进行分析。

3.2.1 村落坐落环境的生态适应性

3.2.1.1 平畈上的村落群：皂头畈

信江河两岸由于洪水带来的泥沙的冲积与沉淀，形成了大大小小的河谷平原，当地人称之为“畈”。皂头畈地处上饶县南 10 公里处的丰溪河西岸，是上饶县下辖的最大一块冲积平畈。皂头畈主体是一个约 4.5 公里长，2.8 公里宽的冲积平原，北、西三面为丘陵，南面为武夷山脉延伸而形成的低山。平畈上分布着皂头、傅家、象山、前洋殿、毛埂、窑山、毛湾、毛棚、苍北等 26 个自然村落。自宋朝以来皂头畈上便已有集市，并发展为今天的上饶县南部重镇皂头镇。

皂头畈水土条件优越，土地耕作条件好，处于沟通闽北诸县与信江流域地区的交通要道。由于地处平畈，因此皂头畈一直以来村落聚集、人口众多，是上饶县人口密度最为稠密的地区。1982 年的统计数据表明，当时的皂头畈地区便以 600.33 人 / 平方公里的人口密度居于上饶县人口密度最大的地区。由于地处交通要道，所以当地经济条件较好，传统村落在建筑形态上的保存几无，但由于村落建立较早，各村落的坐落位置自 1949 年以来几无变化，只是在规模上有所拓展，通过对相关村落坐落位置进行

① 笪继良 . 铅书 . 山川书第四 . 铅山县志网 . http：//ysxz.net/Html/yanshu/index.htm.

分析，可以窥见信江流域平畈地区稻作经济村落在营建伊始时的择址特征。皂头畈所拥有的自然环境资源条件如下：

1. 皂头畈土地环境

皂头畈为丰溪河冲积作用而形成的平畈，平均海拔 79 米左右，最低处海拔 71 米，在平畈东北部丰溪河滩（图 3-1）。土壤主要由亚黏土、砂卵石等松散堆积物组成，土质多属水稻土和潮土，地形平坦，土层深厚，水肥条件好。有耕地面积 15785 亩，其中水田 14070 亩，旱地 1715 亩。

图 3-1　上饶县皂头镇平畈等高线图

（图片来源：根据 Global mapper 软件绘制）

2. 皂头畈水资源环境

丰溪河从皂头畈东北边缘流过，平畈内、上（饶）甘（溪）公路东侧有条无名溪流自南而北流入丰溪河。

丰溪河河面均宽约 30 米，其中皂头畈段河面宽约 60 米，常年水深在 0.8 ~ 1 米之间，丰水期与枯水期水位高低差在 5 ~ 6 米之间。无名溪流宽度在 5 ~ 6 米左右，河床深度约 2 米，日常水位约 0.7 米。

皂头畈地区年降水量约 1731 毫米，雨量充沛。由于地形开阔平坦，开发时间久远，加之降水充沛，以及丰溪河与无名溪流形成的水系依托，人们在皂头畈建设出良好的稻田灌溉系统。

3. 皂头畈日照环境

由于地势开阔，皂头畈地区的日照条件好，年平均气温为 17.9℃，冬季（1 月份）平均气温 5.9℃，夏季（7 月份）平均气温 23.7℃，全年无霜期约 270 天。但由于地势较为低洼，加之水系发达，空气湿度较大，夏季气候较为湿热。

4. 皂头畈交通环境

由明清时古驿道发展而来的上（饶）甘（溪）公路纵贯皂头畈中部，向南连通武夷山区，并可到达福建省崇安县。在平畈中心位置，皂头镇沿上（饶）甘（溪）公路两侧展开。

皂头畈地区自然条件的优劣情况，使得畈上各个自然条件村落在择址方式上具有如下的生态适应性特点：

1. 集村：实现土地资源最大化利用

为了最有效地利用土地资源，在河谷与冲积平原、平畈地区，村落多以集村方式尽量分布于河谷、平畈的地形边缘地带。皂头畈的村落多处于距离河谷的河流附近或处于平畈与丘陵交界的一级台阶地[①]，或处于穿越河谷、平畈的道路旁。其目的在于尽量将大块平整的耕地连为一体，以便于统一规划穿越河谷、平原的灌溉水系。

空间分布上，皂头畈上 26 个村落大致可以分成三部分。一是以平畈东侧距河流 1 公里左右南北横贯平畈上（饶）甘（溪）公路为轴，路轴东边 500 ~ 800 米的距离上，毛埂、周家、黄家、后洋四个自然村沿丰溪河自北而南连续分布，并距河流 70 ~ 200 米距离不等，且各村庄的彼此距离极近，大约在 200 ~ 300 米之间；二是在路轴两侧，距道路 200 ~ 300 米不等的距离上，分布着潘家、李家、前洋殿、谢家、傅家等十余个村落，村落间距在 300 ~ 500 米之间不等；三是路轴西侧 1.6 公里左右的平畈地带基本上为耕地所占据，直至平畈西部与丘陵交界则开始分布着大量的村庄，这些村庄间的距离也大致在 200 米左右。

通过村落的分布与间距可推测，皂头畈上各个村落其附属的耕地都在以村落为核心的 70 ~ 800 米距离以内，有利于村落居民的日常生产劳作交通往来（图 3-2）。

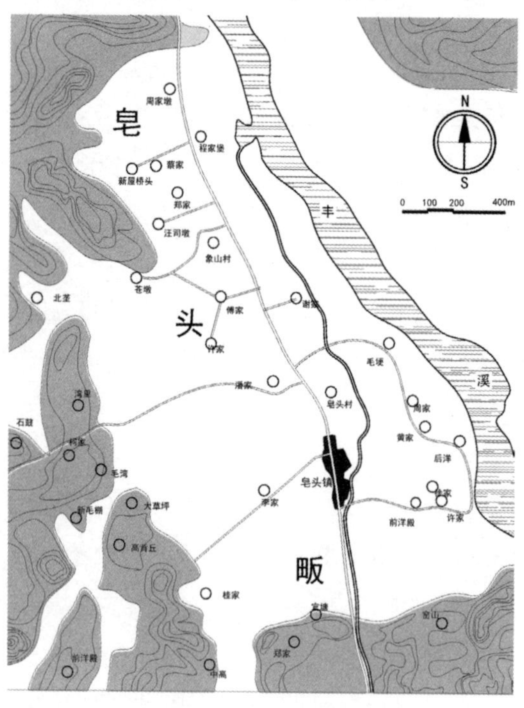

图 3-2 上饶县皂头畈平面图
（图片来源：依据谷歌地图自绘）

2. 沟壑：依托溪河构建发达的灌溉水系

河流与村落之间的空地为开垦的水稻田所充塞。河流与溪流及两侧阡陌纵横的灌溉沟渠一并构成了皂头畈上稻田的灌溉水系。村落无一使用丰溪河与无名溪流作为生活用水来源，都在村中或村南开挖水塘、水井，作为日常村落用水所需。

3. 防洪通风：远河流，居高埠

由于水稻种植依赖于潮湿而炎热的环境，毗邻水稻种植区域的村落就必须解决过多水体、低洼地势、过度日照和潮湿等居住环境的问题。皂头畈的村落

① 信江流域河流阶地则分成一、二两级类型，一级阶地高度多高出河床 5 ~ 10 米，阶地的宽度在 1000 ~ 2000 米左右，是农田、村镇的主要分布区域，二级阶地则零星分布于河流两侧各地，阶地面积多较小，宽度多在 200 ~ 500 米之间，高出河床 60 ~ 70 米。

以远河流，居高埠的方式来予以解决。皂头畈水系主要由丰溪河和贯穿于平畈中部的无名溪流构成。为预警洪水，村落与河流、溪流都保持百米以上的距离，离丰溪河最近的后洋村，与河岸的距离也在 70 米左右。

平原地带地势低洼，且在雨季带来洪水与潮湿，因此村落首选隆起的岗埠作为村落的坐落位置。平原地带具有较好的通风条件，且地势越高通风条件越好，再结合绿植种植、街巷组织等手段构成导风通道，可以确保村落内部的夏季通风除潮。皂头畈虽是地势平坦，但地形起伏也在 1 ~ 2 米左右。出于通风防潮的目的，上（饶）甘（溪）公路路轴东侧邻近丰溪河的村落大多都处于地势较高、平均海拔 79 米处的岗埠上，与周边耕地大多有着 1 ~ 2 米的高差。其中皂头畈处于平畈中央海拔 81 米处（图 3-3）。

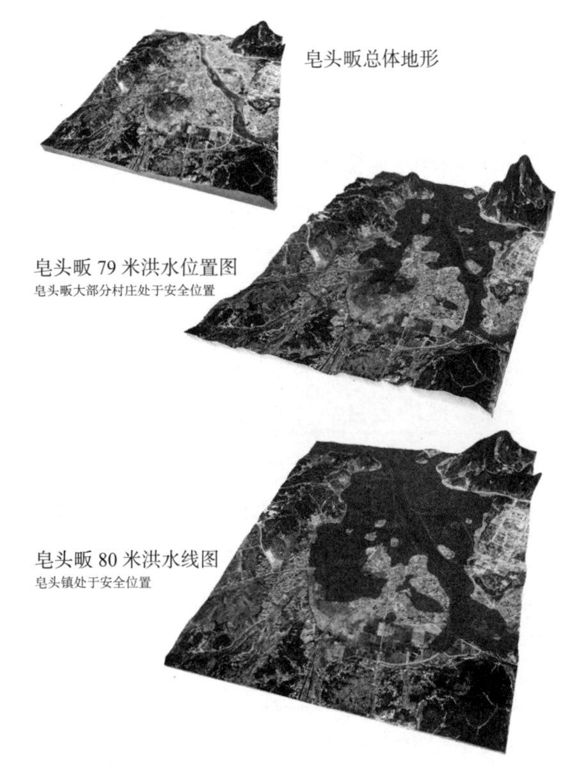

图 3-3　皂头畈洪水位分析

（图片来源：根据 Global mapper 软件绘制）

3.2.1.2　丘陵地带的村落：桂家村

鹰潭市南郊 0.6 公里处低丘陵地带的四清乡西门大队桂家村，全村总户数 277 户，其中上坊村 168 户，中坊与下坊村 109 户，人均耕地面积 1 亩左右，是一个较为大型的乡村聚落。桂家村《桂氏宗谱》记载，西门桂家村先祖桂文远于元朝末年始居于今天桂家村。

桂家村坐落于武夷山脉西部遗脉向信江河谷、平原过渡地带的低丘陵群，丘陵群平均海拔 100 ~ 200 米。桂家村坐落的丘陵群名为朱山岭。丘陵山体为致密坚实的红砂石，岩性软弱，丘陵坡度平缓，形状浑圆。村南 300 米处是同为红石丘陵的脚麻岭丘陵群。朱山岭与脚麻岭之间为水稻田集中地带，地势由东南向西倾斜，脚麻岭北部山脚下一条名为定家港（又名东川河）的小河自东南而西北流过汇入信江河。村南 1.5 公里处为武夷山余脉岱宝山。岱宝山主峰海拔 144.2 米，山体为松木及杂灌木等植被所覆盖，是桂家村村民柴薪来源所在。

桂家村聚落内部住宅密集簇拥，呈现为集村形态。整个村庄坐北朝南，村落东西长 586 米，南北宽 360 米，其中核心区域东西长 486 米，南北宽 262 米。村庄所处丘陵最高处海拔 51.39 米，最低处海拔 30.89 米。村庄地形南北高差为 20.5 米，其中村落坐落区域最高处为海拔48.18 米,最低处为海拔32 米,坐落的丘陵山体平均坡度为6%左右。由于整个村庄的建设材料就地取材，为红砂石建筑所成，建筑的营建质量较好，因此自清代以来建设而成的民宅保留较好，使得村庄聚落的核心形态依旧保持了原有的环境格局与景观风貌。

桂家村村民的经济收入历来主要源于水稻种植，兼营蔬菜与莲藕种植，并利用靠近旧时鹰潭镇城区的地理优势，还兼小吃点心制作与销售、短雇工等副业，以作为获取生活资料的补充渠道。

桂家村周边自然环境资源条件如下：

1. 土地条件

西门桂家村所处于的朱家岭丘陵群，光秃而坚实厚密的红石山体连绵不断，丘陵区水土流失严重。具体而言山体大体可以分成两个部分，桂家村所在的丘陵为北丘，杨碧杨家、占家所在的山体为南丘。北丘山体东西总长 2.4 公里，南北宽 690 米，其中桂家村所在的主体山体东西长 690 米，南北宽 484 米。主体丘陵东坡、南坡水土流失严重，山体都是光秃秃的红砂岩;西坡以及西北坡由于坡度较缓，水土保持状况良好，并有出水量较大的水井一眼；桂家村村北为丘陵主峰所在，海拔 51.6 米，主峰以南山体较为陡峭，水土流失严重，土层极为浅薄，但主峰以北，坡度平缓，水土保持状况良好（图 3-4）。

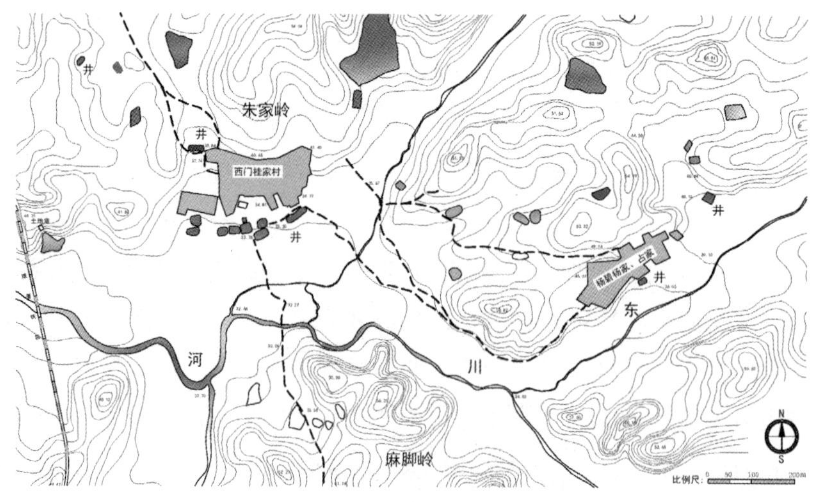

图 3-4　西门大队桂家村 1952 年平面图

（图片来源：依据桂家村村委会提供地图绘制）

2. 水资源条件

村南 300 米处有东川河自麻脚岭北面流过。村子所在的丘陵主峰西北底部不远处有较大面积的水塘一处。村西北 200 米处有面积为 3.33 公顷的湖泊，名为南湖，建设于 20 世纪 60 年代左右。村子所在丘陵南部底端，有大型水井一眼。

3. 植被资源

朱山岭丘陵群为光秃的红石山体，草木几无。

4. 热环境

鹰潭市年均气温 19℃，无霜期 280 天，因此桂家村在热环境上具有较好的日照条件，但由于红石山体的热工性质，使得聚落的微气候环境上具有夏季酷热的特点。经实地测量，2017 年 7 月 29 日中午 11：00 桂家村户外空旷处阳光下，距地 1.5 米高度处的气温为 38.2℃，树荫中距地 1.5 米高度处的气温为 37.3℃；红砂石道路地面温度为 48.5℃。

桂家村的自然资源条件状况，使得村落在择址方式上具有如表 3-1 的生态适应性特点：

桂家村自然条件优劣情况一览表　　　　**表 3-1**

	居住环境		生产环境	
	劣势自然条件	优势自然条件	劣势自然条件	优势自然条件
土壤资源				1. 丘陵间盆地与河谷中的土层便于开垦成水稻田； 2. 稻田日照条件较好； 3. 距离稻田近，便于田间管理
聚落基础	石质山体的丘陵地形地基开凿成本较高	1. 建筑用石材开采方便； 2. 建筑基础坚固，安全； 3. 地表坚硬质密，便于清洁、排水	村落内不利于植物种植	丘陵形态低缓起伏，高大植被少，山体便于晾晒作物
水资源	远离溪流、地下水资源匮乏，生活用水来源不稳定	降雨充沛，可在石质丘陵山体开凿水井，灌溉水源便利	水井出水较冷，不利于农作物生长	溪流、水塘水源充足，便于水稻灌溉
热环境	夏热冬冷的石质丘陵地带热环境条件，夏季需要考虑环境降温	冬季日照充分		日照充分，利于农作物生长
植 被	稀少，不利于夏季村落降温	冬季日照充分		日照充分，利于农作物生长

（图表来源：依据现场调研资料自制）

由于朱山岭一带的红砂石丘陵山体规模小且贫瘠，适于耕种的土地则都被雨水冲刷集中到了丘陵山体之间。桂家村的村民们只能依靠丘陵间的土地进行农业种植为生计，因此良好的耕地资源对于桂家村的村民们而言是十分稀缺的，于是对于丘陵、溪流、土地的规划都立足于最大化获得可耕作的田地为目的而展开。为尽可能地获得耕地资源，桂家村的村民们在村落的坐落位置选择上有着如下的考虑：

1. 根据土地条件合理规划村落土地利用状况

朱山岭与脚麻岭之间为大片的开阔洼地。这片洼地南北宽度300米左右，平均海拔31 ~ 34米左右，东川河自洼地南部边缘流经脚麻岭北部山脚，在春夏之交的雨季，这一带常被洪水淹没（图 3-5）。由于地形开阔，灌溉条件好，加之洪水带来的土壤资源，使得这块洼地具备较好的日照条件和水土条件，因而成为桂家村最大的水稻种植地所在。

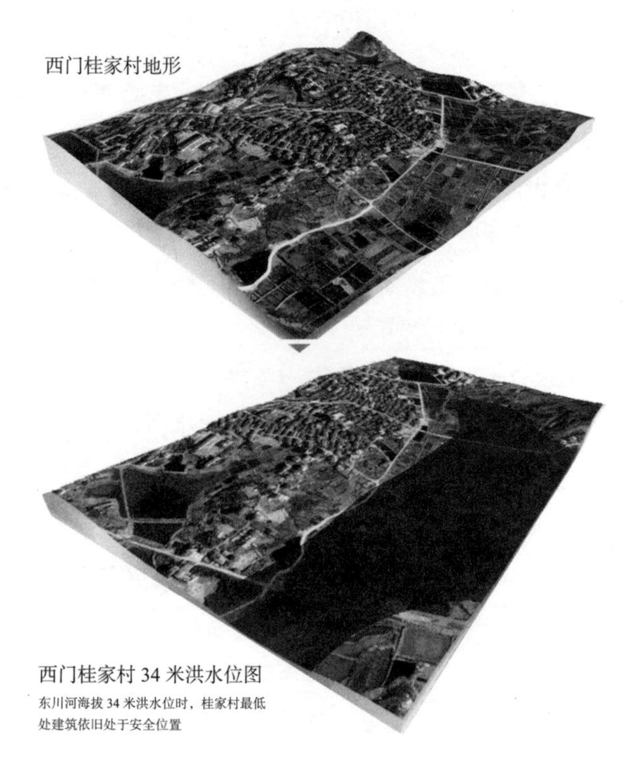

图 3-5　桂家村洪水位分析

（图片来源：根据 Global mapper 软件绘制）

山地、丘陵等山体局部区域的气温高低、光照强度的分布及变化随坡向而异。早晨山体东坡因最早受到阳光直射故增温最早，但在空气湿度较大所导致的露水、雾气等因素影响下，气温增幅并不迅速，加之午后山体再无阳光直射，就整体而言，东坡气温、光照的总值实际上是较低的。同理山体西坡、南坡因昼间阳光直射强烈、持续，因此气温、光照总值整体高，北坡的气温、光照总值则是最低的。

为争取利于蔬菜生长的光照与热量，桂家村村民将菜地布置于山地、丘陵的南坡、西南坡，且桂家村西南方位是适合开垦为水田的低洼地，因此蔬菜种植区就被集中布置于水土保持条件较好的丘陵西北坡处。村落西北面积较大的南湖由于水资源充沛而开发为鱼塘，并结合丘陵西坡已有的水井共同作为菜园的灌溉水源。村落东部光秃秃的红砂岩山坡由于山体坡度较缓，则被作为公共晒场和石材的开采区，使得谷物等农作物的晾晒工作无需在聚落内部进行（图 3-6）。

2. 确立水井水源，建设池塘群

在信江流域，丰沛的降水使得地下水充足，而开挖水井灌溉农作物拓展了耕地的开垦范围，使之不再受到溪流、湖泊的限制。人们往往水井的营建与其他水井、水池、水塘、灌溉水渠结合起来一并建设，形成整体的聚落水系。西门桂家村拥有的水井有 3 眼，分别为村南中房的饮水井，村西下房的饮用 / 灌溉水井，以及村西南的菜地灌溉水井。水井位置确立后，人们结合地形和土壤资源条件，以北丘为稻田、菜园的营建位置。其中，村西、村西南的水井主要用于稻田、菜地的灌溉，而村南的饮水井则与村落的排污池、荷塘、鱼塘、灌溉渠结合在一起，形成了村南边缘的池塘群。

3. 选择红石丘陵石质山体作为村落的营建位置

如此操作的优势在于：一是避免与稻作经济产生用地矛盾；二是在石质山体上营建建筑，建筑基础坚固而安全。且聚落基地地面硬化，便于雨季快速排水，保持村落的干燥；三是开采营建用的石材方便。

因土壤被雨水冲刷而沉积于丘陵山体底部，所以林地多处于山体周边边缘位置。在择址时，保留林地，村落坐落于山体，并被林地所包围，有利于村落遮阳与降温。村落南面绝少林地，多有水塘、独株的水口树。

丘陵地带的乡村聚落择址方式与景观营建方式使得其聚落的垂直结构因地质构造的不同表现为两种模式，即：普通丘陵地带自上而下的山林、竹林、村落、水井——水池群、农田、河流的环境格局；以及红层盆地丘陵地区光秃山体、村落、水井——水池群、农田、河流的环境格局。

3.2.1.3　山区盆地中的乡村聚落：漏底村

漏底古村落位于江西省上饶市东北面的玉山县双明镇，处于怀玉山支脉的太甲山东部。

漏底村村民先祖兄弟三人于清康熙年间来此定居，以木材种植与销售为生计方式，定居点即为现漏底村宗祠处。随着人口数量的增加，以及清末至民国时期躲避战乱的外来人口迁入，漏底村的规模不断扩大。漏底村 20 世纪 80 年代中期常住人口数量达到最高峰，为 1200 人左右，由于改革开放以来大量年轻人外出打工以及移居山区外，村中现剩有住户 50 余家，人口 200 余人，水稻田 500 多亩（图 3-7）。

漏底村土地贫瘠，水稻产

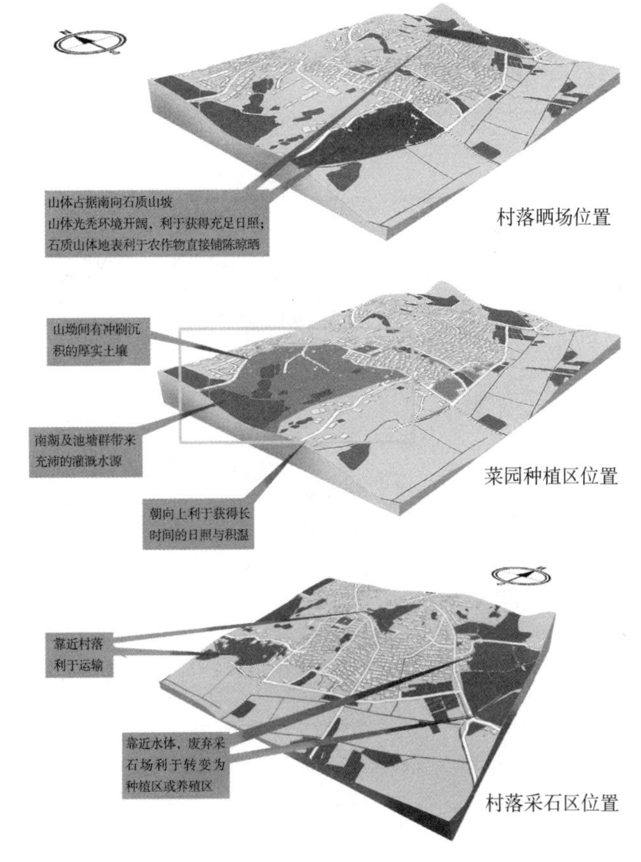

图 3-6　桂家村周边功能用地分布状况

（图片来源：根据 Global mapper 软件绘制）

漏底村全貌

漏底村自东向西鸟瞰

图 3-7　漏底村
（图片来源：百度百科）

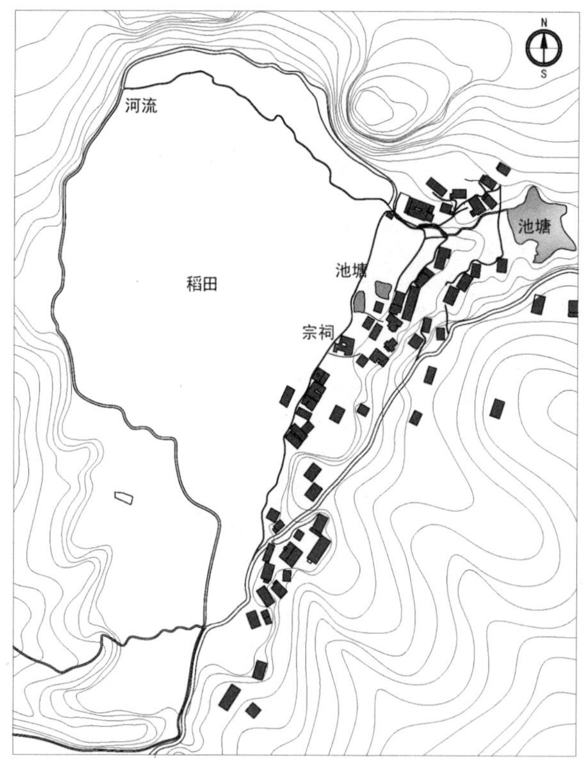

玉山县双明镇漏底村　比例尺：0　50　100　200m

图 3-8　漏底村总平面图
（图片来源：依据谷歌地图自绘）

量较低，因此村民们的收入以山林经济为主体。1949 年以前村落的经济收入来源于杉木等经济林木种植与销售。1949 年以后大部分山林收归国有，山林经济转变为以种植板栗、油茶等经济植物为主体。由于交通闭塞，经济发展落后，漏底村至今还保存着原生态风貌，建筑的墙体几乎全部为夯土结构（表 3-2）。

1. 漏底古村落土地条件

漏底村坐落在海拔高度约 500 多米的山区盆地东部山坡上，盆地占地面积约 5 平方公里，为喀斯特地质结构。村庄四面环山，南、北、西三面为山崖，山崖顶部与盆地高差大致在 100 米左右，盆地中央位置地势平坦。漏底村村落处于盆地东部边缘山坡与盆地交界处的山坡地上。村落主体的形状呈细长条状，南北长约 700 米，东西宽度最宽处 170 米左右（图 3-8）。

2. 漏底古村落水资源环境

村东北角有因地下暗河而形成的水塘，名为卷桥坑。塘水外溢形成溪河。溪河沿盆地边缘自北而西再南，呈逆时针向流向盆地西南边缘，复流入地下暗河，由于地下暗河的存在，使得河水在雨季从未暴涨过，犹如河底有漏斗将盆地中多余河水漏走一样，因而村名得名为漏底村。地下暗河使得盆地具有较好的排水条件，无山洪内涝的威胁。

3. 漏底古村落热环境

信江流域年平均气温在 18℃左右，而漏底村地处年平均气温低于 15℃的怀玉山低温区。且相较于信江流域全年积温 5100 ~ 6600℃之间的均值变化，漏底村处于全年积温 3800 ~ 4000℃之间的均值变化之间，热环境较差。

4. 漏底古村落植被资源

当地气候温润多雨，漏底村周边植被资源充足，村民以种植板栗为主要副业，兼营油茶。村东后部山坡地带有竹林 70000 平方米左右，竹资源丰富。

漏底村自然条件优劣情况一览表　　表 3-2

	居住环境		生产环境	
	劣势自然条件	优势自然条件	劣势自然条件	优势自然条件
土壤资源			土地贫瘠，喀斯特地质特点，耕地灌溉易漏水	拥有大面积较为平坦的耕地资源
聚落基础	南、北、西三面为山崖，交通不便			东部为缓坡，可以营建村落与道路，沟通聚落与耕地
水资源	远离溪流，地下水资源匮乏，生活用水来源不稳定	无洪涝威胁		灌溉水源充沛
热环境	积温不足，气温较低，居住环境应注重向阳与保温；地势低凹处在秋冬季节易形成霜降			东坡为缓坡，相对具备较好的日照条件
植被资源		气候凉爽、干燥		自然植被茂盛，竹木资源丰富

（图表来源：依据现场调研资料自制）

5. 交通环境

聚落处于盆地东部边缘山坡与盆地交界位置，坐东朝西，有一条修建于 2000 年左右的简易公路从村东部后山坡上穿越而过，是村庄通往山外的唯一通道。距双明镇县城 20 公里，步行则需 4 个小时左右的时间。

为适应山区盆地的自然环境，漏底古村落在选址的生态适应性上呈现出如下特点：

1. 珍惜土地资源，水稻种植集中经营。

在 2000 年以前，漏底村只有依靠山间羊肠小道才能步行至山区以外最近的集镇双明镇，全程约耗时 4 个小时，交通不便使得村落必须保证粮食自给才能生存。因此山地间适于水稻耕作的土地资源十分珍贵。

由于人均耕地面积不足，耕地土壤较为贫瘠，加上山区气候对于水稻种植的限制作用，盆地开辟出的水稻田所收获的水稻只能维持村民们半年的口粮。漏底村的农户不得不以种植木材、毛竹、板栗、油茶等山林经济作为主要的生计方式，以山林产出换取生活生存所需。且由于漏底村地处山区深处，外出交通不便，因此漏底村的农户们必须形成基本生活物质自给自足的供给方式。

漏底村所在的盆地南北长约 700 米，东西宽度最宽处约 440 米，由于盆地的地势开阔平坦，加之盆地拥有较好的河流灌溉条件，使得盆地的水土资源利于水稻种植生产的开展，因此漏底村村民坚持不浪费盆地带来的耕地资源，将村落安排在山坡上。从而对水稻种植的集中经营与管理上，实现水稻种植的高效化，以此来保证村落所需口粮的供应安全。

2. 争取最大日照，避霜降；蔬菜与果园、竹林结合村落环境进行综合经营。

漏底村地区全年积温在 3800 ~ 4000℃的均值变化之间，积温条件远远小于信江流域年平均积温 4800℃的水平，漏底村的选址就要考虑如何为农业种植争取最大日照条件。由于盆地南、北、西三面山崖，唯有东部缓坡地形能够提供较为充足的日照时间，因此人们将日常生活所需的蔬菜种植，以及重要的生产资源竹林布置在盆地东部的山坡上，以便农作物获得良好的日照条件。

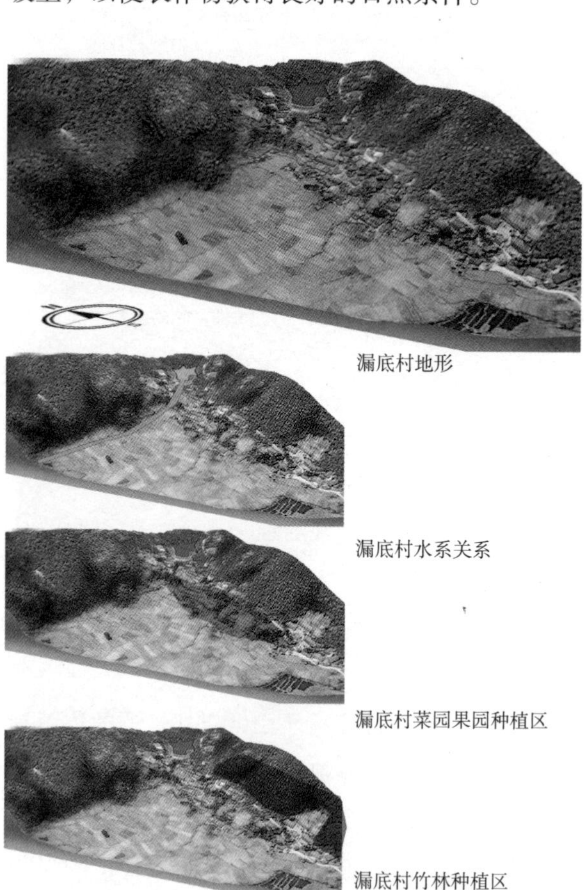

图 3-9　漏底村周边功能分区位分析

（图片来源：根据 Global mapper 软件绘制）

三面山崖的盆地地形导致漏底村秋冬季在盆地低处形成霜降。低气温、日照时间短，使得漏底村的水稻种植以一季稻为主，秋冬季的霜降对一季稻的生产自是无碍，但不利于需常年种植的蔬菜与果木的生长。因此必须将种植区的安排放置于盆地东部缓坡。这样就形成了村落主体与蔬菜、果木、竹林种植区同时布置于盆地东部山坡地带的状况，种植区无法像西门桂家村那样实现按功能进行分区规划经营，村民们只能将民居建筑与菜园、果树交错布置，村落内部的土地资源以综合经营的方式进行规划与安排（图 3-9）。

3. 交通条件恶劣，物资进出困难，在选择聚落坐落位置时，需考虑建筑材料的易得性和易于运输性。

大量使用夯土墙是漏底村民居建筑的一个重要特点，也是影响择址结果的一个重要因素。为对抗山区气温低冷，湿度较大的气候，漏底村的民居建筑需要使用墙体较厚的石质墙体结构或夯土墙体结构，以利于防寒保温。

漏底村虽处于山地喀斯特地质结构区，拥有丰富的石灰石资源，但由于较为落后的运输条件，使得石材的开采和运输对于经济并不宽裕的漏底村村民们来说花费太高；再则开采石材必须雇佣匠人导致增加经济成本，因此对于漏底村村民而言，石材并不是理想的建筑营建材料。盆地东部山体缓坡的地形，一则便于运输建设所需的建筑材料，二则厚实的土层也便于夯土所需的取土条件，从建筑营建的角度而言，也满足了漏底村村落营建的技术所需。

4. 营建水塘群，结合村外灌溉沟渠，解决聚落内部排水、家禽养殖所需。

村落东北角的地下暗河出水口形成大面积水塘，水塘溢出的水体自村落北部流过，将村落分割为南北两个部分，使得漏底村生活取水较为便捷，而无需依靠水井。为便于排污、排涝、浴牛、家禽饲养和消防，村民们在村落高处结合河流开挖水坑、水池用于浣洗，在低洼处则开挖了两眼水塘用于消防、家禽养殖等功能。水塘与村内外的排水沟、灌溉渠联系在一起，共同构成村落内外水系环境。

3.2.1.4　山坳中的乡村聚落：南塘村

上饶县灵山东北山麓海拔 420 米处的石人乡南塘村，是灵山北麓石人乡一带的造纸中心，有陈姓人家二十余户，现有民宅 19 栋，其中营建于新中国成立前的传统民宅 10 栋。南塘村居民先祖兄弟四人清代康熙年间自福建迁徙至此，以造纸为生计。选择南塘作为居住地的原因在于该地周边水竹资源充沛，便于造纸业的开展。在“大炼钢铁”之前，南塘村年土纸产量三万担到五万担之间，“大炼钢铁”运动造成周边竹林大面积被砍伐而被迫转为以茶油生产和水稻种植为生计，旧有篁锅、烘房现在或被废弃或转他用，造纸用的沤池或被填平成为宅基地，或被经营为菜地。

村落核心区域旧有的建筑保存完整，只是因居民的陆续迁出开始破落、朽坏，其中以规模最大的祠宅合一式旧宅朽坏最为严重。聚落的传统环境结构基本完整（图 3-10）。南塘村周边自然

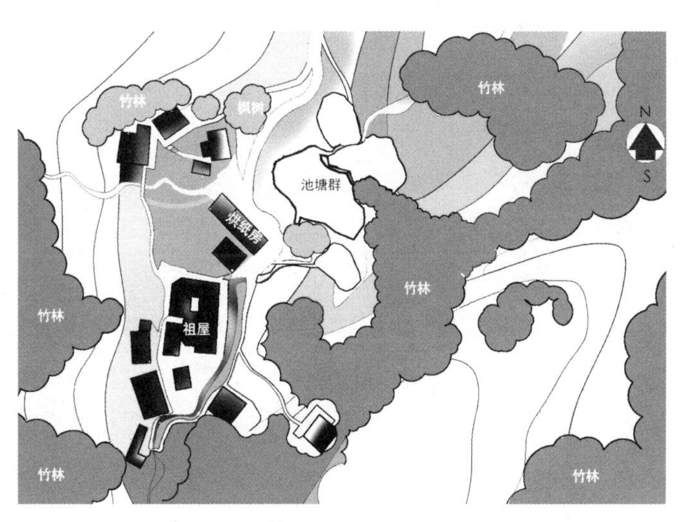

图 3-10　根据村民叙述复原的南塘村周边环境图

（图片来源：根据谷歌地图自绘）

环境资源条件如下：

1. 土地资源条件

南塘村坐落于灵山东北麓的南峰塘山峰北面下拔 420 米处的一处山坳之中。山坳形状为袋状，面向东北方向开口，其余方向皆为陡峭山地，难以开垦为稻田。山坳内地形自西南而东北，从高到低由五阶台地构成。传统村落皆修建于山坳西南部最高的一阶台地上，只有两栋农舍坐落于二阶台地上。第二阶台地与第五阶台地主要为池塘、菜园所占据。

南塘村所属的田地不多，人均田地不足五分，皆为新中国成立前卖纸收入购得。购买所得的田地并不紧邻聚落，而是四处分散于山外距聚落数公里远的平原河谷地带，使得今天的村民往来耕作极为不便。距村 300 米、海拔 500 米处的山崖有石灰石矿，并有小道可直接到达。

2. 水资源环境

村落水系呈“丫”字结构，有两条溪流分别自山坳间的西隅与西南隅流下，相汇于村落中部的第二级台地，并东南向流向山外。溪流在第二级址第五级台地分别形成大小不一的水塘群。水塘群的存在使得村落的生活生产用水十分便利。

3. 热环境

气候温和，年平均气温 15℃左右。雨量充沛，年降雨超过 2000 毫米，年积温 3600 ~ 4800℃之间。气温较信江流域的低矮丘陵与平原地区低 2.3 ~ 5.8℃。山地夏季气候凉爽，最热月为 7 月，月平均温度为 27.4 ℃（信江流域 7 月平均温度为 35℃），最冷月为 1 月，月平均温度为 –5.7℃。

4. 交通环境

黄沙岭石阶古道自南塘村北过，古道由长 1 米左右花岗岩条石铺设而成为间断性简易石级道，是灵山地区石人乡、望仙乡两地居民进行山货贸易的主要通道。

5. 植被环境

村西和村南山地地带有大面积的竹林，竹资源较为丰富。从村中居民得知，在“大炼钢铁”时期之前，南塘村三面山体皆是竹林，因为满足炼钢铁的燃料所需被砍伐殆尽，依靠自然恢复如今现有竹林 10000 平方米左右。

综合南塘村的资源条件，可见南塘村拥有符合造纸所需竹林、石灰石、水塘等资源条件。因此拥有造纸技术的南塘村村民先祖在石人盆地被先来者占据、瓜分完毕的情况下，去选择适于自己造纸技术的环境营建村落求得生存是必然的选择。而南塘峰北麓山坳的自然资源符合了南塘村民先祖的造纸技术所需，自然就会选择该地作为村落的坐落位置，以造纸为生计主导方式求得生存与发展（表 3-3）。

为便于造纸业的开展，南塘村在选址的生态适应性上呈现出如下特点：

南塘村自然条件优劣情况一览表　　表 3-3

	居住环境		生产环境	
	劣势自然条件	优势自然条件	劣势自然条件	优势自然条件
土壤资源			土地贫瘠，台地极少，耕作难以展开	拥有较为丰富的石灰石矿
聚落基础	地处山坳之中，交通不便，运输依靠肩扛手提			
水资源		溪流在村中形成多个天然水池，水源充沛，生活用水便利		造纸、农业生产用水便利
热环境	积温不足，山坳低凹处秋冬季节易形成霜降	气候凉爽、干燥	日照时间不足，不利于农作物的种植	
植被资源				自然植被茂盛，竹木资源丰富

（图表来源：依据现场调研资料自制）

1. 以第一、二、三阶台地为建筑基地，结合菜园建设，初步建立农舍单元，利用溪流上游洁净水源灌溉菜园。

2. 以水池群密集的第四、五阶台地为核心，建设沤池、水碾房、烘房、抄纸房。

3. 在村落的西部竹林资源丰富的台地上营建篁锅，用于蒸煮竹料。

4. 以卖纸的收入在山下的石人盆地购买田地，种植粮食，保证村落的粮食供给安全。

3.2.2　集镇坐落环境的生态适应性

3.2.2.1　众水汇聚处的集镇：河口古镇

河口古镇位于今天的上饶市铅山县市区北部，坐落在信江南岸的铅山河、信江交汇处的冲积沙洲上（即：凤来—福惠—柴家畈）。古镇北部紧邻信江，信江南岸与古镇相对峙的九狮山为铅山县北门户，与信江河道一并构成铅山县的水口，故又被称为龙门，镇东为铅山河。铅山县东北接上饶县，西接弋阳县，北连横峰县，南临福建省崇安县，历史上是中原地区由赣入闽的必经之地，河口古镇因信江航运之利成为勾连闽浙赣三省的重要航运码头。

今天河口古镇所在位置在宋代之前还是一片毫无人烟的荒地、沼泽。明嘉靖以前，铅山河与信江的交汇点在今天河口镇西面 3 公里处的汭口村（旧时的汭口镇）。因每年洪水泛滥之故，致使河滩沉积，天长日久在两河之间出现一片沙洲。到嘉靖初年，距今天河口镇位置最近处的凤来墩一带开始出现只有几户人家形成的市集“沙湾市”。嘉靖十四年（1535 年）4 月，因武夷山地区山洪暴发，铅山河洪水在今凤来墩一带冲断曲流颈，切断河湾直入信江，旧有河道始为泥沙淤塞封闭，使得原两河之间的沙洲成为冲积平原，便成为附近农民的集墟之地。原在凤来墩的“沙湾市”名称被新兴集市所代替，后又因地处信江与铅山河的交汇处，改称“河口”。明朝末年，南来北往的水运商人因此处水深河阔便于航运，便建立沿江码头作为商品货物的转运站，住宅商铺因此也陆续出现，形成了现在的河口镇。

河口古镇繁荣则有两个重要原因。一是明清以来的海禁政策，二是明正德、嘉靖年间铅山县石塘、陈坊、紫溪等处的纸业兴起。

明嘉靖二年后实行海禁。故明清以来，闽北各色货物大部分经由铅山县出福建省，以河口古镇为起点的信江航线逆行经玉山县前往浙江，或经信江航线下行经鄱阳湖进入赣江水道、长江水道，将物资运往浙江、江苏、广州等处。以河口古镇为中心，与沿江的上饶、玉山、鹰潭、余干等府、县、镇的其他集镇聚落一道构成的信江流域商业集镇群由此形成。在明代中后期河口成为江西历史上“人居稠密，廛肆纵横”“商贾云屯雨集，五方杂处”“市肆甚众”“货物铺陈”的四大名镇之一。

明嘉靖至万历年间，宫中及各省官府对连史纸等高档纸的大量需求在使石塘等地纸槽生产规模扩大的同时，也使河口的货运量迅速膨胀。前来铅山采买纸张、茶叶等货物的官员、商贩以及造纸的槽户、进行纸张运输的船工、脚夫也因而在此云集。大量人口的聚集，尤其是外地巨商富贾和各级官差的到来，不仅使河口古镇的人口规模和镇区范围急剧扩大，也扩大了河口古镇的经济规模，刺激了当地的文化水平和消费水平的增长。河口古镇成为信江的高消费中心和江浙闽三省百货的汇聚地。因此嘉靖至万历间的短短几十年内河口古镇迅速兴起并繁盛起来，并成为“其舟四出、货锁所兴”的“铅山之重镇”。

鉴于人口和财富的扩大，相关管理衙署陆续在河口古镇设立。明朝石佛巡检司移驻河口，以加强对河口古镇的军事和治安管理。清乾隆三十六年（1771 年），清廷在河口设立“分防府”。官僚、商人的聚集再次推动了河口的高层次消费，引得各行各业各色人等集聚河口，反过来又推动了河口的消费和贸易发展。

河口古镇周边自然环境资源有着如下的优势条件：

1. 河口古镇位于信江南岸铅山河与信江的交汇处由沙洲形成的凤来—福惠—柴家畈北部边缘，地形开阔平坦。

2. 河口古镇坐落于信江流域航运能力最强的两条河流交汇之处，北岸九狮山的河道段被认为是信江河道最深位置，有利于大型船只的往来、停泊。

信江南部的两大支流铅山河和陈坊水能通行小型舟楫，武夷山区生产的纸张可用小船经两河运至河口，再改换大船由信江运往鄱阳湖。北岸九狮山为河口北门户，当地传说因山下水深，可直通龙宫，所以有龙门之称。九狮山山体上的“龙门第一关”五个大字的由来也因有此传说而镌刻。

自然环境的不利条件则主要有：

1. 码头作业在冬季处于阴冷区域；信江北岸为九狮山等连绵的陡峭丹霞地貌丘陵地形，因此只有南岸的凤来—福惠—柴家畈可作为集镇的坐落位置。由于河岸岸基多较高，地处信江南岸，就会使得集镇中高耸的临河建筑在冬季将河边的航运码头笼罩于建筑和岸基的阴影之中，导致码头处于阴冷的工作环境中，临江的建筑在建筑的入口与河岸码头的关系上出现矛盾的情况。

2. 集镇直接濒临信江，易受洪水威胁。河口古镇地处三河交汇之处，水量充沛，春夏雨季受洪水威胁。

因此，河口古镇的聚落择址在生态适应性上呈现出如下特点：

1. 择利于航运的河流交汇处营建

集镇的存在是以交通便利为基础的，因此在聚落的择址时，交通便利重要性往往处于首位。在以航运为基础的河口古镇，码头的建设是集镇存在的根本，因此适于停靠船舶的水岸才是集镇坐落位置所在。

明嘉靖十四年（1535 年）以前的汭口镇，与铅山河入信江河口改道后形成的河口古镇，都营建在铅山河与信江河交汇处的河口处。信江南北两岸山区中支流众多，适合于航运的支流有饶北河、灵溪、丰溪、丁溪、铅山河、双港溪、紫溪、上清溪等支流。但可通 4 ~ 5 吨以上中小型船只的支流都集中分布于信江流域以南地区，其中地处铅山县的铅山河通航能力最强。河口古镇也因此成为信江流域商业集镇群的核心。

清同治十二年（1873 年）的《铅山县志》中《河口古镇图》与其说是地图，还不如说是风景画来的恰当，画面表现的是河口古镇附近河面旷阔，巨舟往来云集的场景，从空间意象的角度表达出航运对于河口古镇的意义，也在这个层面上强调了“河流交汇”的择址原则对于集镇聚落的重要意义（图 3-11）。

2. 择河岸高处营建

信江每年春夏之际都会发生洪水的威胁，集镇必须具备防洪、避洪能力，因此处于水岸高处是集镇安全的必然选择。在防洪安全与航运需求相结合下，信江南岸高出河滩 4 ~ 6 米的凤来—福惠—柴家畈更为适宜于集镇的避洪与营建展开。凤来—福惠—柴家畈与信江河滩一级台阶地之间的坡地自然就成为沟通河道与平畈之间的运输坡道，码头就建

图 3-11　河口镇图

（图片来源：同治十二年《铅山县志》）

设在河滩一级台阶地上（图 3-12、图 3-13）。

3. 以山区为腹地

河口古镇作为勾连闽浙赣三省的重要航运码头，其存在的根本是武夷山区为主体的闽北地区和赣东北地区大量的物资需要贸易。

对于信江流域的集镇聚落而言，山是所有物产的最初产出地，信江流域集镇聚落中的手工业所需的木、竹材料之所出，茶叶、药材、纸张、桐油、茶油初级产品的最初产地，同时也是聚落营建所需的木材、石材等建筑材料主要来源；再则，信江流域山水形势使得山脉走向造成的山间交通孔道、水运条件与集镇聚落的交通便利与否、经济繁荣紧密联系在一起。

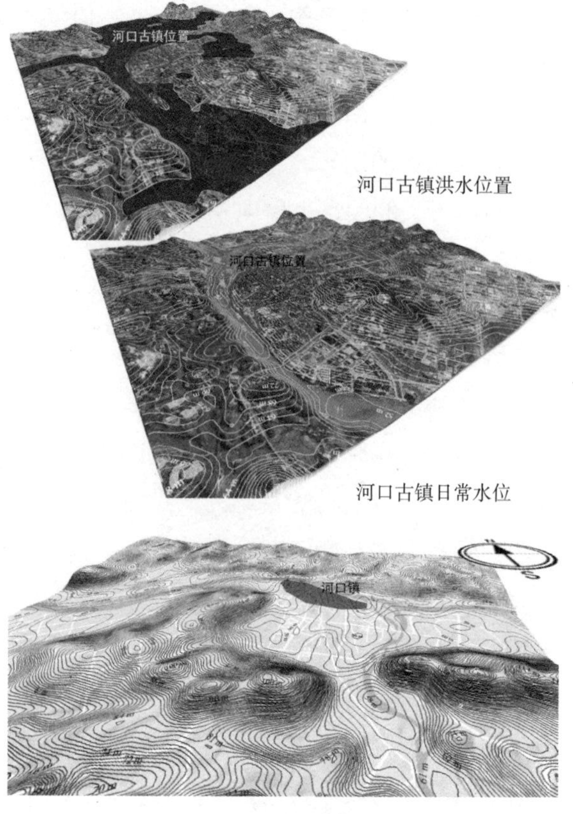

图 3-12　河口古镇择址分析

（图片来源：根据 Global mapper 软件绘制）

集镇的兴起与人口的大量涌入是密不可分的。河口古镇在清朝同治年间进入鼎盛时期，外地商人达 5 万多人。粮食消耗量巨大，仅靠外地采购难以维持，因此必须在当地解决部分粮食的供应问题。且

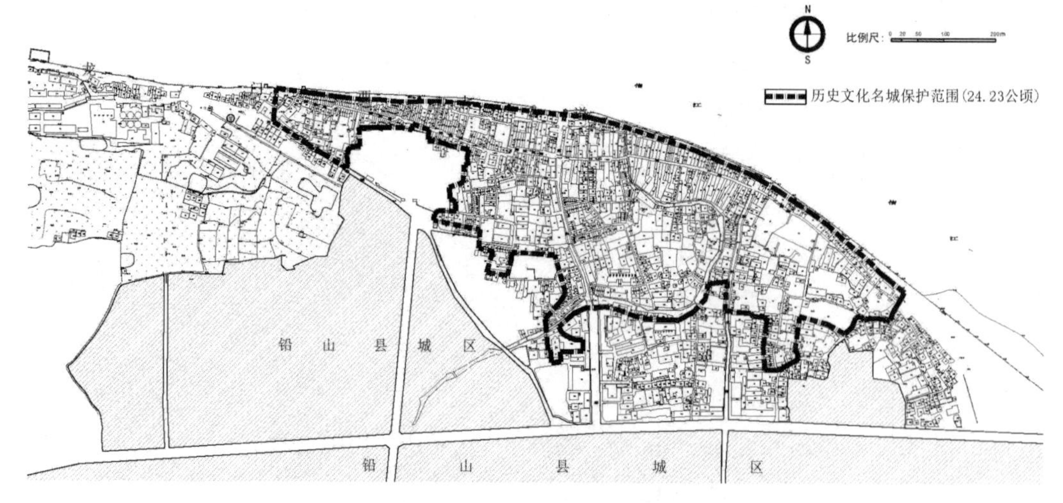

图 3-13　河口古镇总平面图

（资料来源：江西河口文化旅游有限公司）

除却粮食供应以外，新鲜蔬菜瓜果的供应亦须依托周边农业用地解决。武夷山区山脉之间与河流共同形成的众多冲积平畈、盆地就是铅山粮仓所在。河口古镇就处于铅山段信江平畈最大的一块平畈凤来—福惠—柴家畈上，面积约 26 平方公里，而古镇面积则占约 40 万平方米，古镇周边开阔的土地为密集的集镇人口提供了必要的粮食支持。

3.2.2.2　山水交汇处的集镇：石塘古镇

铅山县石塘古镇历史上是闽赣交通要道，也是古代重要的纸张、茶叶集散地，是古代江南五大手工业基地之一。

石塘古镇地处石塘—稼轩—永平畈南端，扼守闽赣交通要道，一直是古代中原进入闽越地区以及东南沿海地带的要冲之地。石塘古镇，位于江西省上饶市铅山县河口古镇东南约 35 公里处的低山区域。南唐保太十一年（953 年）置镇，为军屯。因相传五代前（907 ~ 960 年）村北有方塘十口，后来根据“十塘”的谐音，故名石塘。石塘古镇区核心面积 0.97 公顷，集镇人口 5500 人。石塘古镇濒临铅山河的上游支流石塘河北岸，与同处铅山河上游的紫溪一并作为河口古镇的二级集镇角色而存在。作为古代中原入闽水运交通江西段末端之一，商贾旅客们在石塘古镇上岸转陆路，翻越武夷山区的分水关和温林关，到达闽江上游崇阳溪畔的崇安古镇后再四散前往福建省各地。其中石塘古镇有着如下的自然环境资源优势条件：

1. 便利的交通航运条件

石塘河是铅山河的上游河道。武夷腹地黄连木山、独竖尖、白塔尖、七星山等众多山峰下的石垅水、杨村水、江东溪、坪阳溪等多条水系汇聚于此，水源充沛，且河床较深，石塘古镇所在的河道因此成为铅山河航道始发端，从而成为从武夷山进入上饶地区后的第一个水运码头。

2. 险要的地势环境

古镇东北方的大岭头山脉南向延伸至石塘古镇东侧，停留于石塘河河畔，形成一个海拔 198 米的山头——平头山，与自南向北流淌的石塘河相逢，形成了一个大拐弯，名为将军湾。从武夷山区通过将军湾，是地势平坦的石塘—稼轩—永平畈，自此直至信江南岸，皆是地势开阔的河谷地区。因此石塘东南入口因其地势险为古镇的关隘要口所在。清代在关隘要口的将军湾山顶上设有哨卡和炮台。

铅山河石塘段河岸较高，石塘—稼轩—永平畈平均高出河滩 4 米左右。

3. 充沛的水资源环境

由于濒临石塘河，集镇的生活用水充沛。明嘉靖三十六年（1557 年），铅山县府官员在将军湾山体与河道的大拐弯顶点处修筑起一道陂坝，用水渠连接陂坝将河水从镇东南方引入石塘古镇，自镇西北流出，形成灌溉渠，其中镇内水渠被命名为官圳。

4. 集镇腹地依托

石塘古镇作为闽赣交通要道，纸、茶集散重地，是武夷山区以及福建省闽北地区商贸物质出山、出省的第一站。依托石塘—稼轩—永平畈以及庙洲湾沙洲等平坦地形，石塘古镇周边拥有耕地面积 1.5 万亩，其中水田面积 1.3 万亩。

因此石塘古镇的聚落择址方式在生态适应性上有着如下特点：

1. 择利航运河畔

石塘河水在将军湾被阻挡，水势变缓后进入石塘古镇段河道，河道在此开始变得开阔，并有泥沙沉积形成的平缓河滩。从生活生产用水、取水安全出发，集镇便营建在便于取水的河道旁边。航运码头则依托集镇的西端河道最深处，濒临石塘河营建。

2. 于山水交汇处营建

石塘古镇因山水形式险要，而以军屯始建，因此集镇在择址上防御特征明显。石塘是铅山县地区除去永平城（旧铅山县县城）以外唯一具有防御城墙的集镇聚落。

集镇防御的首要重点在集镇的东南入口将军湾地段。将军湾因山水相聚的险要形态，被设为古镇的关隘要口，在清代将军湾山顶上设有哨卡和炮台。将军湾地段山脉转折山水夹峙，紧紧地控制着进入古镇的道路。在这个地段及其附近，人们设置了道观、土地庙，佛教经幢等宗教设施，在心理上赋予了古镇东入口的神圣性。在功能上，除却设置了哨卡等军事设施以外，官圳水渠水口的安排使得这个古镇入口便成为一个十分复杂的滨水空间节点（图 3-14）。

图 3-14　石塘镇山水交汇入口处空间节点

（图片来源：自绘，自摄）

集镇防御的另一重点在于集镇南部的沿河地带。由于石塘河从将军湾西折，转入平畈地形后，因泥沙沉积形成沙洲的原因，河道、河滩变得开阔起来，因此为加强河滩段的军事防御，石塘古镇的城墙从将军湾始向西延伸至此。

3.3　生计方式对于信江流域聚落择址的生态适应性影响机制

从皂头畈村落群、丘陵地带的西门桂家村、山区地带的漏底村、南塘村以及河口古镇、石塘古镇等案例分析中可见，信江流域各类聚落在对于资源不同的获得与利用方式中形成不同的生态位，彼此共存，并与自然环境形成良好的生态关系。生计方式对于传统聚落与自然环境的生态适应性关系的建立，其影响作用在生产资源获得的层面上主要通过确定聚落环境构成要素、主次秩序、结构模式三个途径来实现：

1. 以生产要素影响聚落环境构成要素选择；

2. 以生产要素确定环境的构成要素主次关系；

3. 以生产要素影响聚落的空间结构模式。

3.3.1　稻作经济对村落择址的影响

从经济文化类型的角度出发，乡村聚落对于自然环境的生态适应性表现在不利的自然条件下如何能动应对、消除不利因素，确保各种农作物、经济作物的稳产和高产。

3.3.1.1　“水”“土”为重：平畈、丘陵地区村落环境要素选择特点

以稻作经济为主导生计方式的皂头平畈村落群，以及红层盆地低丘陵地区桂家村的择址中，由于平畈、丘陵地区本身具备良好的交通条件、日照条件，因此在村落的选择上，更为关注水资源条件状况与土地的高效经营问题。

3.3.1.2　“惜水土，重朝向”：对环境要素利用的次序组织

稻作生计所需的水资源、土地资源和日照资源，信江流域平畈地区和低丘陵地区唯独日照条件优良。在水土资源上，信江流域虽降水充沛，但在空间分布上由于地质、地形等自然条件的限制而分布不均，且由于山地丘陵占据流域面积近 75%，土地资源也十分紧张。因此信江流域的村落在水稻经济的生产中，依旧需要仔细规划水土资源。

因此出于生计所需，村落的选址首先确定生产环境，然后再安排居住环境，以确保粮食的生产安全，首先满足稻田的用地范围与资源要求。将利于水稻种植的土地、水源，以及拥有良好日照条件的环境优先提供给稻田，且在水、土与热等自然资源的利用上有着先后、主次的次序，其中在土地资源的生态性利用次序上有着如下的特点：

1. 洼地、丘陵之间处于低下位置的沼泽等汇水区，以及河流两侧冲积而形成的河滩，由于具备优势灌溉条件和土壤条件，利于水稻作业的优良环境，首先提供给稻田建设。

2. 灌溉条件较差，但土壤、日照条件较好的环境，如山坡、岗埠的西北坡等环境则作为菜园、果园的营建区域。

3. 居住环境的选择次序在生产环境确定后进行。

4. 晒场的位置选择最后予以考虑。

在水资源的生态性利用次序上有着如下的特点：

1. 河谷、河畈的低洼地、沼泽地、湿地与溪流、河流结合在一起，形成利于水稻

生产的灌溉水源与灌溉水系的基本自然条件。低洼地、沼泽地、湿地周边环境开阔，没有大片树木遮挡，具有良好的日照条件和积温条件。因此，低洼地带、沼泽地、湿地等水资源充足的环境亦是优先被提供给水稻稻田的开发与生产。

2. 按照对地形、水源的不同利用方式，丘陵、岗埠上的稻田可营建成岗田、塝田[①]与冲田[②]。丘陵地形高低变化大，稻田多分布在利于灌溉的低洼之处，村落则往往坐落于丘陵的高岗丘埠之上。村落和稻田之间的山脚岗底，多是地下水或山体雨水汇集之处，人们在此开挖水井、水塘，建设成为洗涤、消防、排污的水环境设施和荷塘、鱼塘等生产环境，使之既利于村落的生活用水和排水，也利于地处低处的稻田的灌溉和肥力的获取。

3. 水源优先供给生产用地，村落依傍生产用地营建水井、水池、水塘结合形成水井群、水塘群。

村落生存、发展依靠的经济基础是农耕经济，以粮食、蔬菜、渔业、苎麻种植以及菜油为收入是重要来源，因此具备稳定的生产用水资源是形成田地的基础，在信江流域，除了河流、溪流是重要的生产用水来源之外，水井也是重要的生产用水资源，在贫水的红层盆地尤甚。

依托水井，水稻田在一定程度上可以不再受到河流等水源灌溉能力的限制，向远离河流的地块发展。但另一方面，水井中涌出的地下水水温较低，营养物较少，且水质较硬，不是十分适于水稻的生长，需要采取一系列措施对水质进行调整，使之更适合于水稻生产。因此以水井为水稻生产用水来源的稻田，往往需结合水井与水池、水塘、水渠等其他水体形态组成复合水系，用以调节井水水质、水温，使之适合于水稻的生产作业。

由于使用水井、水井群作为稻田用水来源，信江流域部分传统村落便“因泉成井，因井成田，因田成村，因村成塘”而兴起、发展起来。

在热条件的生态性利用次序上有着如下的特点：

信江流域河流冲积平原日照条件最为优良，是农业用地的最佳地带，同时也由于灌溉、土壤条件优越，是最早进行水稻种植开发的地带，也是村落最早出现的区域。水稻种植的特点要求稻作经济主导下的村落需毗邻于水稻种植区，且由于人们在村落择址上首先考虑的是对于水稻种植的日照条件满足。但信江流域春夏之际潮湿而闷热，这种气候特点虽十分适合稻作经济的生产活动，却不利于人们的日常居住。因此村落的居住环境上就必须处理好日照与通风的问题，用以削弱、消除水稻种植区湿热环境

① 稻田分布于丘陵平缓顶部的为岗田，分布于丘陵顶部与缓坡处的为塝田，两者皆需要配套设置塘坝进行灌溉。水源不足的岗田、塝田属望天田，只有 30 ~ 50 天左右的抗旱能力，故宜种耐瘠抗旱的水稻品种。

② 冲田多分布于丘陵山地的支谷中，稻田长度在 200 ~ 300 米之间，宽度在 30 ~ 50 米之间，每级梯田高差在 0.5 ~ 1.0 米之间，个别高差可达 2 米左右。由于谷地集水条件优越，冲田的水肥条件较好，抗旱能力较强，在 50 ~ 100 天之间，宜种中等产量或高产的水稻品种。

引起的居住不适现象。

1. 日照与朝向

由于冲积平原、平畈地区的日照条件分布均匀，村落的坐落位置与日照条件关联不大，村落消除湿热环境带来的不适时，多依托集村农舍建筑的高密度状态建设冷巷来实现。冷巷依靠尽量减弱阳光对于建筑墙体的直射作用，并结合巷道的通风和排水沟等水系降温来实现避暑，因此冷巷总体走势往往是偏往东南，以巷道两侧的建筑阴影形成遮挡，减弱夏季正午以后因太阳西晒引起的酷热结果。

低丘陵地带由于地形关系，各朝向山体环境条件对于日照有着不同的效果反应，在土壤、水源条件皆具的情况下，信江流域多将日照条件较好的南面和西南面开发为农作物种植区，而竹木等植被的种植则多分配在山丘的东面和北面。

2. 通风与朝向

信江流域全年常风以东风和东北风为主导，占各种风向的 62.6%。其次为偏西风，占 24.6%。夏季以南风和西南风为主，东风与东北风次之。秋季以后以东风与东北风为主。因此，平畈与低丘陵地带的村落多建设南向的冷巷引导夏季盛行的南风与西南风对村落进行通风降温除湿。

3.3.1.3　“林池相伴”：平畈、低丘村落环境结构

信江流域的平畈、低丘陵地区由于拥有相对优质的土壤、水源、日照和地形条件，因此村落营建条件也相对优越。特别是平畈地区的村落营建，在择址上只需考虑聚落与耕地之间的交通关系即可。

平畈、低丘陵地区村落内外环境营建上，则需通过林木种植、冷巷、风道建设等人工环境营建手段，解决大面积水稻田湿热环境带来的居住不适问题，并建立良好的水系环境，用于满足稻作生产所需的灌溉、饲牛以及其他相关副业生产所需。

从生计方式而言，乡村聚落是以利用自然力为基础的物质资料生产单位。相较于同为稻作经济文化背景的太湖流域地区传统乡村聚落，信江流域的乡村聚落有着与其不同的结构模式，即“林池相伴”的空间结构模式（图 3-15、图 3-16）。

在太湖流域传统村落，由于地势平坦，土地资源丰富，水网纵横，日照条件优良，适合于稻作经济的展开。而水网纵横，水运条件便利，因此以船为车是日常生活生产所需。从稻作生产的角度而言，太湖流域的农人罱泥、肥田、运输大宗稻谷进行交易，皆需船只往来。所以村落的择址更多考虑如何获得利于生产、生活开展的水上交通条件，太湖流域的村落形成了为籍水运交通便利而临河而居的环境结构模式。

而信江流域的乡村聚落多居于丘陵、山地的向阳缓坡上，聚落形状多成块状。为保证稻田获得充分的灌溉水源，人们多让河流从丘陵间的稻田、耕地中流过，而使乡村聚落离河流、溪水距离较远；聚落内部的生活用水主要依靠水井，同时为了满足聚

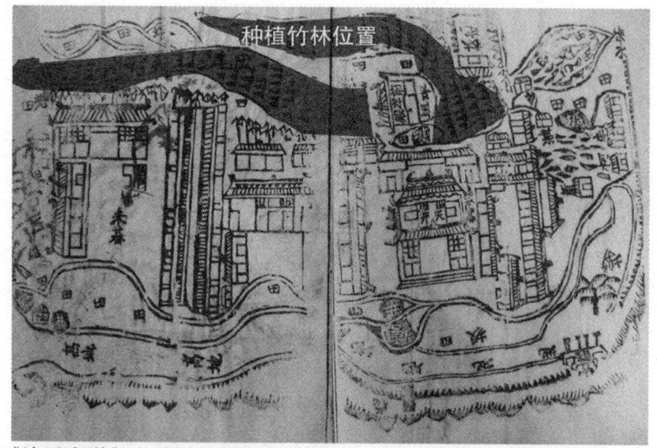

《许氏家谱》中前洋殿村的竹林位置

图 3-15　上饶县皂头镇平畈的前洋殿村“林池相伴”格局

（图片来源：《许氏家谱》，卫星图来源：谷歌地图）

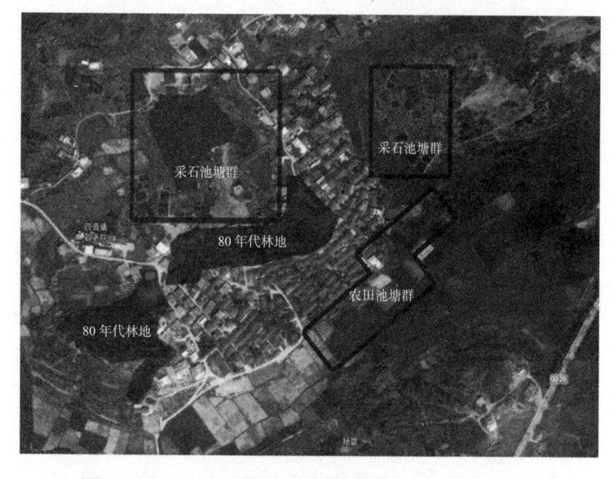

图 3-16　20 世纪 80 年代红层盆地矮丘陵区杨碧村的林池空间格局

（图片来源：谷歌地图）

落内部消防、排水以及浸谷、浴牛、渔业养殖、沤麻等功能的需要，聚落的内部以及地势低洼处常设有大量的池塘群。

聚落的东、西、北部等方向的地势高处常种植有成片的竹林或花果林，村口处常建风水林或公林。这些林木的存在多与乡村聚落的农副产品获得、日常用品制作以及公共事业资金募集等功能结合在一起。聚落的边缘地带多为林地、池塘等空间元素所构成，从而形成了“林池相伴”的聚落空间结构模式。

从稻作经济与聚落池塘之间的关系上来看，笪继良在《铅书》中说：“夫有山则有水，有水则有灌田之利，田平之用塘陂，高之用枢坝，垱低之用圩埭，凡皆三农之所必资也。或陶焉，或渔焉，皆耕稼之以为宾也。或以湖，或以渠，或以沟，或以闸，皆时事之所必备也”①，对于稻作生计为主导的信江流域乡村聚落而言，水系建设是生计得以维持与发展的关键要素。从水系上来说，除少部分较为陡峭的峡谷山麓上的乡村聚落外，信江流域的多数山地、丘陵、平畈与河谷地区乡村聚落空间中必有竹林、树林和多个环绕村庄的大小池塘、水池。

溪流、小河等这类线形水体在信江流域的乡村聚落中虽不少见，但这些乡村聚落都有着“依池塘而

① 笪继良 . 铅书 . 北山书第四 . 铅山县志网 . http：//ysxz.net/Html/yanshu/index.htm.

远溪河”的布局特点。从生计方式的角度而言，出现这种空间格局的原因在于：

1. 水稻生产用水重要性高于生活用水重要性。

在信江流域充沛的降雨量气候背景下，乡村聚落对于“土地”要素的重视程度要高于“水”的要素。究其原因在于稻作经济为生计方式主体的乡村聚落，稻田才是最为重要的生产资源，是财富的根本来源。没有稻田，乡村聚落的生存和发展就无从谈起。且分布于溪流河水两畔的土地多地势低洼而潮湿，不宜作为居住用地，但结合溪流、河水建设灌溉渠网，就可以方便地将洼地改造为水热条件良好的稻田，且在降水充沛的信江流域，溪流、河水能够为稻田带来稳定的灌溉用水。

信江流域丰沛的降水保证了聚落内部生活用水有着稳定的基本来源：在开挖水井、池塘、渠圳等合适的水利技术力量支持下，生活用水总是有办法解决的，因此对于生活用水的迫切需求性人们没有那么强烈。

在信江流域的人们看来，水虽然是生产和生活的重要基础资源，但相较而言，生产用水的重要性要高于生活用水的重要性。所以处于优质的水体、水系附近的土地就会被优先用于耕作生产，而非用于居住，聚落等居住环境需要的水体水系则往往由人力改造、营建而形成。

2. 大面积静止水体利于生计方式与日常生活所需。

信江流域丘陵地带的村落主要以凿井开池的方式来建设内部用水水系，且这些水井、水池多处丘陵底部、村落边缘地带。之所以采用这种布局方式，而不是将水井、水池布置于聚落的内部，这是因为水井、水池处于丘陵的底部时，便于地表雨水的收集和丘陵山体中地下水的汇聚。且村民们针对不同的水体来源，会对水井、水池进行使用功能上的区分，例如，地下水汇集而成的水井用于饮用，而地表雨水汇聚而成的水井和水池只能用于日常洗涤、菜园灌溉以及村落的消防作用。同时在低丘陵地带，在耕地与村落之间往往为溪流或大面积的水塘所占据。这些水体就生计方式层面而言，对于村落的重要作用主要体现在养牛所需、渔业养殖所需、沤麻所需、积肥所需、防旱所需等五个方面：

在养牛所需上，信江流域在耕地较为平整的低丘陵地区、河谷平畈地区，水牛是极为重要的犁耕动力来源。以牛作为重要牵引力的犁耕方式也是集约农耕文化中重要的特征（图3-17）。信

图3-17 上饶皂平畈的夏季牛耕

（图片来源：自摄）

江流域的气候特点要求农户对于水牛的照顾极为细心。宋应星在《天工开物·乃粒》中对于水牛专门谈到："但畜水牛者，冬与土室御寒，夏与池塘浴水，畜养心计亦倍于黄牛也。凡牛春前力耕汗出，切忌雨点，将雨则疾驱入室。候过谷雨，则任从风雨不惧也。"①，并特别提到水牛在夏季的避暑问题，指出必须为水牛设置池塘或溪水等较为开阔的水体，以供其洗澡降温避暑。这些水塘、溪水最好布置在耕地与聚落交界的村口附近，这样便于一日的耕作后，归来时让水牛进行沐浴、降温、休息。相较于平畈丘陵等地形的乡村聚落而言，山地村落周边狭窄的梯田往往导致水牛耕地效率不明显，而多代之以效率较为低下的黄牛②。由于黄牛无需水浴降温，因此在海拔较高的山地乡村聚落中，村口水系多以小规模的溪流为主，且更具备风水学意义和雨季泄洪的作用，所以其规模与尺度和丘陵、河谷平畈地区的村口水系相比较而言要小许多。

在渔业养殖所需上，信江流域乡村聚落中用于养鱼的水塘每年由各家各户轮流养鱼，规定：鲤鱼、草鱼为私人所有，鲢鱼、青鱼为公家所有，可以钓鱼和抓捕泥鳅、虾蟹，但只能钓鲫鱼和鲶鱼，如果钓上来的不是鲫鱼或鲶鱼，钓鱼者必须将鱼放回水塘中，否则就视为偷盗。草鱼需要养鱼者每天割草投放于鱼塘中作为饲料。

红层盆地丘陵地区的乡村聚落中，村民们对于聚落的水系建设采取了综合利用的策略来进行。村民们在聚落用地周边不远处的丘陵山脚位置开采红石，用于修建建筑。聚落的大小不一使得采石坑的规模也大小不一。随着聚落的日渐发展，采石坑的规模也会日渐扩大，当聚落的规模进入相对稳定的发展阶段后，这些处于丘陵山脚的采石坑就会被废弃，并成为雨水的收集池，收集的雨水多被周边乡村聚落的居民用于生产、生活、消防和渔业养殖（图 3-18）。

在沤麻所需上，夏布生产亦是信江流域传统村落生计方式的重要内容。夏布是以苎麻为材料，经手工绩纱、纺织而成的麻布，又名苎布、生布、麻布或扁纱，是信江流域传统村落中十分重要的手工产品。江西是中国苎麻四大主要产区之一，夏布与瓷器、茶叶早在明代就被并称江西三大特产，成为中国海上丝绸之路对外贸易的重要货物。我国现今发

图 3-18 杨碧村东部丘陵的采石池塘群

（图片来源：自摄）

① 宋应星．天工开物译注 [M]. 上海：上海古籍出版社，1998：231.

② 宋应星在《天工开物·乃粒》中说："水牛力倍于黄（牛）……畜养心计亦倍于黄牛也。"

现最早的苎麻印花布，制成于春秋战国时期，出土于鹰潭市上清镇龙虎山古越先民的崖墓悬棺中。

一直到 20 世纪 80 年代，夏布还是信江流域传统村落中人们日常生活必须的重要物资。人们不仅将夏布用于日常衣着起居，如夏季的蚊帐、夏衣，还用于婚丧嫁娶之中，如婚礼上用的红口袋，送丧时的丧帽、丧服、丧裙等都是用夏布制成。夏布制作自古以来一直是信江流域传统村落中的重要生计方式之一。

夏布从苎麻收割至纺织成形，需经过脱胶、漂白、经纱、刷浆、上机、织造等工序。苎麻需经过自然发酵，才能用于加工麻料，在水池中沤渍脱胶是重要的工艺环节。《诗经・陈风・东门之池》有："东门之地，可以沤苎"[①]诗句，《天工开物》中则说："凡苎皮剥取后，喜日燥干，见水即烂，破析时则以水浸之，然只耐二十刻，久而不析亦烂……先取稻灰、石灰水煮过，入长流水再漂、再晒，以成苎白"[②]。信江流域的人们亦是将苎麻皮剥下，放在流动的清水里沤渍，使其自然脱胶。或者将苎麻一捆捆扔进池塘里，压上树桩、石块沤泡。再把沤泡好的苎麻捞起，在空地上把苎麻皮揭下来，到水塘中洗净，在晒场晒干，获取苎麻纤维。正是夏布纺织的工艺要求，使得用于沤麻、漂洗的"沤池"、水塘、溪流等水体、水系必须存在于村落环境之中。

在积肥所需上，池塘是村落排污、经济种植、养殖、积肥的重要设施。村落池塘水系的建设与聚落的卫生、生计建设联系为一体。信江流域传统村落的池塘往往紧贴于传统村落边缘，或处于传统村落内部进行修建，并与村落内的排水沟渠营建联系在一起。而村落内猪圈、厕所的取肥口建设往往又与污水排水沟渠联系在一起，通过排水沟渠的水流将村落内部污物冲至村外池塘中，以维持聚落内部的清洁。粪便、垃圾等杂物通过沟渠排入池塘底部后集聚成为池塘底部肥沃的塘泥，形成利于莲藕种植、渔业养殖的生产环境，在冬季人们再将池塘排干，挖出塘泥用于农田的增肥（图 3-19、图 3-20）。

在防旱抗灾所需上，信江流域进入盛夏以后气温急升，7 至 8 月期间气温大于 35℃的天数达到 30 天以上，且在夏秋之际，常有干旱等灾害天气出现，影响水稻的种植与收成，因此需要常备储备水源，以缓解水稻的旱情。因此在水稻田与村庄之间大面积池塘群的设立有助于农户应对旱灾的威胁。从上饶县水利局防灾小组负责人的访谈中得知，信江流域红层盆地由于砂岩层深厚，加之山体坡度柔缓，便于在丘陵之间形成大规模的湖面、水潭。而信江流域的山区地带由于山体陡峭，加之山体结构多为坚硬的花岗岩结构和多隙的石灰岩结构，难以形成大规模湖面、水池，因此在夏秋之际，山区地带的村落其抗灾能力要远远小于红层盆地地区。因此红层盆地的村落主要依靠山体间的大型池塘来应对旱灾，而山区地带的村落则以水坝、陂塘的建设来实现水稻

① 周振甫 . 诗经译注 [M]. 北京：中华书局，2002：193.

② 宋应星 . 天工开物译注 [M]. 上海：上海古籍出版社，1998：259.

图 3-19　鹰潭西门桂家村前的荷花池塘
（图片来源：自摄）

图 3-20　鹰潭杨碧杨家村前的排污池塘
（图片来源：自摄）

生产的抗旱救灾。

正是由于池塘在信江流域村落生计方式中的重要生产作用，因此成为聚落中必不可少的环境要素。

家庭农副业则与聚落林木的建设是紧密不可分离的。信江流域的村落中，树林的种类主要有风水林、水口林、竹林、果林、公林。林木的种植固然是有出于风水或者宗教的意义，且有在冬季阻隔、削弱北来寒风影响，夏季营建凉爽避暑环境的作用，但从生计角度出发，这些林木，特别是竹林、果林和公林，在维持与支撑村落的生计，乃至维持与支撑整个村落的运行上有着重要的地位与作用，并体现在下列内容中：

1）村落公共建设、发展资金来源所需

林木资源是村落环境发展的重要资金来源。其中公林是村落的公共财产。公林种植树木大体可分为三类：一般的杂木；经济价值较高的经济树木，如松木、樟木、苦槠树等；用于村落公共建筑维修的杉木。村落内部人员会在每年约定的时间里对于公林进行维护，将林中的杂木砍下、收集、出售，所获得的资金用于公共环境的维护。经济价值高的树木主要经公议以后才能砍伐变卖，以筹集资金用于村落内部需要较大规模资金的时候。而作为建筑材料主体的杉木就只能用于村落内部公共建筑的营建和维护、修缮。

2）农户家庭经济来源重要组成所需

林木资源是乡村家庭重要的收入来源和家庭手工业产生与发展的重要生产资源。私人拥有的树林、果林与竹林，对于信江流域的村落而言也是生计方式中必不可少的重要内容。桐子树、柿子树、乌桕树是榨取桐油、防水油、照明燃油的油料来源。竹林主要用于收获竹笋与日常生活的竹器制作。果林更是村民们普遍的经济收入补充来源，如上清镇上清河南岸沙洲上的桂洲村，上清河冲积形成的沙洲是板栗树生长的理想土壤，板栗成为当地的重要特产，村东部大片栗树林便是村民重要的经济收入来源。

3）日常用具制作材料所需

竹林资源是村落家庭日用器具的制作材料来源，也是各家营建住宅的重要建材资源。家家户户门前屋后的竹林作为家中日常用具的制作主要材料来源，促进了信江流域竹编业的发展，竹篾匠们仅仅携带篾刀、制篾器两小件工具便能走乡串户替人们编制各种晒谷的竹篾席，打制竹家具，编制小竹器。在建筑营建中，竹篾匠则作为重要的工种去制作竹夹板，用于建筑夹板泥墙的建造（图 3-21、图 3-22）。

图 3-21　漏底村后的栗树林与竹林
（图片来源：自摄）

图 3-22　漏底村村景
（图片来源：自摄）

4）农田肥力来源所需

稻作经济对于水、肥、地等条件有着较高的要求，林地常年落叶形成的有机质是水稻田肥力的重要补充来源。信江流域位于地势低平的平畈以及河流冲积平原的村落，多分布在稍为隆起的垄岗之上，四周地势略低，溪流、小河穿越丘陵、垄岗之间的冲积平原。每年春夏之际定期涨落的洪水带来的泥沙使得这些地区的土壤发育良好。而丘陵地带的村落则处在丘陵向阳坡地之上，洪水期丘陵间的溪流、小河，其上游林地会使得河水、溪水带来的泥沙土壤腐殖质增多，形成的沉积土壤非常肥沃，有利于水稻的生长；即便在日常时节，流经树林间的水流也能带来持续的肥力，所以使用穿过林地沟渠灌溉的水田肥力的下降速度较一般水田慢得多。

5）救灾所需

农业收成往往受到气候等自然因素的影响，水灾、风灾、雹灾、旱灾、火灾等灾害导致的粮食歉收现象在信江流域历史上屡见不鲜，因此林木资源也是乡村聚落灾年荒年救济口粮的重要来源。例如铅山太源乡查家岭畲族村，由于畲族民众在历史上长期处于经济低下的地位，畲民们多以雇工的方式出卖自己的劳力来获取生存物资，极少拥有自己的山地、土地和耕地，收入少、生活艰难，因此极为重视对于村落周边的植物林木资源的利用。其中对于林木的砍伐上，畲民们禁止对于槠树、柯树、栲树等可结坚果的壳斗科树种进行砍伐，其原因就是在于这些树木结出的果实是畲民重要的粮食储备与补充来源。一旦畲民受到欺压，或灾年粮食来源断绝的时候，这些树木就可以提供一定的救命口粮。

总体而言，乡村聚落内部的林木系统除提供土壤肥力与雨水截留涵养、冬季挡风结构、夏季遮阳降温等生态作用外，还是手工竹器、花果经济产品与造纸原料的来源，并且是聚落建成和日常维护的重要资金来源与建材来源，也是非常时期的救灾口粮来源。

3.3.2 山林经济对村落择址的影响

山地乡村聚落水稻种植的目的只在于提供自己生存的口粮，经济的收入来源主要还是依靠茶叶、桐油、茶油、造纸等，这类生计方式有着劳动量相对小而产出高，同时自然生态环境也能得到高效维护的特点。山林经济、手工业必然要求将林木资源优劣与否作为聚落能否落座于此的首要条件，因此山林资源的分布与聚落择址有着密切的关系。

3.3.2.1 “林”“水”“热”并重：山地村落环境要素选择特点

山区乡村聚落是以山林资源为主体的，正如《管子》所说：“山林、菹泽、草莱者，薪蒸之所出，牺牲之所起也”[①]。粮食耕作不是村落的根本，村落必须要处于便于木材、茶油以及造纸业等山林经济作业开展的位置，因此植被资源的“林”“水”资源的分布状况就与山地村落的选址联系在一起。

山区相对于平畈、低丘陵地区的低温气候使得坐落其间的村落在夏季免于高温酷热的环境，但也面临着水稻、蔬菜、水果等农作物生产期短和居住日照不足的问题。在日照条件的“热环境”资源获得上，林木多生于山中，山区峡谷底部河流蜿蜒，粮食作物多分布于峡谷底部的台阶地上，因此山区地带的村落就往往处于山地林地与河谷、山坡耕地交界的开阔地处，通过将日照条件带来的“热”资源垂直布置，使村落山林经济活动展开与水稻种植得以兼顾，也利于村落居住环境获得采暖。

3.3.2.2 “惜水、爱林、垂直布局”：对环境要素利用的次序组织

山区地带村落的水资源的生态利用次序规划有着如下的特点：

1. 山间溪流水资源优先提供给林地、耕地、菜地。

信江流域山区地带的村落，其赖以生存的产业形态是林业种植以及由林业种植发展出来的制茶、造纸、榨油等初级手工业。山区地带村落周边山地多而耕地少，甚至是没有耕地，全然依靠木材、茶、纸、油等产品换取生活资料。村落坐落位置多靠近

① 黎翔凤，梁运华．管子校注（上）[M]．北京：中华书局，2004：1426.

山林，以便于山林管理与材料、产品的运输、加工。

可用于茶油、茶叶、木材种植的山地土地质量和数量决定了村落财富获得的多少，而水只是保证聚落人们的生活所需即可，村落拥有多少优良的山地才是决定能否生存与发展的根本所在。因此相较于土地资源，水这一因素对于村落择址的影响力就相对要靠后一些。所以信江流域的山地地带村落水系多不发达，各家各户主要依靠引水管、蓄水池将山泉水引入后院，以满足生活基本所需为最低建设标准。

例如坐落于灵山东南麓海拔640米处的水晶村。水晶村的居民以林木种植业和茶油种植为经济收入来源，聚落周边依山体形式建设有水稻田，但水稻的产量只是满足于村民自己的食用而已，并不作为商品交换。山泉溪水形成的溪流流经水稻田，用于耕地的灌溉，而村子内部的生活用水主要依靠设置在后院的引水管、蓄水池来解决。引水管和蓄水池的做法使得村落能够在远离水源的地方也能获得便利的生活用水，而将水资源优先提供给水稻田。

2. 防御山洪威胁，村落远离溪流。

信江流域由砂岩风化而成的红壤占全流域土壤总面积的60%以上，兼有棕壤、灰棕壤等其他类型土壤，但总体而言相较于江西其他河流流域地区土质条件较差，因此植被覆盖条件也较差，使得山体蓄水能力不佳。且山区地带河流、溪流落差较大，水流湍急，人们取水会带有一定的危险性，在春季汛期更是如此。出于安全考虑，山地地区的村落往往远离溪流，依靠引水设施来解决村落的生活用水问题。

山林经济对于山地村落择址影响力的大小由经济林木带来的最终收益所决定。经济林木带来的收益丰厚，山地村落受到耕地的约束力相对较弱，反之，耕地因素对于山地村落择址的影响力就强。例如玉山县双明镇漏底村，村民先祖以木材种植为主导生计方式，由于木材生产到获得收益需花费近二十年时间，因此村落在选择营建地址时，就以能够开垦为稻田的山间盆地为依托进行村落的营建。而同处怀玉山脉灵山东南麓的石人乡南塘村，依托竹资源以造纸业为主导生计方式，产业获利周期快、可持续性强、利润丰厚，购置的田地散落于山下石人盆地各处，雇人耕种，因此村落在择址上只考虑与造纸所需自然资源联系的紧密性。

信江流域山林经济主要以木材生产、茶油种植生产、茶叶种植加工、水果种植、造纸等为主。依据对于经济植物的照料时间和利用频率，来规划林木种植区与村落间的距离关系。

木材生产以杉树和马尾松种植为多。由于木材生产收获所需周期长，所以山主多雇佣看山工进行种植管理，因此木材种植区与村落之间的联系并不紧密，多距离村落遥远。而果树、茶油、茶叶种植加工业中，经济树木的生长周期时间虽较长，但果树、油茶树、茶树一旦生长成熟，此后每年都可提供较为稳定的收成，因此多种植于邻近聚落周边的山地地带。

造纸虽受到竹子生长周期的限制，但竹子的生长周期快而稳定，且造纸对于竹子的消耗频率较高。造纸需要紧邻竹林、水塘、石灰石资源，而竹纸厂的地址就需选择在盛产树林、有青石而且近水之地，这是因为有了树木才会有可以用于煮料和烘纸的柴火，有青石就可烧制浸料的石灰，有水才能开凿水池浸料，而最好还要靠近竹林 。因此对于山地地区以造纸为主要生计方式的村落而言，择址环境必须紧邻竹林。

从南塘村和漏底村的生计方式与耕地情况可见，以山林经济为主导下营建的乡村聚落，土地资源优越与否并不重要，聚落周边环境林木资源的分布质量与状况反而是决定因素。

山区地带村落日照条件的生态利用次序规划有着明显的"垂直布置"特点，山地丛林地区海拔高，积温低于平原、河谷、盆地地区。水资源由于地势的原因易于流失。大面积的森林使得日照不足，进而导致水温低，农作物生长周期因而相应缩短。同时，由于山区中早晚温差较大，河谷、峡谷的底部地带在早晚之间是冷空气的聚集地，秋冬季节凝露、霜降影响作用强烈，导致居住环境变得湿冷难耐。所以山地地区的人们不会将峡谷或河谷底部作为营建村落的位置，而是将一些耐寒、耐湿，或者成熟于夏季的蔬菜、果木种植在这些地带。

3.3.2.3 "近山林远河谷"：垂直型山地村落环境空间结构

山区村落是以山林资源为主体的，粮食耕作不是聚落的根本，所以村落必须要处于能够便于开展山林经济作业的位置。林木多生于山中，山区峡谷底部河流蜿蜒，粮食作物多分布于峡谷底部的台阶地上，因此山区地带的村落就往往处于山地林地与河谷、山坡耕地的交界之处，使得聚落的山林经济活动的展开与水稻种植得以兼顾，生产工作变得十分便利。

梯田是沿山麓逐级而上逐步开发形成的，为保证能有自上而下的水源自然顺流灌溉，梯田以上的山体上原有植被人们严加保护，尽可能降低水土流失的程度，以保证山体水土的蓄水能力，从而保障有足够的水源来灌溉山腰上层层分布的梯田。为减轻人们的劳动强度，聚落布局与耕地之间的距离都保持在保证劳作范围的最小半径以内，因此居民多居住于半山腰上，处于梯田与山上林地之间，略低于山体最高水源水位的海拔位置。

山区中河谷、峡谷的底部地带在早晚之间是冷空气的聚集地，所以村落也不适于坐落于峡谷或河谷的底部，信江流域山区中的村落位置在整体景观格局上就有十分明显的垂直结构（图 3-23），其特征在于：

1. 聚落多坐落在海拔 600 米以下的低山地区或高丘陵地带，海拔位置几乎平行于或略低于山体最高水源水位。

2. 聚落的密度由盆地向丘陵、低山丘陵地带发展，密度逐渐变小。

3. 山区峡谷地带的聚落沿各峡谷两侧山地发展，依峡谷的曲折选择向阳山坡作为聚落的落脚点，建筑或坐北朝南，或坐西朝东。

4. 聚落多处于山地林地与河谷、山坡耕地的交界处开阔地带，村落形态发展方向依等高线展开。

5. 聚落的景观格局呈现出垂直特点，自上而下分布为山林、竹林、村落、梯田、河谷一级阶地、河流。

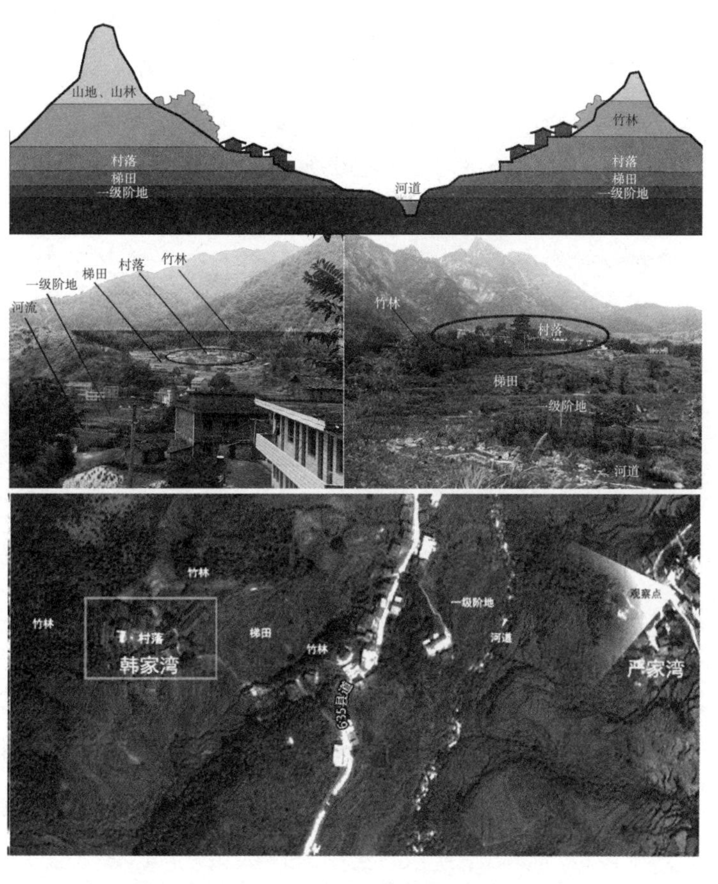

图 3-23　灵山严家湾段聚落垂直结构示意图

（图片来源：谷歌地图，照片来源：自摄）

3.3.3　工商经济对集镇择址的影响

信江流域的集镇聚落生计方式是茶、纸贸易为代表的工商业经济。集镇贸易有专门化的特点。在信江流域的山水生态环境特点下，人们结合当地传统集镇聚落的生计方式，在聚落的择址上形成了“崇山”“遵水”的生态价值观。

3.3.3.1　“崇山”“遵水”：集镇环境要素选择特点

历史上的信江地区古人对于山岳具有十分崇敬的感情，在春秋战国时期，生活在信江流域主要为越人一支的干越人。对于越人的生活习俗，《汉书》中说：“越非有城郭邑里也，处溪谷之间，篁竹之中，习于水斗，便于用舟，地深昧而多水险”，“以地图察其山川要塞，相去不过寸数，而间独数百千里，阻险林丛弗能尽著”，“夹以深林丛竹，水道上下击石，林中多蝮蛇猛兽”[①]，《越绝书 · 越绝外传》等古籍则记载干越人：“夫越性脆而愚，水行而山处”，处“溪谷之间，竹草之中”[②]。干越人不仅“水行山处”“处溪谷之间，篁竹之中”，而且盛行崖葬，在武夷山脉北麓的龙虎山地区，不少丹霞地貌

---

① 班固 . 汉书 [M]. 北京：中华书局，1964：2778-2781.

② 袁康，吴平 . 越绝书全译 [M]. 贵阳：贵州人民出版社，1996：163.

山体的悬崖上，就还保存着大量的干越人的悬棺葬，这种有别于中原土葬的殡葬模式在很大程度上说明了古干越人对于山的崇敬之情。

山区中的气候往往存在某种程度不可定性，由此产生的泥石流、洪水、山火、瘴气、瘟疫，皆可能给聚落内外人们的生活生产带来灾难性影响，从而导致人们在精神信仰层面对山的这种不可定性产生敬畏之心和崇敬之情，在《礼记》中将这种不定性称之为“神”。《礼记·祭法》云：“山林川谷丘陵，能出云，为风雨，见怪物，皆曰神。有天下者祭百神，诸侯在其地则祭之，亡其地则不祭”①。《尚书·舜典》云：“（舜）肆类于上帝，禋于六宗，望于山川，遍于群神”②。加之江西地处道教文化影响重地，对于山岳的崇拜和道教关于神仙学说中“洞天福地”的山岳观念，使得信江流域山的因素在聚落择址营建观念中更是具有十分重要的意义。崇山意识，成为信江流域传统聚落营建文化中的重要特征。

水资源的生态适应性，在信江流域主要表现为在当地水文条件下，对于洪水的防范与对于水利的利用。为实现这个目标，信江流域的人们以“遵水”的观念去进行聚落营建。“遵水”在于遵循水的特性而有所为，而不是将水放置于高贵的位置上去“尊水”。“遵水”需要从两个方面进行，一是建立在对水与人的关系的认知上；二是建立在对水的特性的认知上，在此两者认知的基础上，建立起对于水的应对态度，即为“遵水”，即以认知指导人们遵循水的特性，使水为人所谋其利，避其害。

中国传统思想中在人与水的关系认知上，认为水对于当地的人们性情有着直接的塑造作用，例如《管子·水地》中认为：“故曰：水者何也？万物之本原也，诸生之宗室也，美恶、贤不肖、愚俊之所产也。”并指出：“是以圣人之化世也，其解在水。故水一则人心正，水清则民心易。一则欲不污，民心易则行无邪。是以圣人之治于世也，不人告也，不户说也，其枢在水。”③同治《上饶县志》中在叙述上饶县人民习性时说：“信之为郡，山奇而廉，故人得之矜名而喜节，其失也隘；水清而驶，故人得之善慧而好修，其失也激。”“山川清丽钟秀生贤”④。同治《铅山县志》则说铅山地区人民性格：“山清奇而廉，水清而驶，生其间者颇矜名节，崇礼法，富多义行，贫耻乞怜，不能无讼而终者鲜……”⑤由此可见，对于水影响人们性格性情这点上，信江流域的人们有着与管子同样的认知。

“遵水”也体现在对于水特性的遵循。信江流域人们对水的特性认知在每年春季洪

① 朱彬．礼记训纂[M]. 北京：中华书局，1996：692.

② 孔安国．尚书正义[M]. 北京：北京大学出版社，1999：54-55.

③ 黎翔凤，梁运华．管子校注（上）[M]. 北京：中华书局，2004：832.

④ 上饶县志．风俗．清同治．

⑤ 铅山县志．地理．古迹．清同治．

水时最为直接。信江流域的各县县志中，记载了长期以来汹涌洪水带来的灾害性历史记忆，使得信江流域的人们对于洪水威力有着清醒的认知和畏惧。以信江南岸的铅山县为例，其主要面临的自然灾害是洪水，其次则是冰雹和风灾。其中每10年中有3至4次洪水，多发生于6至7月。而特大洪水大约是15年左右出现一次①。因此，信江流域的人们在享用水利时，也对水害抱以警惕之心。今天矗立在信江支流铅山河畔的永平古镇（明清时期的铅山县城），有着曾因主政者不遵循当地水文特性，任意改动护城河导致洪水冲毁县城的深刻教训。

这些教训是信江流域人们对于历史上洪灾的深刻记忆，也是提醒后人进行集镇聚落营建时如何“遵水”的重要经验。

信江流域人们的传统观念中，水被视为财富的来源。人们往往将汇水之处视为聚落营建佳地。例如在论及旧时铅山县城（今永平镇）的选址时，不少当地匠人都会提到，在他们的认知中旧时的铅山县城处于铅山地区地势最低矮之处，是铅山河上游所有支流的汇聚之处。众水汇聚使得当地同样单位的水、土、石都重于铅山其他地区的水、土、石，这体现出该处自然环境蕴含着上佳的资源②。

3.3.3.2　“处众水聚处”：对环境要素利用的次序组织

在聚落的择址上，信江流域人们对于河流交汇之处的形态较为关注，首先将是否处于河流汇聚之处作为建立聚落判别依据，并以河流聚集形态的疏散程度作为判别地方水土条件优良与否的重要指标。信江流域的人们认为，河流聚集处在水土条件上具有下列优势：

1. 水源充沛，利于大型聚落中人们生活生产用水水量的保证；

2. 河道较深，利于聚落航运交通的展开；

3. 土质条件好，多条河流带来的泥沙沉淀在此，且土质的有机物较多（体现在同等体积的土壤较其他地方更重）；

4. 水质条件好，多条河流中河水的有机质汇集在此（体现在同等体积的水体较其他地方更重）。

信江流域的许多重要传统聚落都建立在至少两条河流聚集之处。例如怀玉山南的玉山水和武夷山北麓的丰溪，在上饶汇合后始称信江，因此上饶市市区正是处于信江的第一个汇水点位置，同时也是处于丰溪、槠溪、饶北河等几条支流与信江的交汇之处，因其众多河流汇集于此，上饶市市区一直是古信州府所在之处；作为江西四大名镇的河口古镇坐落于信江与铅山河交汇之处；弋阳县则处于葛溪河与琬港河汇入信江之处；

① 郑冬香，曾健雄．论自然环境变化的记述和意义——以第二轮《铅山县志》为例[J]．中国地方志，2015（07）：18-19.

② 永平镇是全国第二大露天铜所在之处，早在西汉元鼎三年（公元前115年）即开始采掘，五代南唐时，开设铅场，称铅山场，后升场为县。宋时，全国近半数的铜产自铅山。

贵溪县则处于流潭河、湖凌溪、罗塘河汇入信江之处。

3.3.3.3 “山水交汇”：集镇聚落环境结构模式

手工业与商业的发达与否则往往与聚落所处的地理区位位置密切有关，并决定了聚落的经济基础，也就决定了聚落环境建设的宏大程度和精美程度。商业贸易的发展，导致市集的兴起，市集的发展导致集镇的兴起。美国人类学家施坚雅指出，集镇：“在物资和服务交流中，在货币和信贷流通中，在为生计和其他经济利益的人员流动中，市镇和商业城市都是它们的中心节点……政治机构为了控制和调节交换手段，间接地控制和调节生产，开发特定地方体系的资源，而把精力集中在商业中心上，效率也最高……在形成中国的城市体系方面，贸易似乎大大胜过行政活动，大大胜过沟通城镇的任何其他形式……对成本距离一贯敏感的商业，比行政更受地文实际的钳制”①，因此施坚雅认为，在城市体系的形成过程中，“地理钳制和与贸易方式两个因素趋于相互补充”②。

信江流域由于其“入浙之冲”“当入闽之扼”的地理优势，大量的集镇聚落坐落在信江干流与支流两岸，形成以河口古镇为中心，与沿江的上饶、玉山、鹰潭、余干等府、县、镇的其他集镇聚落一道构成的传统商业集镇群。

集镇聚落的形成来源或是来源于乡村聚落的演进结果，或是因集市而发展成镇，或是从出于军事目的的屯军、屯田形成定居点发展而来，或是因宗教影响而带来大量信徒香客而兴起。除去宗教原因兴起的集镇聚落外，大多数的集镇聚落都在交通上处于便利地带或要隘位置。例如武夷山脚下的上清古镇和石塘古镇等集镇，处于“车舆辐辏为水陆要冲”，是历史上用于军事目的的屯军、屯田点；灵山东麓的石人街则是因石人殿这一道教庙宇的宗教影响而兴起的，而信江冲积平畈上的皂头、洋口等则是来源于因集市而发展成的镇。

信江流域在历史上一直是中原地区通往闽北、江浙地区沟通西南诸省的咽喉要地，东往武夷山脉的多个山口位置就成为把控闽、浙、赣地区战略要地，而这些山口往往就是信江流域许多集镇聚落所在的位置。秦始皇时期（公元前 221 ~ 207 年）修通往福建的驰道，驰道以南昌为起点，经余干、贵溪、弋阳，至铅山云霁关入闽。以及历史上中原地区南征东瓯和闽越，进入闽江、瓯江流域，这些古镇都是必由之路。出于防御与经济的原因，信江流域山区地带的集镇聚落择址原因有两个，一是正好处于山水汇聚有利于防御的交通要道上，二是处于河流汇集、运输道路、航线的交汇位置上。要求集镇聚落同时地处平原与山水相逢之处，河谷与山水相逢之处的位置也往往是重要集镇聚落坐落的位置（图 3-24、图 3-25）。

① 施坚雅．中华帝国晚期的城市 [M]. 北京：中华书局，2000：328.

② 同上．

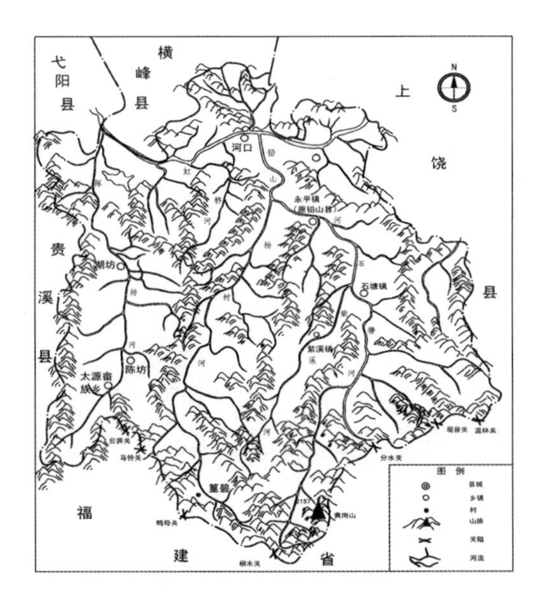

图 3-24　铅山县山水形势图

（图片来源：依据清同治《铅山县志》自绘）

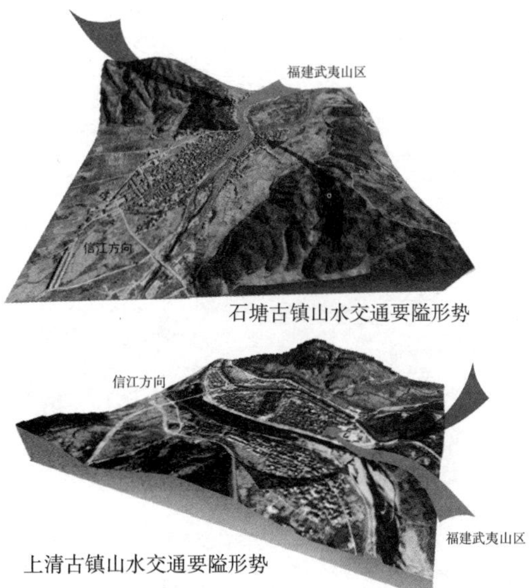

图 3-25　信江流域集镇“山水交汇”环境格局

（图片来源：根据 Global mapper 软件绘制）

3.4　小结

本章从聚落获取物质资料方式的角度出发，对不同生计方式主导下的传统聚落因生产要素需求不同而形成的环境模式与选址原则进行了探讨。

地处河谷平畈、丘陵，以稻作经济生计方式为主导的乡村聚落，结合“水、土”等稻作生产所需资源，在争取最大耕地面积这一目的的指导下，以集村、居坡“惜水土、重朝向”的择址次序，形成了“林池相伴”的聚落环境模式。

以山林经济生计方式为主导的山村，以利于经济树林、竹林生产所需的“林”“水”“热”为主导资源，并依据耕地的碎块化特点，以“惜水、爱林、垂直布局”为择址次序，导致了山地村落“近山林远河谷”聚落环境模式的形成。

工商经济生计方式主导下的集镇聚落，其便利的交通条件是生产与贸易活动的根本需求，聚落环境通过择址与山水交通形势之间形成生态适应关系。集镇聚落既要扼守山地交通孔道获得原料、物产，又需紧临水运航道沟通各级市场，从而形成了以“崇山、遵水”为原则选择所需自然资源类型，结合利于交通“处众水聚处”的择址次序，形成了“山水交汇”的环境结构模式。

本章结构图

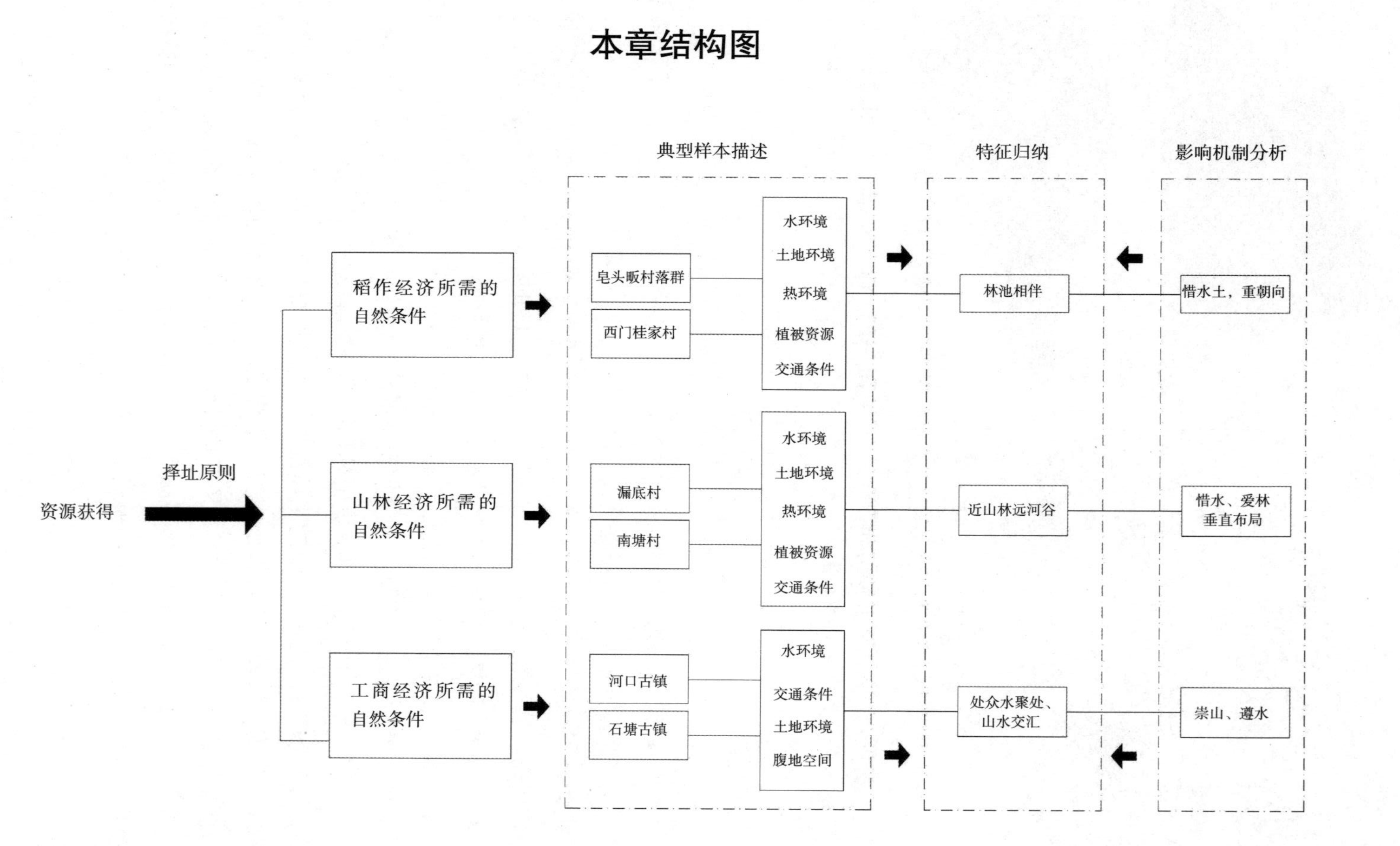
资源获得
择址原则
稻作经济所需的自然条件
山林经济所需的自然条件
工商经济所需的自然条件
典型样本描述
皂头畈村落群
西门桂家村
水环境
土地环境
热环境
植被资源
交通条件
漏底村
南塘村
水环境
土地环境
热环境
植被资源
交通条件
河口古镇
石塘古镇
水环境
交通条件
土地环境
腹地空间
特征归纳
林池相伴
近山林远河谷
处众水聚处、山水交汇
影响机制分析
惜水土，重朝向
惜水、爱林
垂直布局
崇山、遵水

第 4 章　肌理：生计方式影响下的传统聚落空间结构

通过对物质资料的利用，生计方式方得以实现。为获得生活所需的物质资料，人们需通过生产环境对从自然中获得的生产要素进行加工与处理。聚落作为具有生产职能的环境场所，其建成环境的生态适应性就体现在对发生于聚落内部各种生产活动予以高效而稳定的支持。不同的生计方式使得不同的聚落对于环境资源的利用有着不同的策略，进而导致聚落在内部空间的组织形态上，对支撑生计方式展开的空间要素组织与营建方式各不相同。

本章将通过对信江流域不同生计方式背景的村落、集镇生产要素空间组织特点进行归纳与成因分析，就生计方式对传统聚落空间肌理生态适应性特点形成的影响机制进行探讨。

4.1　聚落肌理相关概念

聚落的“肌理”概念借自于形态构成学中“肌理”的概念，作为聚落形态的重要组成内容用以描述聚落空间与形态的特征。顾朝林先生在《集聚与扩散——城市空间结构新论》一书中认为，城市等聚落的“形态”概念关注于聚落的空间形式、组织方式、描述方式和类型分类等内容，因此顾朝林将“城市形态”定义为“是聚落地理中的一个十分重要的概念，包含了城市的空间形式、人类活动和土地利用的空间组织、城市景观的描述和类型学分类系统等多方面的内涵”①。

对于聚落形态的探讨可以从聚落总形态和聚落内部形态两个方面进行。聚落总形态探讨的是相邻聚落之间，或者特定区域内聚落之间的布局关系，其中宏观的外在表现形式和聚落群组之间的结构关系构成了聚落的外部形态，而内部功能地块的平面形态、方位布局以及组织骨架方式则构成了聚落内部形态。根据本书的研究范围，对聚落肌理的探讨集中于内部形态的内容上。

聚落的肌理是聚落内部形态各构成要素之间的结构关系外在的表现形式，这种表

① 顾朝林，甄峰，张京祥．集聚与扩散——城市空间结构新论 [M]. 南京：东南大学出版社，2000：2.

现形式以空间和形体秩序的方式为人们通过视觉的途径直接感知。形态构成学中，“肌理”是指物质表面的各视觉要素以一定的秩序形式所形成的组织构造。同时肌理是群化的形态效果，某种基本造型单位以一定的规律进行重复组织，最终所构成某种形象群的造型手法就是群化，其中“一定的规律进行重复组织”指的是形式的编排秩序，即是形态构成学中的“骨骼”[①]。肌理在骨骼的作用下，可以通过几何生成、有机生成、偶发生成等三种途径形成。

形态构成学范畴下，从图形构成的角度看，点、线、面、体等各个形态要素在各种力的作用下以拼贴、扭曲、穿插、变异、轴线组织等组合方式，使图形呈现出多层次、结构复杂、纹理多样的形象。从知觉媒介上看，则可以分为视觉肌理和触觉肌理，其中触觉肌理多在空间环境界面的人体四肢可及的尺度层面上进行探讨。

聚落肌理的构成要素，齐康先生认为“城市是由街道、建筑物和公共绿地等组成的规则或不规则的几何形态。由这些几何形态组成的不同密度、不同形式以及不同材料的建筑形成的质地所产生的城市视觉特征为城市肌理。城市的肌理决定了商业区、居住区等区域的纹理、密度和质地。”[②] 由此可见齐康先生认为构成聚落肌理的各构成要素主要涉及：聚落的功能性地块，功能性地块组织后形成的几何化形态，几何形态内部各要素的组织方式、尺度与密度、构成材质。因此从空间环境的范畴而言，聚落肌理是某一聚落形态内部的各种组成要素通过一定的秩序呈现出整体的、宏观的、组织性、结构性、表皮化的视觉效果，是聚落形态平面的整体外显特征，聚落内部形态是其研究的尺度范围，其基本特点为：

1. 聚落的肌理的语言是构成式的，而非主题式的。

2. 聚落的肌理形式由基本形和骨格组成。

3. 聚落肌理的基本形主要是面状的构成要素、线状的构成要素。其中面状构成要素中又包含形态因素和由建筑尺度形成的密度因素。线状构成要素中则包含尺度的粗细形态因素和由道路、水体边界尺度形成曲折等形态因素。

4. 城市面状肌理的形成是建立在基本单位和基本形这两个层次上的。基本单位在尺度层次上是最小的、不可再分的，具体表现为各种建筑单体；基本形，则是由建筑单体等环境元素所填充、具有相同或相似形态特征、彼此毗连的地块。地块是一种复合体单元，由建筑、空地等多种环境元素组合而成。

5. 骨格是聚落的肌理构成要素的组织方式。骨骼的作用在于以某种合乎逻辑的关

① 在形态构成学中，骨骼作用在于确定位置和分割平面的空间。骨骼的类型可以分为四种：规律性骨骼、非规律性骨骼、作用性骨骼和非作用性骨骼。其中作用性骨骼有明确的组织线网形式，而非作用性骨骼只决定基本单元的编排位置，不显示出骨骼线。

② 齐康．江南水乡一个点——乡镇规划的理论与实践 [M]. 南京：江苏科学技术版社，1990：28.

系将各个要素以一定的规律进行组织，其外显方式多以地块所处的方位、空间序列、路网结构等形式存在。

骨骼是由线状空间要素这一最基本单元组织而成的。线状要素的基本单元有道路、线状水系，以及不同功能和质地的地块、组团边界线或交界线。这些线状基本单元在聚落肌理中并不单独起作用，而是按功能的同一性、近似性或协作性来构成路网、水系，以骨骼的功能作用在聚落肌理形成效果中起相关作用。其中导风、遮阳、引水、排水等气候调节作用与骨骼中各基本单元的建设往往是结合为一体的。例如聚落中路网的规划与建设往往需要将能源与物资的流通便利性和调节聚落内部微气候结合起来综合考虑。

4.2　村落的肌理特点

村落中的生产用房、住宅建筑、院落、公共空地、种植区、养殖区等功能地块构成乡村聚落最基本的面状要素，其中建筑部分占据的地块可以视为“实”的部分，其余非建筑部分功能性地块可以视为“虚”的部分。

生计方式是以农户为基本单位展开活动的。村落中农户单元也是以住宅这一面状要素为核心，并联合其他多种功能空间面状要素联合构成的肌理单元——农户组团。信江流域的农户单元的类型可以分为以下三种：

1. 独栋式农户单元：没有院落 / 平台附属空间，仅由独栋式住宅单独构成。

2. 院落式农户单元：由住宅和院落 / 平台、附属建筑构成的院落式农户单元。

3. 复合式农户单元：以住宅建筑为主体，周边营建有林地、水塘、耕地、菜地、空地 / 院落等功能构筑物的农户单元。这种农户单元多见于独立于村落以外的单独居民点。

不同生计方式不仅仅导致农户组团之间的组织方式不同，也导致农户组团内部的各个面状要素的构成关系与组织方式有着彼此间的不同，从而使得不同生计方式背景下的村落肌理形态产生了差异。

在村落的骨骼要素特征上，潘莹认为江西传统村落的路网结构大致可以归纳为纵巷组织的路网和横巷组织的路网[①]：

1. 纵巷组织的路网：聚落中的住宅群内，主体建筑依进深方向前后串联组织，住宅群的主入口则设置于主体建筑的山面方向；多组住宅群也遵循进深方向前后串联组织，左右再以平行于其进深方向的纵向巷道分隔，从而构成聚落的基本组团；这些位于住宅群山墙面、平行于住宅群进深方向的纵向巷道，就构成了村落中的基本交通主干。

① 潘莹 . 论江西传统聚落布局的模式特征 [J]. 南昌大学学报 (人文社会科学版)，2007 (05)：94.

2. 横巷组织的路网：聚落中的住宅群内，主体建筑沿面宽方向并联组织，主入口设置于住宅群正面，住宅群组之间也遵循面宽方向进行并联组接，并构成聚落的基本组团。村落内部的主干通道布置于住宅群前方、平行于住宅群面宽方向，形成横向巷道。住宅群的山面也常开设辅助性出入口，再结合与主干道垂直布置的窄巷，共同构成辅助交通、防火通道和冷巷。主干路网横向组织的方式在信江流域山地传统聚落中运用比较普遍，这是由于采用横向组织的住宅群其进深方向尺度较小，利于住宅组团沿山体等高线布置，且利于住宅在正面设主入口（但大门不一定位于正中）的生活习惯。

4.2.1 稻作经济下的村落空间肌理

4.2.1.1 面状肌理："密集"的空间布局特征

西门桂家村为集村形态，整个村落在平面上自东向西，被南北向穿越村落的县道、聚落内部的南北纵向主干道路、池塘分化为上坊、中坊、下坊三个组团部分。上坊与中坊为宽度 6 米左右的县道所隔开，下坊与中坊之间为 30 ~ 50 米宽度不等的池塘、耕地带所隔断开来。各街区聚落内部的主干纵路宽度均在 2 米左右。街区为农户单元所填充，并形成组团内部的街区。街区之间为巷道所隔离（图 4-1）。

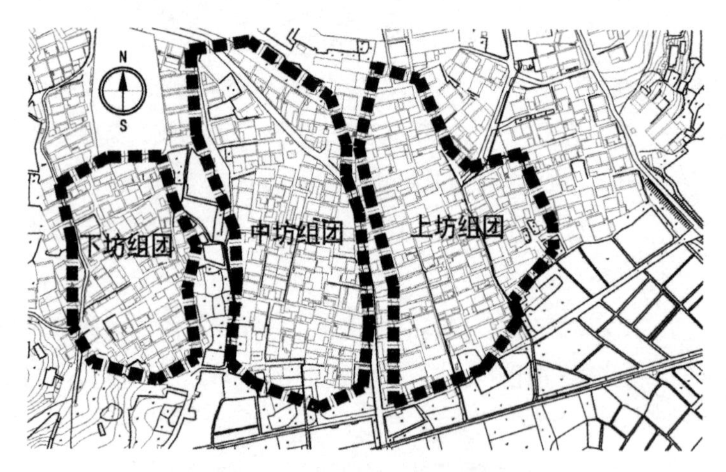

图 4-1 西门桂家村组团图示

（图片来源：鹰潭市城乡规划设计研究院）

西门桂家村的农户单元环境构成较为简单，主体为院落式农户单元和少量的独栋式农户单元。

桂家村的院落式农户单元其结构由独栋式住宅、院落（或无墙平台）、附属建筑构成，住宅主体坐落于单元的北部，院落处于单元的南部，并与灵活布置于东西两侧的辅助用房构成三合院，院落的大门依与道路的关系而定，或在院落南墙，或开在院落的东墙和西墙。独栋式农户单元则是由前廊式独栋式住宅单独构成，不设院落。

由于上坊街区是西门桂家村的原始核心地带，独栋式农户单元主要集中于上坊街区，农户单元占地面积上都要小于中坊和下坊，主要体现在院落的尺寸和附属用房的数量、尺寸上，因此上坊街区内部的肌理密度也更为密集。

农户单元建筑坐落的基地被开凿成层层跌落的台地，自丘陵底部而上分布。由于在红砂岩丘陵上将坡地开凿成平台费用较高，因此早期开凿出的宅基地进深多在 10 ~ 11 米之间，在这个尺度上建成的农户单元多为独栋式或是小进深的院落式。农户单元之间间距往往极小，不少独栋式农户单元的住宅前廊屋檐与前方农户单元住宅屋顶后檐的间距不足 0.6 米，几乎是紧靠在一起，导致前方的建筑几乎将后方建筑的采光全部挡住。由于农户单元彼此间的建筑间距极近，因此建筑保留了前廊结构，用以在白天的条件下，前廊空间中获得一定的采光条件，保证作物加工、晾晒、手工劳作等生计活动的进行，同时前廊结构也往往成为沟通聚落组团之间的横向通道。

两个农户单元为一组横向并排坐落于同一台地上，然后以台地为单位自丘陵的底部向丘陵的顶部方向发展衍生开来，若干排单元组纵向排列而形成的农户单元组群就构成了一个街区，街区被巷道所区分开来（其中独栋式的农户单元以连续的前廊构成了沟通聚落内部纵向主干道路的横巷）。纵向排列的若干街区构成组团，街区之间以纵向的主干道分离开来，从而自东向西形成了上坊、中坊、下坊的聚落组团。

彼此紧靠的农户单元、密密簇集的住宅建筑，以及规整化的农户组团组织结构使得桂家村的面状肌理结构呈现出清晰的网格化致密肌理（图 4-2）。

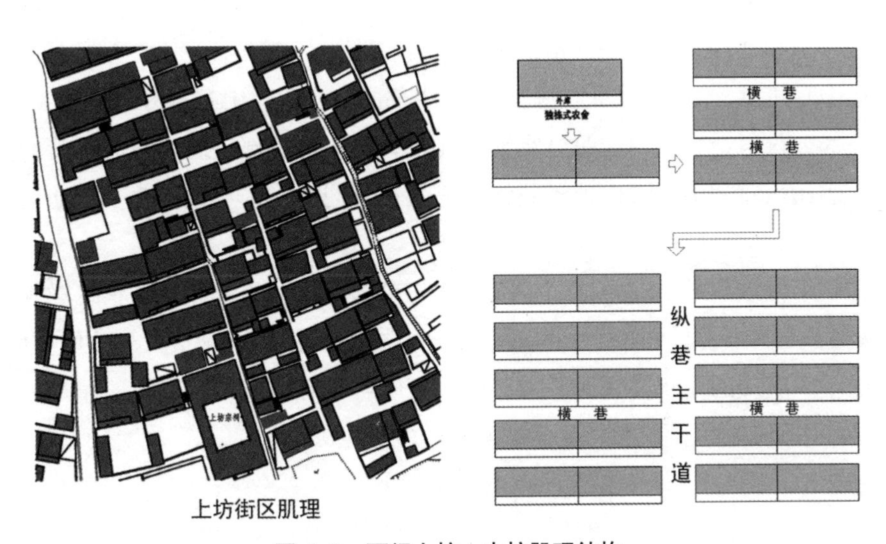

图 4-2　西门上坊、中坊肌理结构

（图片来源：根据鹰潭市城乡规划设计研究院提供资料自绘）

致密的聚落肌理结构中会有少量的菜地存在。在桂家村内部，人们会将荒废的宅基地开辟为短期的蔬菜菜园和果园，但很快就会因人口增加的原因而重新营建为住宅建筑。

4.2.1.2　骨骼关系：集中布局，纵巷组织路网

桂家村的路网采用纵巷组织结构，聚落内部的道路形态清晰，道路边界与农户单元、街区之间的边界关系明确。道路尺度等级关系明确，纵向巷道为组团内部的主干道，而横向巷道形态在长度上多较短促，且宽度尺寸不一，宽度的变化范围在 1 ~ 3.5 米之间，均宽大约在 2.5 米。

4.2.2　山林经济下的村落空间肌理

4.2.2.1　面状肌理“带状交替”的空间布局特征

漏底村住宅、菜地、果园分层交错布置于平整出的台地上，并呈带状交替布置于聚落内部，整个村落在面状肌理结构上呈现出杂聚、镶嵌分布状态的空间关系。

漏底村地处山区盆地，整个村落的耕地数量有限，为保证耕地面积不被增加的人口日益侵占，漏底村的空间发展早期以宗祠位置为发展原点，向南方横向发展，沿山坡等高线构筑出第一层台地，在这一层台地上形成横向的建筑群组。第一层台地建筑群组构成了漏底村的西部边界，整个建筑族群肌理联系较为密集、连续。台地东部的山坡形成较为开阔的二级台地，并开辟为村落南部的菜园、栗树林。各个农户住宅之间的间距、间隙形成短距离的纵向巷道，沟通聚落内部菜地与住宅建筑之间的交通关系。

由于村落的中部、宗祠北部两个较大池塘组的存在，村落的后续发展退至宗祠东北部、池塘东部的山坡地开始进行建设，在此处形成了漏底村的第二、三、四、五级台地结构，并在此构成了村落中部的建筑组群主体，其中第二、三、五级台地是住宅建筑的集中营建点，而第四级台地则是村落中部的菜园地集中布置区域（图 4-3）。

另一部分村落组团则向北跨过小河，在较为陡峭的北部山地上建成村落的北部建筑组团。组团坐北朝南，沿山地等高线建成大小不同的三个台地，并在台地上建成住宅建筑。

由此整个村落形成了以西部第一级台地与东部较高处台地建筑线状组群构成聚落边界，聚落内部布置菜园、林地“外实内虚”的空间格局，以此来最大化争取耕地面积。在聚落的空间肌理的面状要素关系上，整个漏底村呈现出建筑—菜园—建筑—林地的平行的带状平面布局关系（图 4-4、图 4-5）。

4.2.2.2　骨骼关系：横向组织的路网关系

平行的带状平面布局导致漏底村内部道路呈现出横向的组织关系。山林经济下的乡村聚落多处于山地地区，山地的陡峭地形使得住宅建筑的纵向发展受到限定，加之

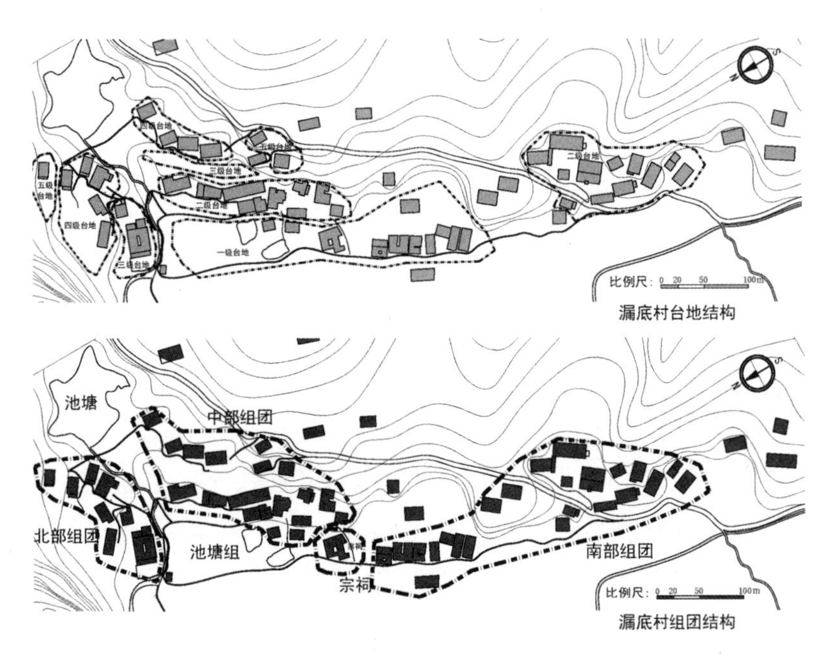

图 4-3　漏底村台地结构与组团分布

（图片来源：根据谷歌地图自绘）

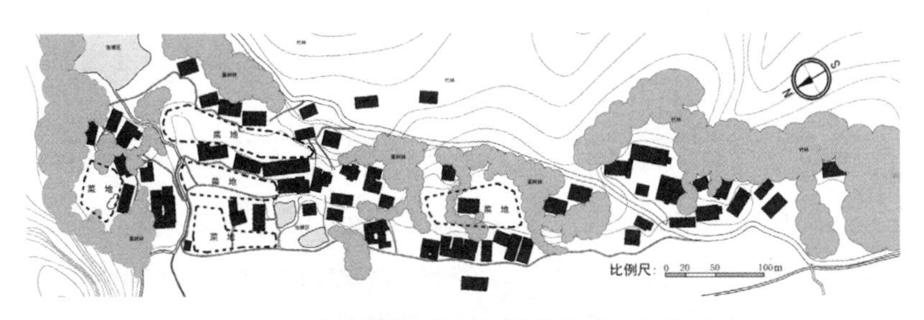

图 4-4　漏底村聚落内部带状肌理分布状况

（图片来源：根据谷歌地图自绘）

图 4-5　漏底村聚落内部局部肌理状况

（图片来源：根据谷歌地图自绘）

台地化的聚落地形处理，聚落内部建筑多沿等高线水平向布置在台地上，形成了“之”字形路网与横向路网混合的路网关系。住宅、菜园交替布置的带状肌理布局则使得道路与菜园、公共空地之间的界限模糊不清，漏底村的道路路网多是农户住宅建筑之间留出的空地组织而形成的，因此道路形态上也显得模糊不定。聚落内部菜园、道路间的模糊界限，农户住宅建筑间留空形成的模糊路网，两者导致了漏底村的肌理骨骼结构处于一种含糊不清的状态。

4.3 集镇的肌理特点

集镇的面状要素较为简单，主要是各种建筑以及由建筑物构成的各色功能地块。

聚落的线状要素与骨骼要素特征上，由于集镇聚落建筑物的高度密集性和建筑群组的构成单纯性，所以聚落内部的线型要素在形态上多清晰明确，聚落肌理中的线形要素与聚落的骨骼要素各种关系往往是结合为一体，密不可分的。

4.3.1 河口古镇空间肌理特征

4.3.1.1 致密围合疏朗：一级集镇面状肌理特征

河口古镇濒临信江水深之处，具有良好的航运条件，又由于地处沟通信江上游以及武夷山区的重要位置，因此与玉山县七里街一并成为信江流域最为重要的一级集镇。在信江流域的商业贸易网络体系中，河口古镇起着将信江流域的各处区域经济与全国市场联系在一起的核心作用，是信江流域最大宗的茶、纸贸易的再加工地和集散地。

直屋式商铺、大型天井民宅式商号、普通民宅构成了河口古镇街区的主体。在空间的组织方式上，紧密排布的直屋式商铺构成街区边界，大型商号、庄行构成街区内部的疏朗的主体，普通民宅填充于街区内部空间，从而形成了“致密包围疏朗”的肌理结构关系，并在聚落的组团和街区层面上呈现出来：

1. 古镇组团层级形态平面上的“致密围合疏朗”的分区式肌理结构关系。

河口古镇北部边界地带的一堡街、二堡街、三堡街（解放路）构成东西向商业主街，与内部南北方向的主干道路——胜利路、复兴路，以及南北向弓状穿越整个聚落的惠济渠将古镇自东而西分划为四大组团，这些道路和河道本身也是四个组团边界的构成部分。

由于以零售业为商贸业务主体的商店、商号多选择人流量大的地段作为商铺坐落位置，因此主街和聚落入口处、十字路口等交通节点等人流量最为集中的区域就是商店、商号最佳的选址位置。商业主街内部和街巷交通节点等位置则是商店、商号经营次佳的选址所在（图 4-6）。

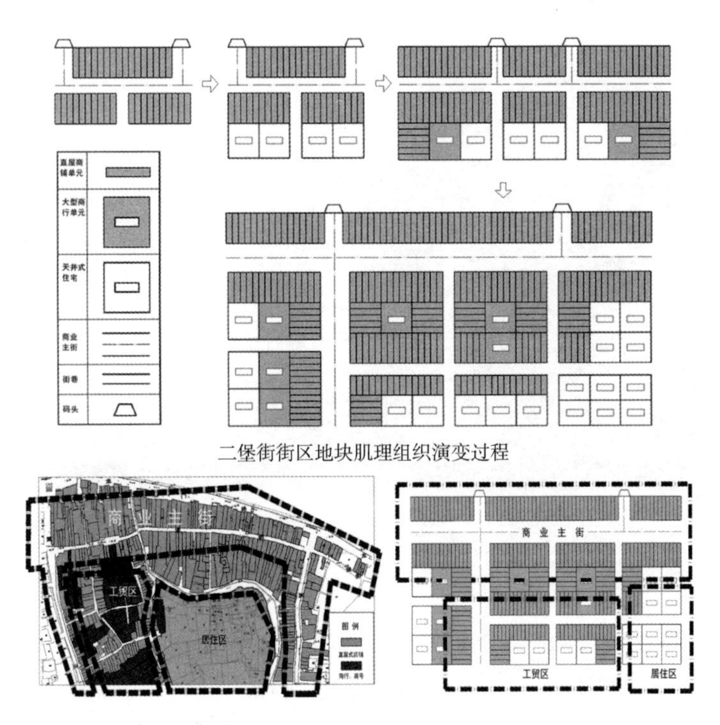

图 4-6　二堡街商业区分区式肌理形成过程与分布状况分析图

（图片来源：根据江西河口文化旅游有限公司提供资料自绘）

于是一堡街、二堡街、三堡街（今解放路）、胜利路、复兴路等古镇主干道路两侧直屋式店铺密集簇拥，致密型肌理单元也主要分布于这些地段，从而使得被这些主干道路分划出的古镇组团边界呈现出致密的肌理效果；同时地处古镇南部边缘地带胜利路、复兴路南路口处附近，以及与惠济渠平行的新街、牛皮厂弄等处，由于靠近日常墟市，受胜利路、复兴路人流量和墟市商贸活动的辐射影响，也成了经营零售业的良好区位，故而成为直屋式店铺聚集之处。而天井式建筑为主体的商号、商庄等舒朗型肌理单元则多处于各个组团的内部，远离古镇的交通主干道路；因此河口古镇聚落的组团结构在肌理上呈现出致密的直屋式商店、商号群将天井式大型商行、庄行围合在组团内部的分区式结构关系（图 4-7）。

2. 古镇街区层级平面上的“致密围合疏朗”的共生性肌理结构关系。

作为功能最齐全、负荷最重的中心市场，河口古镇除了茶纸贸易以外还拥有着大量的其他商贸内容，如钱庄、当铺、酒楼、药店、客栈等。商业活动的繁荣带来了行业精细化发展，形成了行业在聚落空间分布上的专营性和集中化分布，使得河口古镇内部各个街区有着各自的商业功能，以及相互的区分与支持关系。例如典当边弄是当铺集中之处，火爆街专营烟花爆竹、茶叶弄专营茶叶的包装业务，戴家弄以小吃行业云集著名，五云第、桃花弄则成为花柳烟雨之地。

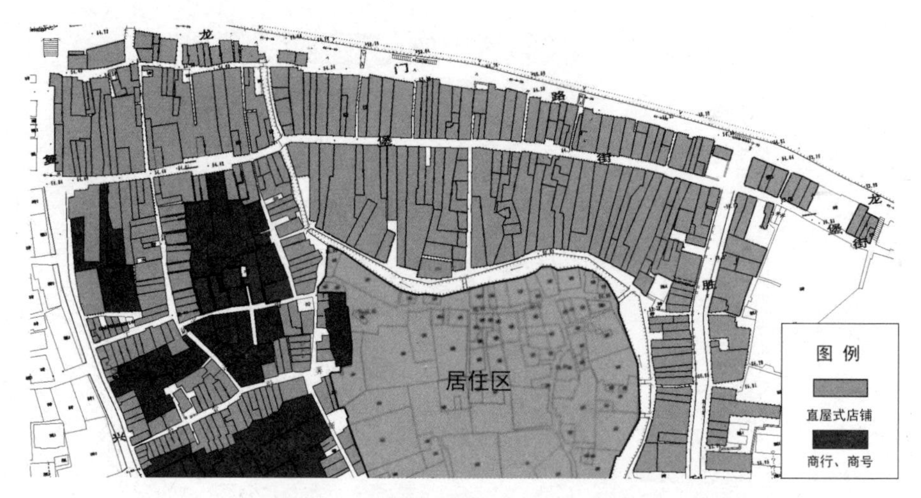

图 4-7　二堡街商业区面状肌理形态

（图片来源：根据江西河口文化旅游有限公司提供资料自绘）

由于大型商行、庄行的运行往往需要其他小型商店、商号在生活、生产上的辅助与支持，而不少商店、商号亦需借助大型商行、庄行商贸活动带来的商机和人流量生存，因此在组团内部的街区尺度层面上，大型商行、庄行建筑与商店、商号等小型店铺之间形成了商业共生的经济生态关系，在街区的肌理结构上往往表现为多进天井式大型商行、庄行建筑占据着街区大面积地块的核心位置，小型的直屋式商店、商号围绕大型商行、庄行建筑营建，从而形成街区致密形态的边界，街区整体空间结构上呈现出“致密围合疏朗”的共生性肌理结构关系（图 4-8）。

例如地处惠济渠弓形内侧，由方家楼弄、富饶里弄、小河沿弄构成的街区，其内部的为多进天井式建筑样式的汪同茂茶庄和丁家大宅所填充，而街区的边界则为各种直屋式商店、商号所占据，构成了“致密围合疏朗”的共生性肌理结构关系。而地处古镇东部组团的专营典当行的街区，为典当边弄、戴家弄、严家弄、五云第弄所围合构成，多进的天井式典当行、钱庄集中于街区的东北部位置，并占据了街区过半的地块面积，东南部为占据约三分之一街区面积的花柳业区，西部的街区为具有生活和商贸支持功能的小吃店，从而形成了西部、西南部边缘致密、东部舒朗半包围状的街区肌理结构。

图 4-8　河口镇旧时棋盘弄街区段“致密围合疏朗”的共生性肌理结构关系

（图片来源：根据江西河口文化旅游有限公司提供资料自绘）

3. 天井对“致密围合疏朗”共生性肌理形成的影响作用

商铺、商行等商业建筑对于集镇的主体空间肌理效果影响最为强烈，由于“致密围合疏朗”的共生性肌理结构关系导致街区内部面状地块内部建筑与建筑之间紧密相连，以至于雨季排水、晴天采光较为困难，二茶纸贸易等货物有着要求干燥通风的储藏要求，从而与致密的集镇街区面状肌理结构产生了矛盾。为解决这一矛盾，信江流域的集镇聚落采用天井式商业建筑结构来予以解决。

无论是小型直屋式商店，还是大型的商号、商庄，天井这一建筑空间要素是必需存在的。在密密层层的建筑组群之中，人们需借以天井、暗沟来形成排水系统，以天井来实现采光与通风。但天井的样式在不同的商业建筑中有着不同的变形与演化，以适应不同类型的商业建筑。在直屋式的商店、商铺中，侧天井、蟹眼天井构成了天井样式的主流样式，在适应了建筑狭长地块的同时，也解决了直屋式建筑因进深幽深而带来的排水、采光、通风不便。地处集镇内部街区而被周边密集直屋商铺包围的商号、商庄则采用天井与暗沟、渗坑等系统来建设建筑的排水系统，并解决采光、通风问题。天井的建筑空间元素保证了集镇内部的“致密围合疏朗”的共生性肌理结构关系的形成。

4.3.1.2　网状路网：一级集镇线状肌理骨骼特征

河口古镇的商业主街有三条，一条是以沿信江南岸、东西向，由一堡街、二堡街、三堡街共同形成的沿河商业主街，另两条分别为南商业主街复兴路（原郑家街、火爆街）和北商业主街胜利路（原金家弄）。南、北商业主街都以沿河商业主街为基线，且都与沿河商业主街垂直、南向延伸。惠济渠则处于复兴路和胜利路这两条商业主街之间，一并形成“两路一河”的聚落南部腹地南北向道路骨干。三条商业主街和惠济渠彼此之间为东西向或南北向的支路、巷道所连接，共同形成网状的古镇路网结构。

4.3.2　石塘古镇空间肌理特征

4.3.2.1　致密渐变为疏朗：二级集镇面状肌理特征

石塘古镇作为墟、集、市等初级商品市场商业点连接点的二级集镇状态，因此集镇聚落的尺度规模和功能的复杂性要远远小于河口古镇。

石塘古镇总长度为 650 米左右，最宽处 380 米左右，从镇东南端平头山山脚道路转进镇区，其最窄处约 23 米，便是石塘古镇“舟头”所在。

在信江流域与武夷山区之间的茶、纸商路网点结构上，石塘古镇是作为高档连史纸的汇集点与再加工地点，以及茶叶的收购、聚集地等作用而存在的，是将周边地区茶、纸贸易连成商贸网络体系的重要节点。商人们将从周边地区的槽户、茶农处收购来的连史纸、茶叶等货物运至石塘古镇，对纸张再加工、将茶叶包装，再船运至河口古镇。

石塘古镇便是连接河口古镇与武夷山区各处初级市场的重要二级集镇。

古镇商人的主要商务内容是以高档连史纸收购与再加工以及茶叶的包装运输等活动为主，是一个较为单纯的工贸型集镇，整个古镇不似河口古镇这种综合工贸型集镇有较强的消费特征,因此在街区功能上的类型较为单纯,不如河口古镇的街区功能多样。

1. 石塘古镇聚落的街区组团

自聚落东南方向进入古镇内部，沿着坑背街流向聚落西北的官圳水系和三条主干道路将整个古镇自西向东分成三个纵向的组团：港沿组团、中街组团、坑背组团（图4-9）。组团内再以巷道分划出街区。其中坑背路以东的聚落东部街区沿着人工河分布着查家弄街区、坑背街区和阔板桥街区三个主要的街区；中街、坑背之间的中部组团，划分为南北两个街区；港沿、中街形成的聚落西部街区沿着石塘河构成聚落的次要商业街，并依次形成了码弄组团、下港沿组团和天后宫弄组团三个街区。

2. 石塘古镇的聚落街区肌理关系

聚落内部的功能区自西而东分划得十分清晰。港沿、中街作为聚落的主次两条商业主街，为小型商铺聚集地带，直屋式商业建筑构成街区的沿路边界；在港沿、中街、坑背之间的街区则是住宅区；坑背路以东则是大型商号、庄行为主体而构成的纸号、茶庄商业区。港沿、中街之间的多条连接巷道，将彼此之间的街区分化为数块大小不一的区域。天井式普通民宅填充于各个街区其中。

纸张的精细加工作坊和销售、运输纸张的纸号、纸行等商业建筑主要分布于东部街区的坑背街一带。其中较大的纸号、纸行有天和号、金鸿昌纸号、松泰行等处，该组团中还存有一些小规模的造纸作坊。坑背街的坑背组团的大型纸行、纸庄商业建筑式样为砖石结构的多进院落天井式建筑，占地规模多较宏大，在古镇的肌理上呈现出舒朗的效果。例如王家纸号建筑组群占地面积26万平方米，拥有五个天井及院落空间，众多的天井、院落和平面尺度较大的建筑正房、厢房使得纸号建筑形成的空间肌理处于低密度的状态。多数建筑组群正南部位为院落（禾基），正门位置在院落的左侧方，朝向东方开门，寓“紫气东来”之意，大门样式多为牌楼式门头，当地称之为“花朝门”。院落外墙直接濒临古镇的官圳，大门略向北退，留出

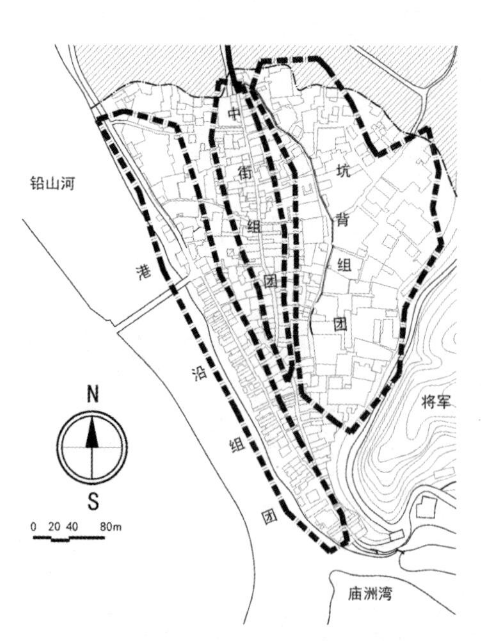

图 4-9 石塘古镇空间组团结构

（图片来源：根据石塘镇乡政府资料自绘）

门前空间，并用小型平板石桥联系官圳两岸，沟通建筑与坑背路的交通往来。

功能地块集中式分布导致石塘古镇的整体街区肌理呈现出由西部致密向东渐变为舒朗的密度变化，其中：西部、中部以直屋式的商店、商号等商业建筑为街区面状肌理基本组织单元，构成高密度、细长型的致密型肌理，而东部建筑地块较大，肌理结构舒朗，街区内部的天井式住宅区其肌理密度介于两者之间，空间上成为两种肌理结构的中间过渡地带（图 4-10）。

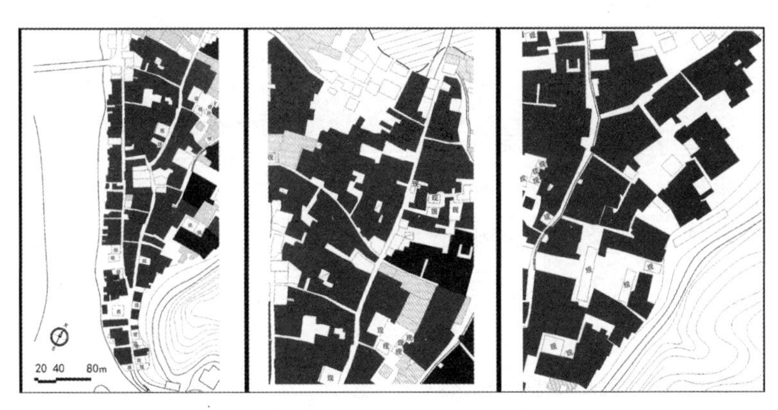

图 4-10　港沿、中街、坑背（自左到右）组团肌理等比例尺度对比

（图片来源：根据石塘镇乡政府资料自绘）

4.3.2.2　叶脉状路网：集镇肌理骨骼特征

石塘的聚落形态因周边山水形势而呈舟状，古镇的道路从东南处将军湾处开始西北向延伸，在 90 米处分为两条道路，东侧道路再向前 110 米处再分为两条，从而形成以聚落西部边缘的铅山河河岸为始自西向东的三条道路，即港沿（今槐溪路）、中街、坑背（今港沿街、石塘街、坑背街）。其中港沿、中街、坑背的长度分别为 265 米、1200 米、360 米，宽度为 4 ~ 5 米。其中港沿、中街两条主干道之间有七条巷道连接彼此，而坑背路仅以头尾与中街联系。在三条主干街道与彼此联系的巷道形成的聚落路网格局基础上又衍生出多条支弄，使得古镇的路网结构呈现为叶脉状。中街是古镇的核心商业街，港沿是古镇的次级商业街（图 4-11）。

4.4　生计方式对聚落肌理生态适应性影响的机制分析

美国城市规划师纳赫姆·科恩认为土地、建筑和人（使用）是影响城市形态存在的三个主要变量[①]，并指出这三个变量之间存在着复杂的相互关系，这些复杂关系的变化导

① （美）纳赫姆·科恩．城市规划的保护与保存 [M]. 王少华，译．北京：机械工业出版社，2004：155.

致了不同的城市在形态、风貌上的千差万别，而城市肌理就是城市集合体在三个变量相互关系作用下的外在呈现。

生计方式作为生态环境作用于当地经济文化类型的中介和枢纽，在经济层面对聚落肌理的形成起着影响作用。从生计方式的角度来看，在聚落的肌理形态要素上，单一功能性的空间地块构成了聚落肌理面状要素的最小单元，如住宅、厂房、商铺、耕地、菜地、果园等用地空间。从生计方式的角度而言，聚落肌理面状要素是人们获得和利用生计所需的各种具体物资和生产资源的主要场所，如开采、种植、养殖、生产、加工与交易等，涉及的功能性地块主要有开采区、种植区、放牧区、大面积水体、商业区、生产区、公共空地等内容。面状形态要素的空间分布合理性是人们在聚落的生态性营建活动中考虑的出发点。线型要素的意义在于实现不同功能地块之间的物资、能源、信息的交换与流通，其主要的功能则有：

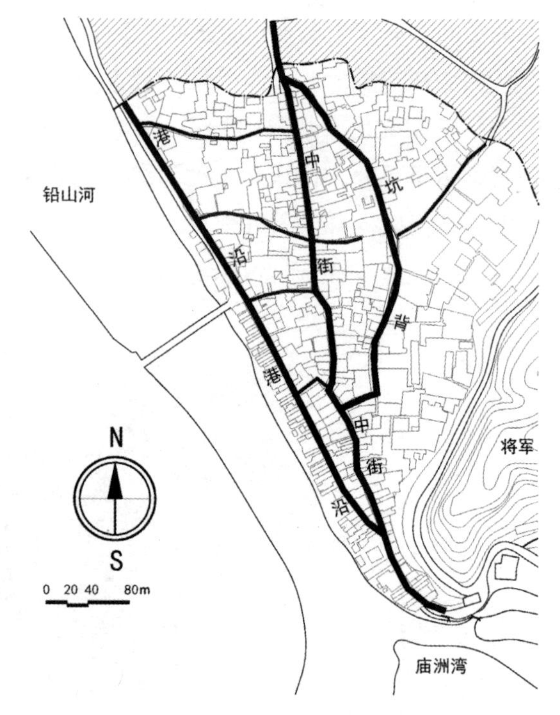

图 4-11　石塘古镇路网结构
（图片来源：根据石塘镇乡政府资料自绘）

1. 联系聚落内外环境物资流通的廊道；
2. 应对气候变化的调节通道；
3. 构成面状聚落肌理的边界；
4. 作为街道进行商业贸易；
5. 以路网、水系的形式形成骨骼，影响聚落的肌理发展方向与组织方式。

在生计方式层面，聚落肌理的形成不可避免地受到聚落生存与发展所需经济文化要素的影响，是当地生产所需的空间要素在聚落平面中被组织后呈现的结果之一，并以面状组团或地块的形态特征、材质特征、密度，线状骨骼的曲折、粗细、材质特征、空间方位、次序等关系显示出来。

4.4.1　稻作经济对村落肌理结构的影响

4.4.1.1　稻作经济对面状肌理结构的影响

西门桂家村聚落面状肌理结构有着街区内部密度致密的特点，这与农户单元样式选择以及单元之间组织关系紧凑不无关联。同时也与红层盆地地质条件下，桂家村村民晒场空地布局方式有着一定的关系。

首先乡村聚落之间依据其距离集镇、城市间的远近关系，导致农产品交易活动的发生频率高低不同，相较而言，越是靠近集镇、城市，农户的农产品交易就越是容易频繁发生。稻作经济的生计方式实现在于利用收获的稻谷在集市中销售后，再换回生活所需的资金、衣物等生存生活物资。且由于稻作经济为主体的乡村聚落多地处河谷、平畈以及低矮丘陵地带，与集镇、城市的交通便利，相较于山林经济下的乡村聚落，农产品交易更为频繁，获得自己生活生产所需的物资也更为便利有效，因此自给自足的需求相较于山林经济下的乡村聚落更低，在聚落的农业生产上偏向于依靠通过稻谷销售、农副产品深加工与销售、进城务工等途径来获取其他生计资源。这就造成了稻作生计方式为主导的乡村聚落中，对交易程度依赖度较高，因此农户单元结构的多样化经营特点较弱，农户单元所需占地面积则相对较小，院落的面积也会相应缩减，从而导致聚落肌理上由农户单元构成的街区肌理趋于致密。

其次由于红层盆地红砂岩山体保持水土能力差，所以山体常常因水土流失而导致不少山坡暴露出石质山体。因此，不少靠近乡村聚落的红砂岩丘陵，其石质山体坡度平缓之处，常常被村民用作晾晒粮食作物的晒场。桂家村坐落的红砂岩丘陵山体其西、北两面土壤条件保持较好，村民们将其开垦为旱地，用于蔬菜种植，山体的东部和南部山体光秃，南面山体被村民们作为聚落的住宅建设用地，东部不建任何建筑，而是作为晒场。由于聚落与晒场距离的原因，桂家村东部晒场主要是上坊的村民在使用，东部晒场的存在使得这些上坊村民的农户单元样以小进深的院落式农户单元和独栋式农户单元为主，而无需过于考虑院落是否能够容纳较大规模的谷物晾晒功能。地处丘陵西坡的下坊街区由于周边地势低洼，土壤条件较好，被开垦为水田，几无空地可用于晾晒谷物，且距离东部山坡晒场约 400 米，较远的路程，兼之运输需穿越住宅建筑密集的中坊、上坊街区。不便的交通条件使得下坊以及中坊的农户以建设大进深院落的三合院院落式农户单元为主，依靠大面积的院落建设来解决自家粮食的晾晒问题（图 4-12）。

4.4.1.2　稻作经济对路网骨骼影响作用

信江流域的丘陵地带，乡村聚落南部前方往往结合水稻、池塘、溪流、灌溉渠水井构成复合式的水系结构。桂家村农田中的灌溉系统与聚落内部的排水结构结合在一起。在聚落中，上坊中排水系统因地形地势与道路建设结合而形成排水廊道。中坊与下坊之间因山丘、山体进退起伏而形成的山坳是聚落重要的雨水汇水区，并成为聚落西侧的排水廊道。并规定在这些排水廊道上不得进行任何的建房活动，且由于廊道的坡度较为平缓，人们在此叠石围塘，将山坳间的沟壑改造为层层跌落的水塘（图 4-13）。

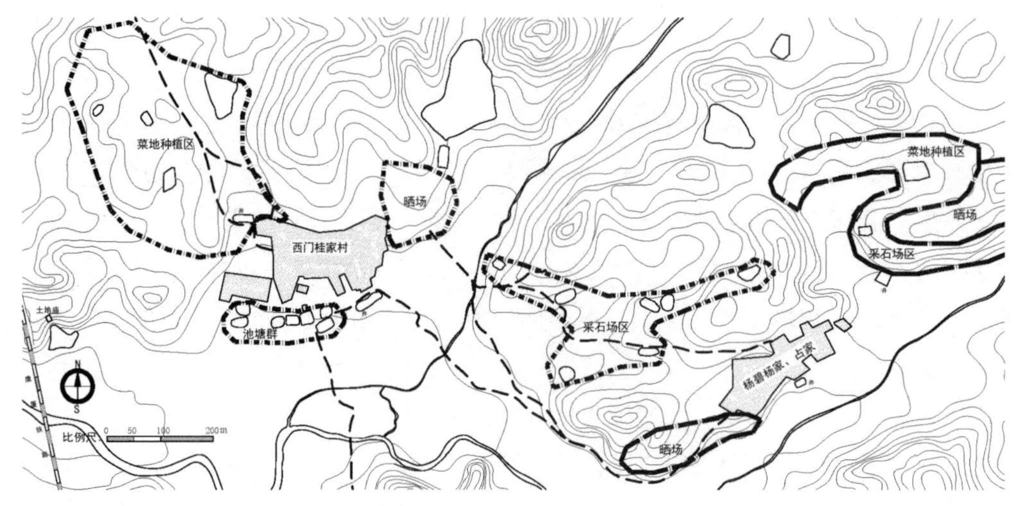

图 4-12　西门桂家村、杨碧村聚落周边功能区域分布状况
（图片来源：根据西门乡政府资料自绘）

这些排水廊道两侧往往会有结合排水设施建设而成的聚落交通道路。同时排水廊道还对聚落的空间结构关系起着界定与划分的作用，这些排水廊道在聚落外部时，往往就是聚落的边缘所在，当在聚落内部的时候，就是聚落内部组团的划分界线，聚落的内部空间往往为这些山坳所分离开来，并按照宗族的秩序进行空间的划分。

图 4-13　西门桂家村中坊、下坊间山坳处池塘与排水沟渠
（图片来源：根据西门乡政府资料自绘，自摄）

河谷、平畈地区的地势往往较为平缓，坐落于这些地形上的乡村聚落便于采用多进的天井式住宅以利于耕地的节约和建设成本的经济性。多进天井式住宅建筑向纵深向发展，因此聚落内路网多呈纵向路网结构。在气候湿热的信江流域，采用纵巷组织方式，建筑两侧长长的纵巷有利于夏季导风，利于组团内部组织热压通风以及防晒遮阳（图 4-14）。

桂家村路网骨骼的纵巷组织方式具有以下的生态性特点：

图 4-14　西门村东西交通主干道（凉道）夏季上午、下午时期的阴影关系

（图片来源：自摄）

1. 重视对季风的利用以及聚落小气候的营造。

因为信江流域气候冬冷夏热，既要防暑也要防寒，因此周边地势开阔的丘陵、平畈地形上，聚落的北部如有敞口，将会使冬季寒潮长驱直入，而夏季的东南风受到武夷山山脉的阻隔，难以对山脉西北方向的信江流域产生大的影响。因此聚落中注重南向的聚落敞口设置，并进行道路的纵向组织。

2. 纵向的聚落主干道往往结合聚落外围池塘群的方位进行导风功能设计，并结合聚落的排水沟渠一体建设成为冷巷，从而实现聚落内部的通风降温作用。

西门桂家村所处的丘陵为低矮型红砂岩石质丘陵，由于砂岩的比热容特性，因此夏季的红砂岩丘陵山体地表温度极高，对于桂家村这类营建在红砂岩山体上的乡村聚落来说，夏季的聚落内部通风降温就成为改良居住环境的重要措施。纵向组织的聚落道路由于垂直与丘陵的等高线方向，因此也是良好的排水通道。

3. 排水沟渠的建设同时与村落道路巷道的建设结合，特别是与村落的风巷、冷巷建设结合在一起。排水沟渠的水体起着将热空气降温的作用，再结合聚落内部通长而阴凉的纵巷、纵路空间结构，对聚落内部起着强制通风的作用。

组团内部的纵路宽度在 2 米左右，而建筑的山墙面出檐深度多在 80 ~ 90 厘米之间，山墙高度则在五六米上下，因此在纵路上，常年为建筑的阴影所笼罩；纵路的一侧则开凿为排水沟渠，沟渠的尺度在组团地势高处多较狭窄，大约在 20 厘米宽，30 厘米深，越往下沟渠的宽度和深度越大，到达建筑组团底部边缘出水口位置的时候尺度多为 170 厘米宽，100 厘米深。横街横巷辅助性沟渠和与纵路纵巷主沟渠联系为一体。

这些沟渠中的水在靠近组团的下部位置由于水量较大，也有着一定的空气降温作用，结合通长而通透、阴凉的空间结构，组团内部的纵道就往往有着一定的拔风效应，使得聚落内部在夏季有着较好的通风与降温效果。

4.4.2 山林经济对村落肌理结构的影响

4.4.2.1 山林经济对漏底村聚落面状肌理结构的影响

信江流域的年均降水量在1800毫米左右，年降雨量的绝大部分集中在4 ~ 10月，由于山区地带地形的原因，空气动力抬升和热对流运动远较平原地区频繁而强烈，山区地带的降雨也较平原的次数多、烈度强，而山地土壤又较浅薄，更是容易出现水土流失和涝渍等灾害，因此将山坡地改为阶梯状台地有利于山体的水土保持。这就造成了漏底村以沿山体等高线改造而成的带状台地地形为聚落肌理底图的特点。

农户们在不侵占稻田的前提下，结合聚落的横向带状空间布局关系和山地台地的地形，对住宅前后空地进行精细化的有效利用，形成了住宅、牛棚、鸡舍、菜园、果树综合化经营的农户组团。其空间特点为：

1. 尽量充分利用平整出的台地空间，将台地的功能建设尽量单一化、集中化，或为菜园、果林，或为建筑宅基地，集中布置同一功能，不浪费台地空间。

2. 多组农户的住宅建筑建于农户单元的边缘地带，住宅建筑彼此尽量靠近，并尽量处于聚落的边缘地带，留出住宅的其他方向开辟为菜园、果林。形成建筑等“实体”和菜园、果林、池塘等“虚体”空间视觉肌理构成要素。

3. 多组农户单元形成一个组团,组团与组团之间,由住宅群建筑形成组团核心位置，且组团核心区的建筑群彼此间为菜园、果林所隔离开来，以菜园、果林等“虚”体填充聚落内部“实体”的周边空间。

4. 采用横巷组织方式组团空间，组团内部的交通面积所占比重很大，因此漏底村的整体空间肌理呈现出较为舒朗的质地与密度关系。

4.4.2.2 山林经济对漏底村骨骼结构的影响

在气候的适应性上，山林经济下的乡村聚落与丘陵、平畈上的乡村聚落不同之处在于：山区海拔每增高100米，气温下降0.5 ~ 0.6℃，春夏两季的起始日则相对推迟数天，秋冬两季则相对提前，夏季天数也会减少，春季天数则会增加。由于山区气候偏低，农事季节相较于丘陵平原地区一般会推迟8 ~ 10天。

作为多样化种植的重要组成部分，蔬菜种植是山地乡村聚落的重要生计内容。由于山地、丘陵等地形上气温的变化是随坡向而异，以及山地空气湿度大、雾多等原因，山体的南坡或西南坡是种植蔬菜的良好方位。

漏底村四面环山，且西、南、北三面山体陡峭，唯有盆地的东面山体坡度平缓，因此聚落便营建在这坐东朝西的山坡地上。但这西向的山地也是漏底村蔬菜种植的优良位置，因此漏底村的农户住宅建设与蔬菜种植共处于盆地东部山坡，以按台地集中布置、交错布局、拉大农户住宅建筑间距等方式来同时获得住宅居住环境与蔬菜种植的良好日照条件。

四面高耸的山体，使得漏底村无需忧虑冬季的北风侵袭，喀斯特地形带来的地下暗河也使得雨季汛期无需担忧聚落的排涝问题。山区地形下，气温随海拔高度的增加而下降的特点也使得其在夏季虽无需考虑聚落避暑问题，但必须关注冬季住宅的日照与采暖、保温问题，而横向的道路关系有利于聚落的整体采光与采暖条件实现。漏底村聚落内部采用横向组织方式能够保证前后的住宅建筑有足够的间距，从而获得充分的光照条件。

山地农户的家庭规模往往比较小，例如漏底村的大部分民宅多为独栋带前廊样式，在建筑的进深上通常只有一进，建筑在开间方向上横向发展，三间、五间的独栋式住宅样式最为多见。且由于山地地形的限制，进深需求大的天井式住宅样式要求有足够纵深的地块用以容纳建筑本身，因此不太适合于山地地区。在山地地区的乡村聚落中，除了宗祠建筑以外，很少使用天井式建筑作为农户单元住宅要素，而是使用进深需求低的独栋式住宅样式，而农户单元中的储物间、工具间、厕所、猪圈、鸡舍甚至厨房等附属建筑就往往从住宅中独立出来，单独设立在住宅的后方或侧后方，从而使得山地乡村聚落中的农户单元形成由数量较多的独立式辅助用房构成的建筑组群。而山地地形导致进深小的乡村住宅建筑形制形成，更是契合了横向路网的组织要求。

与漏底村肌理关系类同的还有灵山地区的水晶村、南塘村等聚落。

4.4.3　商贸活动对集镇肌理结构的影响

信江流域集镇聚落主要的商业活动模式一般有三种：

1. 临时性的墟市与周期性的庙会。即聚落周边村民依照约定俗成的时间到在集镇聚落中的固定地点进行短时性农副产品交易活动，例如河口古镇胜利路、复兴路段每天上午七点到九点之间进行菜、禽、蛋、肉等副食品交易的早市，以及鹰潭地区每年农历的八月二十日至八月二十二日的“漾会”，这类商贸活动以活动摊贩为主体，并没有固定的商铺店面。

2. 沿主街临街设置的各种店铺。这些店铺左右彼此相连，并沿主街排列开来，以零售性的商贸活动为主。

3. 进行批发业务的大型商行、庄行。

由于墟市商贸活动的临时性、短期性、露天性，其商业活动对于集镇聚落的空间形态以及肌理效果影响力极弱，主要是对商业建筑、住宅建筑的作用较为明显；商铺、商行等商业建筑的布局对于集镇聚落的主体空间肌理效果影响最为强烈。不同的商业建筑类型在集镇的平面布局中的不同分布与组织方式会形成不同功能的街区地块功能，并在集镇的肌理结构上呈现出不同的效果。

总体上来说，信江流域集镇聚落的面状肌理基本要素可以分为由直屋式商铺构成的致密型肌理单元和由天井式建筑为主体的商号、商庄构成的舒朗型肌理单元（图4-15）。这是由于明清两代信江流域地区的商人因其经营方式将营业单位分成店、号、行、庄等类型而造成的。例如纸商们的店铺就可分为纸店、纸行、纸号、纸庄等不同的类型。商店在业务上实行货物的零售与批发兼营，因此多设有门市部和栈房，也有只经营零售业务的小店。店的规模较小，店内只有一两名店员或学徒，甚至仅仅只是夫妻二人经营的“夫妻店”。商行则是经营代办货物的转手贸易，又称经纪人。例如地处山区的槽户们多将土纸寄放在纸行中，委托店家代为销售。号则专营批发，不事零售。庄的业务则是专为外地客商收购、转运货物。商店、商行由于店铺规模较小，且需进行货物的零售业务，因此多坐落于集镇的商业主街或者能够接触到较大人流量的街道边缘位置，店铺的样式采用开间狭小、进深幽深的直屋样式，店铺与店铺之间紧密连接在一起，这些直屋样式的商店、商行建筑就构成了集镇聚落中的致密型肌理单元。

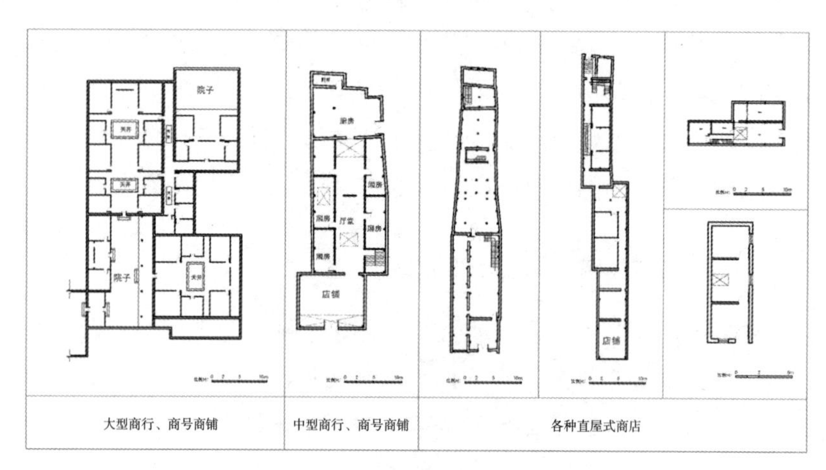

图 4-15　信江流域集镇店铺类型

（图片来源：现场测量、自绘）

信江流域集镇聚落中的茶号、茶庄等大型商铺主要经营茶叶的收购、再分拣、大宗批发等业务，需要较大场地对收购来的茶叶进行再加工。一个茶庄所需的职位包括对茶庄进行总管与经营的经理，进行辅助收购工作的账房、看货、掌秤、庄客、收拣、发拣，进行具体茶叶加工工作的掌管、焙工、筛工、扇工、撼工，负责包装工序的铅司、箱司、蔑司。地处河口古镇江街（今花园背街）的一座江氏家族的茶庄仅制茶工人就有20余人，常年雇佣拣茶女工则达到60 ~ 80人左右。在纸行、纸庄中，纸商从纸槽收购来的纸张被称为“槽块”，多属于半成品，必须经过再加工、整理、重新包装后才能上市销售。其中对于“槽块”的加工大致有五道工序，即：检剔（又称削纸）、压榨、打捆成件、粉石磨光断面、打色印。

考虑到需容纳大量货物和工作人员，以及茶、纸等货物的再加工需求，因此在商号、庄行这类商业建筑营建时，择址上多关注商号、庄行建筑与码头等交通设施之间的便捷性交通关系，建筑常处于集镇聚落的组团、街区内部地带，而不太关注建筑与商业主街之间的联系；在尺度上建筑规模较为宏大，往往以建筑群方式占据了集镇内部街区大部分地块，并拥有多进的天井、院落。这些商号、商庄建筑就构成了集镇聚落中的舒朗型肌理单元。

在以茶叶、纸张贸易为主导贸易的信江流域集镇聚落中，直屋样式的商店、商行建筑构成的致密型肌理单元和天井式建筑为主体的商号、商庄构成的舒朗型肌理单元因集镇聚落本身的等级关系不同而表现出不同的肌理组织效果。

4.4.3.1　行业形态对于集镇聚落面状肌理内部密度影响

河口的发展是从东部地块开始，惠济渠以东早期应该是简单的民居功能街区地块肌理。该地区的地块呈现出明确的功能性分区，如典当弄就是当铺聚集之处，戴家弄是小型商铺的聚集区，与西区直屋围合天井式商铺的地块模式不一样。

惠济渠以西为明代以后发展起来的区域，其地块肌理是尺度细长的直屋式建筑围合着平面肌理结构舒朗的天井式商铺的面状肌理结构模式。

河口古镇整体形态的发展主要朝向两个方向，一个是沿信江南岸，自东向西发展，从而形成了今天的一堡、二堡、三堡这条古镇核心商业主街。另一个方向是以两路一河为发展支撑，以信江南岸为北部生长起始边界向南部地块拓展。

集镇聚落中的致密型肌理单元与舒朗型肌理单元的空间分布状况与集镇本身的等级关系联系在一起。

4.4.3.2　集镇等级对于集镇聚落面状肌理的影响作用

施坚雅将集镇的市集等级分为三类，即设有基层市场、中间市场与中心市场。基层市场是各级商品市场的基础，以周期性的墟、集、市等初级商品市场为基本网结，构成地方经济的多边形经济空间体系，这类市场是农产品和手工业品输往各个中、高级市场的起点，也是外来商品、信息输入的经济空间体系最底层、最终点。信江流域存在着大量这样的初级商品市场，如上饶县的大路口、高州，广丰县的湖桥墟、排山墟，弋阳县的大桥，贵溪市的门坊，安仁县的官坊市、黄家渡市等墟、市。

中间市场以自身的商业功能将彼此分散的在墟、集、市等初级商品市场商业点连接在一起，将商品、信息和劳务向基层市场和中心市场上下两方垂直输送，是基层市场与外部经济环境的联系中转站。中间市场平衡、调节着整个区域经济。明清至民国时期信江流域玉山县的樟村，上饶县的沙溪，广丰县的洋口、五都街，兴安县的葛源，铅山县的石塘、陈坊、紫溪，贵溪市的上清、塘湾、鹰潭，余干县的瑞洪等都属于这个级别的集镇聚落。

中心市场是功能最齐全、负荷最重的。施坚雅认为："中心市场在流通网络中处于战略性地位，有重要的批发职能"。[①] 在市场的设施设置上，中心市场一方面将大量流入的外地商品接受下来，并通过市场分散到各个中间市场和基层市场，另一方面，收集周边中间市场和基层市场的地方产品，并将这些产品输往其他中心市场或更高一级的都市市场，[②] 并为该地区的经济发展不断注入新的商品、资金和劳务等因素。而信江流域中，铅山县的河口古镇、玉山县的七里街就是这样的中心性高级市场，特别是河口古镇，自明清以来就作为信江流域的中心市场，将当地及周边的茶叶、连史纸输往全国，并将江、浙、闽、粤等各省流入的货物、技术、资金分散输送至信江流域的各个县、镇、乡、村。

因此从商贸特点上来看，信江流域的集镇聚落的等级对应中级市集和高级市集这两类市集进行划分，便可以划分为作为墟、集、市等初级商品市场商业点连接点的二级集镇和将区域经济与全国市场联系在一起的一级集镇，其中铅山县的河口古镇、玉山县的七里街便是一级集镇的典型。

4.4.3.3 集镇等级对于集镇聚落路网结构的影响作用

城市的源起与交通和政治紧密相联，传统农业时代水路与陆路交通的联合是决定城市是否成为区域中心的关键，城市要有舟楫之便，也要有车马之利，信江流域的城镇聚落也多是如此。信江流域自干越时代，便是依山而住、凭水行舟的"水行山住"环境居住模式。除水运之外，河口、上清、石塘、陈坊等大、中型市镇多处水陆交通要冲之地，兼具陆路运输枢纽角色，挑夫、脚夫络绎不绝地往来集镇之间。在纸业、茶业贸易繁荣的明清之际，千条扁担过街的盛大场景在信江流域的集镇中极为常见。由于商业贸易繁荣与否是集镇聚落生存之根本，交通条件的发达与否就成为集镇聚落环境建设中的关键，因此集镇的道路建设必然是与商业运输目的与方式结合在一起的，集镇聚落的形态以及肌理结构的形成与发展也就与水陆交通的状况联系在一起。

由于一级集镇聚落在商贸活动上，担负着将二级集镇与全国性市场联系在一起的功能作用，因此是作为区域内交通枢纽进行建设的。在依赖水运为主的传统农耕社会中，一级集镇聚落在交通环境上多注重航运条件的建设，因此在滨水的码头建设上，多呈现出码头规模大型化、布局群组化、功能专门化等特点。码头是作为二级集镇与全国性市场的交通中转站的角色而存在的。典型的案例便是河口古镇沿信江南岸建设的大规模码头群，这些码头群沟通了闽北、浙西以及鄱阳湖与长江水系的交通关系，是闽北、浙西、赣东北地区物资的重要流通中转站。

① 施坚雅．中华帝国晚期的城市 [M]. 北京：中华书局，2000：7.

② 同上．

在一级集镇聚落内部，由于集镇工商贸易发达，聚落规模较大，集镇的商业主街多靠近河流岸边布置，并与河流方向平行。在主街靠近河流的一侧，主街与码头之间存在着如下关系：

1. 依靠布置于滨水吊脚楼之间的巷道、台阶、坡道连接河岸边的码头。

2. 部分大型码头会成为集镇商业主街道的始发点，且其发展出的街道方向多与河流相垂直，伸入聚落的内部，构成聚落的商业主街。

3. 商业主街是信江流域集镇聚落中的骨干主街，巷道、弄道分布于主街两侧，联系着主街与聚落内部。

4. 主街与连接的街巷形成梳状或鱼骨状的街巷道路结构肌理，并成为聚落内部网状路网的基础发展点。

在主街的另一侧，则分布着处于聚落深处的众多街区。为了集镇的工商贸易功能得以顺利展开，这些街区在功能设定上具有相互支持和补充作用，所以街区彼此间的功能明确，因此聚落内部的交通关系建设注重街区之间的往来通畅，使得集镇聚落内部的街巷交通结构四通八达，极少有死巷结构。聚落内部路网结构以网状结构呈现，并与商业主街连接。网状路网结构中，十字形的路口结构较多（图 4-16）。

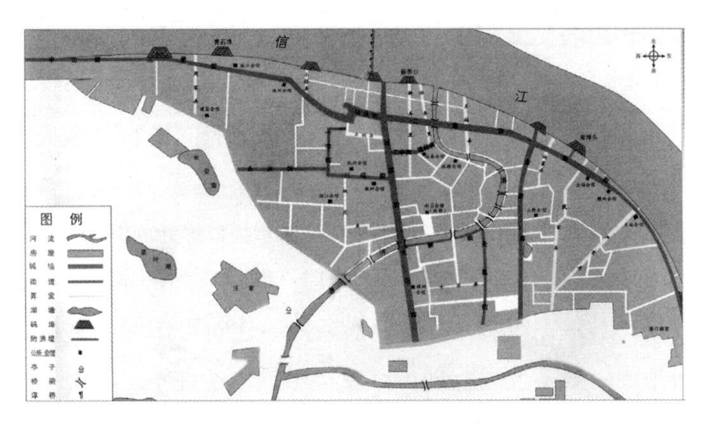

图 4-16　河口古镇路网结构

（图片来源：《铅山古建揽胜》）

二级集镇在功能上多作为一级集镇的材料汇集地。在信江流域二级集镇通过周边集、市、墟等基层市场完成对乡村聚落的物资与货物的征集、收购活动，以陆路交通的方式将货物运至二级集镇，再通过航运将货物发往一级集镇。例如石塘、陈坊、紫溪、湖坊等集镇向周边的乡村收购连史纸，是连史纸贸易水运的起点。由于需要征集、收购货物和进行大规模的水上运输，所以二级集镇在运输环境营建上需要兼顾水陆运输两个方面。且由于集镇整体商业功能较为单一，因此聚落内部的街区发展力度较小，街区彼此间功能联系也较为单纯，使得集镇内部街区间的彼此联系多以货物的单向输入或单向输出为主，街区间的交通流线方向单纯。街道路网多为以沿河平行的线状主街为主体，向集镇内部发展出垂直向的巷道，这些巷道之间往来较少，从而使得路网整体呈现出梳状结构。或在集镇陆路交通的一端形成主干道路，主干道路向集镇另一端分散式发展出多条支路，从而形成枝状或叶脉状的路网结构。其中梳状路网结构多有丁字路口，而枝状或叶脉状路网结构，三岔路口较多。

4.5 小结

本章从聚落物质资料利用方式的角度出发，对传统聚落生产要素组织方式 对空间肌理形态的生态适应性影响作用进行了探讨。

平畈、低丘地形下，稻作经济主导的乡村聚落土地经营密集化。聚落面状肌理在空间上依据丘陵各朝向的热资源分布特点，按功能集中分布。菜园、林地等生产要素集中布置在聚落边缘地带；建筑与院落（禾基）结合成基本住宅单元，再沿建筑轴线纵向生长形成聚落组团，道路联系各个组团；聚落的肌理骨骼结构上，路网多为纵向组织关系，路网与组团关系清晰，尺度与等级关系明确。聚落空间肌理特点便于聚落与耕地之间的各种物质的快速沟通，利于聚落通过排水、排污将内部能量快速集中通往耕地，也有助于聚落内部的通风、排涝。

山林经济主导下的乡村聚落要求单个农户组团具备自给自足能力，导致土地经营多样化，其面状肌理以住宅为核心，结合附属建筑、菜园、果园、竹林等生产要素形成复合式农户组团，组团之间的空隙成为聚落内部线状的公共交通空间。面状肌理要素带状交错，建筑密度较为疏朗；肌理骨骼结构上，道路空间形态不清晰，尺度变化随机，与农户组团之间的边界关系模糊不清；地形条件对建筑形态影响直接，民居形态向建筑平面左右横向拓展。聚落空间肌理特点便于热资源条件不足的山地地区聚落组团内部的各个单元获得较佳的日照条件。

信江流域集镇聚落茶、纸贸易主导下的商贸专业性和等级性从商业建筑尺度、面状肌理内部密度、聚落骨骼等几个方面对集镇聚落的空间肌理特征起着影响作用。专业性的工贸集镇以商业建筑类型导致的不同商铺尺度关系为基础，对集镇组团层面的面状肌理密度特征和街区层面的面状肌理密度分布起着影响作用。进而导致了在一级集镇聚落的肌理形态中形成了“致密围合疏朗”的肌理骨骼组织方式，在二级集镇聚落中形成了“致密渐变为疏朗”的肌理骨骼特征。聚落肌理注重道路路网的高效性，以天井调节聚落组团内部因建筑物密集带来的排水、通风不便。

本章结构图

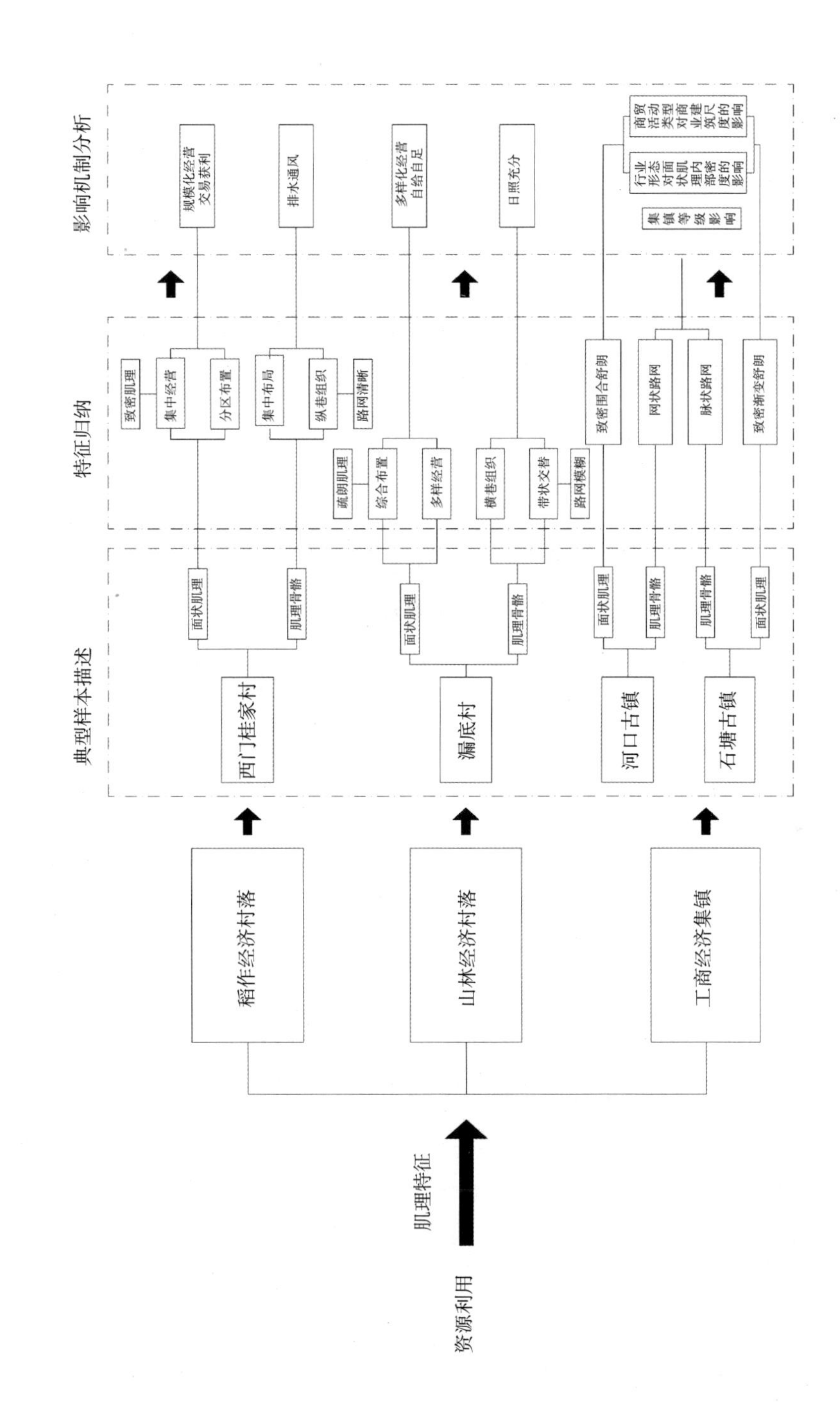
资源利用
肌理特征
稻作经济村落
山林经济村落
工商经济集镇
典型样本描述
特征归纳
影响机制分析
西门柱家村
漏底村
河口古镇
石塘古镇
面状肌理
肌理骨骼
面状肌理
肌理骨骼
面状肌理
肌理骨骼
肌理骨骼
面状肌理
致密肌理
集中经营
分区布置
集中布局
纵巷组织
路网清晰
疏朗肌理
综合布置
多样经营
横巷组织
带状交替
路网模糊
致密围合舒朗
网状路网
脉状路网
致密渐变舒朗
规模化经营
交易获利
排水通风
多样化经营
自给自足
日照充分
集镇等级影响
行业形态对面状肌理内部密度的影响
商贸活动类型对商业建筑尺度的影响

第5章 “三才”思想：生计方式影响下的聚落环境优化观

技术实践是技术思想形成的基础，技术思想形成后又反作用于技术实践，对物质资料进行有效利用需依靠具体生产技术来实现，因此生计方式的展开是在具体生产技术思想指导下进行的。

由于现实的自然资源环境或多或少都存在着不足之处，所以在聚落选址确定后，人们便通过营建活动将聚落内外存在的各种缺陷进行优化、改造，使之成为适于生产、生活的人工环境。聚落环境是营建实践形成的成果，而传统村落、集镇等聚落作为农业时代背景下的生产环境，其建成环境在具体的营建活动中，会受到生产技术思想作用而形成环境价值认知、评价等影响，所以生计方式也会在很大程度上对聚落环境优化起影响作用。

本章将通过对信江流域不同类型生计方式背景下，不同传统村落与集镇中环境资源改良与增强、服务功能完善等生态适应性营建活动的特征进行归纳，并进行成因分析，探讨由生计方式生成的相关技术思想对信江流域传统聚落环境生态适应性营建观念形成的影响。

5.1 “三才”思想：精耕细作技术观的重要体现

不断在单位面积土地上提高土地生产率和劳动生产率，以获得更多的农产品，是土地集约化耕作经营的根本目的。劳动集约化是以劳动投入为主，资金集约化是以生产资料投入为主，技术集约化则是以技术投入为主。在社会生产力较低，农业科学技术相对不发达的传统农业背景下，我国的农业集约经营主要是依靠投入劳动力的方式来实现土地的高生产率，属于典型的劳动密集型生产方式。天、地、人三才各有其道的思想乃是春秋战国时期中国思想的共识[①]，其学说的具体源起虽是众说纷纭，但在《吕氏春秋・审时》中以：“夫稼，为之者人也，生之者地也，养之者天也”[②]的观点明确认

① 陈赟.《易传》对天地人三才之道的认识[J]. 周易研究，2015（01）：41.

② 张双棣，张万彬，殷国光，陈涛. 吕氏春秋译注[M]. 长春：吉林文史出版社，1987：936.

为，农业耕作与天、地、人三者之间存在着密切的关联，说明人力密集型的耕作方式是我国农学思想形成以“天、地、人”三才观为代表的技术思想之基础。

传统的三才观中以“天”“地”“人”为三才，其中的“天”主要是指天时，即自然界的气候；“地”在古代观念中有多重涵义，在论述自然环境的时候多指地势等地理资源，在农学范畴中则有“地气”“地力”“地材”“地财”“地利”等概念的提法，“地力”与“地气”概念多与土地资源品质如“肥力”“贫瘠”相关，“地材”又称“地财”，既指土地上的农业收益、物品出产，又包含有山林水泽、矿产资源、飞禽走兽等自然资源的意思。“地利”的概念则较为模糊，它既能表示“地力”“地气”的概念，有时也用于表示“地材”“地财”的内容，因此“尽地利”既有提高土地肥力、提升土地利用率的意思，也有积极开发各种自然资源，包括生物资源和矿产资源的含义。“人”的观念也往往因语境变化而异，在古代各家关于“三才”思想的理论框架中，多指“人力”与“人和”这两个概念，就我国传统农学而言“人”的因素更偏向于“人力”的概念，关注与人力资源相关的劳力与技术在农业生产中的密集投入。

在“天、地、人”的三者关系上，荀子以“天有其时，地有其财，人有其治，是之谓能参。”① 的观念进一步阐释了人与自然之间的关系，即：“人”以平等的自然过程参与者身份来建立与“天”“地”的关系，人并非是凌驾于大自然之上的主宰，也非匍匐于“天”“地”脚下的奴隶；要在“天人相分”的认知基础上重视人与自然的协调，要注重人在这种协调关系中的主动性地位和积极作用，积极主动地将自然界客观规律为我所用，实现“天人相参”或“天人和协”的天人环境关系。

由上述可见，在人与自然关系认知里，“三才”思想认为“人”是作为天地万物之间的互养、共生、协调关系的促进者而存在的，而非近代西方哲学中的“主客对立”状态和征服与被征服的关系。《荀子 · 天论》中说“万物各得其和以生，各得其养以成……财非其类以养其类，夫是之谓天养。”②《孟子 · 告子上》则谓：“苟得其养，无物不长；苟失其养，无物不消”③，在“三才”理论下的天地人统一体关系认知中，人和自然应当相互协调，包括人类在内的天地万物和谐统一是最为理想的状态，这种和谐统一以万物之间互养、共生的形式出现。在这种认识基础上，“三才”思想认为，人们不仅不可以破坏天地万物互养、共生的共存状态，而且应当积极促进这种互养、共生过程，采取适当的措施去辅助和促进自然再生产的过程；并有节制地加以利用，以维持环境的生态价值，甚至是提升环境的生态价值，达到对于自然的永续利用和人与自然的和谐发展。人力对自然界的积极参与、协调意义也就在此得以呈现。

① 梁启雄 . 荀子简释 [M]. 北京：中华书局，1983：222.
② 梁启雄 . 荀子简释 [M]. 北京：中华书局，1983：223.
③ 万丽华，蓝旭 . 孟子 [M]. 北京：中华书局，2007：250.

《中国农业百科全书・农业历史卷》中关于“精耕细作”的解释为“现代广泛使用的一个专门术语，用以概括历史悠久的中国农业在耕作栽培方面的优良传统，如轮耕、轮作、轮施肥、复种、间作、套种、三宜耕作、耕耨结合，加强管理等。”[①]；卢锋先生则指出：“精耕细作技术路线的真实内涵：即在单位面积耕地上密集投入较多活劳动和其他农业生产资料，勤于管理，精耕细作地进行农业生产。”[②]；李根蟠先生则认为：“所谓‘精耕细作’，本质上就是充分发挥人的主观能动性，利用自然的有利方面，克服其不利方面而创造的一种巧妙的农艺。”[③]

农业生产环境条件是变化着的，自然状态下的气候、水源、土地肥力等因素都会处于变动的状态，农业动植物的生长状态也会对周围环境的变动产生相应的反应与变化，这是中国传统农学的“三才”理论中重要的认知内容。认识到这点，就能在农业生产领域内充分发挥人的主观能动性，去促使农业耕作环境向有利于动植物生长的方向转化与发展就成为可能。因此，中国传统农业中重视改良土壤、选育良种、关注灌溉水系营建等农业经营主张都与这种认知有关。即人们意识到，即便人力无法左右“天时”，但人们依旧可以依托自然界的微地形、小气候等“地利”，凭借人类的“工巧”去形成温室、暖房等小规模的人工环境，去摆脱时空的限制，生产出自然环境条件下不可能出现的“非时之物”来。

因此人们在“三才”思想指导的农业生产实践中意识到“天”这一环境条件是人所不能左右的,但“地”的环境条件则是在一定程度上可以改变的。“天时”可遇不可求，但“人力苟修则地利可尽”，所以把土地改良作为农业环境条件改变的主导方向，这也是我国传统农学的主要指导思想。改良土地的思路主要有两条：一是尽量把可垦的荒野开辟为耕地，二是努力提高单位面积的耕地产量。第一种方法能够将土地由“自在自然”物转化为“人化自然”物，后者则在“人化自然”物中不断增加技术含量和物化劳动的因素，使其变得更具生态价值。

正是“三才”思想中意识到“天”这一环境条件中不能为人们所左右，但“地”的条件则是在一定程度上可以改变的观念，使得中国传统农业产生了以重视人的作用为特征的精耕细作观念。

中国传统农学在“三才”理论指导下强调“三宜”原则，即因时制宜、因地制宜、因物制宜，要求一切农业措施必须顺应自然，尊重自然界事物生长、发展、变化的客观规律；同时又认识到农业生产既不能脱离自然环境基础，但更离不开人的积极主导作用。故《管子・八观》说：“谷非地不生，地非民不动，民非用力毋以致财。天

① 中国农业百科全书 . 农业历史卷 [M]. 北京：农业出版社，1995：169.

② 卢锋 . 精耕细作的技术体系——我国传统农业生产力系统考察之二 [J]. 生产力研究，1988（02）：52.

③ 李根蟠 .“天人合一”与“三才”理论为什么要讨论中国经济史上的“天人关系”[J]. 中国经济史研究，2000（03）:7.

下之所生，生于用力”[①]。将密集的人力劳动投入生产之中，进而将这种观念带入工艺技术观中，从而使得“三才”思想在乡村聚落环境生态性改良中以精耕细作观呈现出来。

从集约化农耕生计方式中产生的“三才”思想，其影响作用不仅局限于传统农业范畴之中，也对传统手工业制造领域产生了重要的影响。《考工记·总叙》中认为良工的出现，必须能巧妙地合天时、地气、材美、工巧为一体。因此，即便有了“材美工巧”的条件，如果不得其天时，不得地气，生产出的产品也是不良的，所以“橘淮而北为枳……此地气然也。郑之刀……迁乎其地而弗能为良，地气然也……草木有时以生，有时以死……水有时以凝，有时以泽，此天时也”[②]。传统手工业制造中，所需的大部分原材、材料或从自然动植物中直接获得，或是从农业种植、养殖的动植物中所得，同样一种材料在什么地方生长，在什么季节获取直接关系着制造成果的质量，因此与动植物生长相关而形成的“天时”“地气”概念就被借用、引入手工业制造领域，用以解释物品的生产及制造原理。

《考工记·总叙》中认为“天时”“地气”决定了“材美”与否，而“工巧”则将三者结合为一体方成“良工”，“三才”思想指导下对于“天、地、人”三者在手工业生产中的相互关系认知便如此形成了。

从上述诠释中可见“精耕细作”包含两方面内容，一是通过加强管理，对已有的自然资源进行高效利用；二是通过“地利”和“工巧”的创造性改良，克服不利的自然条件。

5.2 资源改良与增强：村落环境优化中体现的生态特点

5.2.1 桂家村环境生态优化特点

出于集中经营土地以求得高效利用土地资源的目的，西门桂家村将整个村落营建于红石山体之上。石质的山体使得桂家村村民在生活生产上面临诸多不利，因此通过对村落环境的“精耕细作”，将不利条件转化、改良，也是对已有有利条件进行再优化、增强，使得聚落环境变得更宜于居住、更利于生产，这也成为桂家村村落环境生态适应性营建的主要目标。

5.2.1.1 桂家村的环境问题

1. 地形改造：山体带来的地形坡度需要处理成平地，以利于生产生活的展开，但石质的山体使得基础的改造较为困难，且改造的经济成本较高。

---

① 黎翔凤，梁运华．管子校注（上）[M]. 北京：中华书局，2004：261.

② 张道一．考工记译注 [M]. 西安：陕西人民美术出版社，2004：10-14.

2. 夏季降温：硬质的山体使得夏季的村落地表温度酷热难耐，需要对村落环境进行通风、降温处理。

3. 植物种植：石质山体上土壤稀少，不利于蔬菜、花果、竹林等植被种植，也不利于通过植物的手段对村落内部进行降温。

4. 废弃的石材开采坑：在桂家村村落东南部红石丘陵，山体西坡曾作为采石场而留下大量被废弃的采石坑。对于聚落以及建筑的营建而言，这些被废弃的采石坑曾提供了大量优质的红石建材资源，但从农业生产的角度和对于周边自然环境而言，崎岖的形态，光秃的坑体，是个自然生产能力极弱、生态恶劣的环境。

5. 山体土壤贫瘠、土壤流失严重：红层盆地的红壤因砂岩风化而形成，性质为酸性，有机成分少。而红石山体上的红壤土层更为浅薄，且土质贫瘠，对地表依附能力低，极易被冲刷。山体石质结构，降雨时地表排水快速，但瞬间水量较大，对于山体本身就不多的土壤冲刷作用强烈。

5.2.1.2　桂家村内环境的生态营建特点

1. 坡地改平台

桂家村所坐落的山体平均坡度约为 6%。建筑基地被开凿成层层跌落的台地，自丘陵底部而上分布，农舍就坐落在台地上。针对不同的山体坡度，西门桂家村中，农舍单元与台地关系的处理有四种方式：坡度缓的坡地开凿为平地，台地后壁与排水沟营建结合为一体；借山体为建筑后墙一部分；山体高低落差较大的情况下，建筑远离开凿为崖壁的山体；菜地菜园种植区采用石块累叠挡土墙建设蔬菜种植平地。

2. 建设冷巷

为解决夏季红砂岩热工效应带来的灼热地表温度，西门桂家村以高密度的建筑布局形成村落内部大面积的连续阴影，并结合巷道的通风冷却设计，对村落内部进行降温处理。

其具体做法为：将建筑单体正面挑檐与冷巷山墙面结合起来处理，深远的挑檐避免阳光对于正面墙体的直射作用，狭窄的巷道使得建筑在山墙方向彼此遮掩，避免了阳光对建筑山墙的直射，并将巷道长时间地遮蔽在山墙上形成的阴影之中，沿山墙从村落高处流往低处的排水沟渠则在一定程度上对热空气进行降温。在 2017 年 7 月 29 日正午的实地测量中，当村落外空地 1.5 米处的气温在 35℃的时候，冷巷 1.5 米处的气温则一直维持在 32℃左右。加上通风作用，使得冷巷成为西门桂家村村民中午纳凉的好去处（图 5-1）。

深远的挑檐、狭长的巷道、排水沟渠共同结合成村落内部的冷巷系统，使得村落内环境在夏季具有良好的降温效果。

3. 气候适应性调节的庭院种植

由于雨水冲刷，红砂岩基质的丘陵往往童山濯濯、寸草不生，且红砂岩的热工效应会导致夏季地表温度灼热，甚至可以达到50℃的高温。为降低环境灼热的温度，桂家村许多农户就在院子中或房前屋后或开凿花池，或围建花圃，移入土壤，种上无花果、柚子树、柿子树等树冠较为舒展的树木，用以在住宅附近形成阴影空间，傍晚时分再结合清水浇地，就能使得夏季傍晚院落、空地清爽宜人，成为日常起居活动及纳凉、谈天、劳作的好场所。在改善了微气候环境的同时，庭院种植系统还能补充家庭建筑维修的木材来源，同时还促进砂岩与土壤生成之间的生态演化，改良聚落内部土质结构。陶渊明式的“方宅十余亩，草屋八九间，榆柳荫后檐，桃李罗堂前”在桂家村得以重现，而这从来就是中国传统农业社会时代的理想家园图谱。

4. 采石场规划性开采与种植、养殖区营建

由于桂家村坐落于红砂岩质地的石质丘陵上，因此人们就地取材，在村落周边的山体上开凿采石场以获取修建农舍建筑所需的石材。随着村落的日益发展，建设的规模也会日益扩大，桂家村采取石材开采与菜园、鱼塘规划相结合的方式进行采石场的规划开发。针对红砂岩质地山体水源匮乏，但当地降水充沛的环境特点，优先在山体底部周边规划采石区，一是便于石材的运输，二是便于形成由采石废弃区形成的池塘，利于将来对采石坑填土，并结合池塘水体建设菜园、果园（图5-2）。

图5-1 夏季中午西门村、杨碧村的冷巷

（图片来源：自摄）

图5-2 桂家村北部采石场与菜地、鱼塘的联合建设

（图片来源：自摄，根据Global mapper软件绘制）

5. 肥料来源与聚落卫生设施建设相适应

桂家村外围边缘地带靠近道路，建筑与菜园、池塘等养殖场所交接之处，建有大量的厕所，这些厕所都是私人设置但面向大众服务的公共厕所（图5-3）。牛棚则设置于村落

图 5-3 西门村聚落边缘的众公共厕所
（图片来源：自摄）

南部一座名为麻脚岭的红砂岩丘陵北麓。

村民将排水沟渠与聚落内部的纵巷路网、聚落外部的莲池、鱼塘进行联合建设。村落的雨水排泄系统与猪圈、厕所、厨房的废水排污口、取肥口结合在一起，其中猪圈、厕所的取肥口并不与沟渠直接联系，但处于附近位置以便于用水冲刷被粪肥污染的地面。排水沟渠垂直于等高线直通村子前方丘陵下的水塘群（图 5-4）。

6. 水系的生态性建设与利用

桂家村从村子高处自北向南在石质地面上凿出沟渠。在村落基地高处，沟渠起先还是浅窄的小坑，这些不起眼的浅小沟渠彼此相连成为一张较为密集的网络，随着地势的不断降低，雨水汇集量的增大，沟渠开始变得越来越宽深，数量也逐渐减少，终究汇集成为几条主干沟渠，这几条主干沟渠再沿着山坡将雨水汇集到村子南端低处的池塘和灌溉渠中。整个桂家村的沟渠组织在北端犹如毛细血管一般遍布在村子的高处，而主干沟渠犹如主动脉一般将各处“毛细血管”汇集来的雨水统一排向规划地点，使得整个村庄排水秩序井然。同时将排水沟渠与聚落内部的纵巷路网，聚落外部的莲池、鱼塘进行联合建设。

桂家村周边被废弃的采石场经过数年的演化，汇聚大量地表水形成深深的池塘，这些池塘也往往被人们用来作为鱼塘进行渔业养殖，从而形成采石场—池塘—鱼塘的生态演化过程。

5.2.2 漏底村环境生态优化特点

5.2.2.1 漏底村的环境问题

1. 地形改造：村落所在的山体形成坡度需要处理成台地，以利于生产生活的展开。

2. 日照积温不足：由于处于

图 5-4 冷巷、取肥口、荷塘联合建设
（图片来源：自摄，鹰潭市城乡规划设计研究院资料绘制）

山区，村落的热环境较差，年平均气温较低，不利于蔬菜、果木等植被的种植、生产。

3. 土地资源不足：唯有盆地东侧山坡地利于蔬菜、果木等植被的种植，经济作物与村落建设争地。

4. 交通不便：地处山区，交通不便，建筑材料获得不便。

5.2.2.2 漏底村内环境的生态营建特点

1. 坡地改平台

与桂家村的坡地改平台的目的不同，漏底村的地形改造，其目的在于综合处理经济作物与村落建设争地问题，并增加与提高地表积温条件。村落自东向西由五阶台地构成。住宅、菜地、果园分层交错布置于平整出的台地上，且以带状交替布置的方式解决了经济作物与村落建设争地问题，并构成村落空间的垂直结构。

2. 散村式农舍布局

由于山地地区日照时间相较于河谷、平畈地带段短，从而造成村落的热环境较差，年平均气温较低，不利于“建筑—菜园—建筑—林地”平行带状平面布局下蔬菜与经济作物的生长，因此村落多以散村布局方式拉大农舍之间的建筑间距，以利于增加农舍之间蔬菜种植区的日照时间。

3. 土地改良与建筑建材获取同步

在交通条件和经济条件的限制下，漏底村农舍住宅以生土为主要建筑材料。生土的来源往往直接来源于水稻田、菜地等耕地处。在梯田—菜地—宅基地—菜地的演化过程中，生土建筑与菜地、耕地相互转化，生土建筑形成的老墙土对于菜地、耕地的肥力增加有着良好的改良作用①。

由于经济产值较低，漏底村所拥有的技术条件和资金状况无法与集镇聚落相媲美，因此，在建筑与菜地、耕地的相互转化演变中，更倾向于稳定性的变异恢复，如就地取材使用生土、鹅卵石、碎石等低经济成本的建筑材料，采用夯土、土砖等简易而高效的营建技术来建设聚落，实现聚落环境的快速恢复。

4. 建立公林、公田、公山等可持续维护系统

在如何保持村落的可持续运转上，漏底村采用设立公林、公山、公田等具有“慈善基金”式的公有资产来获得公共收入，用以解决公共环境的维护资金来源。其中公山营建往往与风水林的建设、水口景观的建设以及神社的建设等结合在一起。公林、公山上的树木大体可分为三类：一般的杂木、经济价值高的经济类树木和用于聚落公

① 墙土里本来就含有一些难溶性的磷、钾等，经过长期的理化作用，便转化为易溶性的速效养分。同时，人们日常生活中的污水、污物以及人畜排泄物渗入土中，其中的含氮化合物经氨化和硝化作用而形成硝酸，进而与钾结合成硝酸钾，逐渐集中在墙脚。硝酸钾常随毛管水上升，当水分蒸发后便残留在墙上。据分析，老墙土含氮 0.19%~0.26%，磷 0.45%，钾 0.81%。老墙土施用前要打碎，最好作追肥，用于旱地的效果比水田好。（刘楠．老墙土为什么有肥效？[N]. 新农业，1984-06-29：10.）

共建筑维修的杉木。

村落内部的人员会在每年约定的时间里，对公林、公山上的风水林进行维护，将林中的杂木砍下，收集起来进行出售，所获得的资金就用于公共环境的维护。经济价值高的树木要经公议以后才能砍伐变卖，以筹集资金用于村落内部需要较大规模资金的时候。杉木只能用于村落内部公共建筑的营建和维护、修缮，不得买卖。

5. 种植系统的多元组织

漏底村土壤贫瘠，人均耕地面积虽大约八分地，但由于地处深山，土地贫瘠，农田的收成不算很好，水稻的收成甚至不足以提供全村人口的口粮，还需要依靠山货来换取口粮，村民的收入主要来源于茶油种植和板栗种植，聚落内部的果林与聚落后山上竹林的产出对于增加居民的收入来说就显得更为重要，其中在山林中打柴、采摘野茶和药材也是重要的收入补充①。在具体的农舍环境经营上，则注重房前屋后的土地高效利用，通过庭院种植系统形成良好的农舍经济生产环境。

6. 对生活、生产用水进行污洁分离

漏底村东北角卷桥坑水塘，是村中饮用、浣洗、灌溉用水的主要来源。为保持饮用水源的清洁，并解决浴牛、沤麻、家禽养殖、排污、消防等用水问题，村民们在村落最低一级台地位置，宗祠北部地势最低洼处开凿了两个较大池塘。

5.2.3 南塘村环境生态优化特点

5.2.3.1 南塘村的环境问题

1. 地形改造：南塘村处于山坳地形之中，山体需要处理成台地，以利于生产生活的展开（图 5-5）。

2. 日照积温不足：由于处于山区，村落的热环境较差，年平均气温较低，不利于蔬菜、果木等植被的种植、生产。

3. 土地资源不足：山坳地形周边几无平坦土地，唯有经“坡改平”后的台地可以在建筑缝隙之间种植少量蔬菜。土壤肥力较差。

4. 交通不便：地处山区，交通不便，建筑材料获得不便。

5.2.3.2 南塘村的生态环境问题的解决方式

1. 坡改平——聚落基地地形改良

① 在漏底村村民毛金香家的采访中可知，2017 年竹材约 0.3 元 / 斤，木柴的售价约 0.5 元 / 斤，野茶叶 50 元 / 斤，金银花 50 元 / 斤，其家中有枣树一棵，年平均收成为 200~300 斤果实，收入在 50 元左右，其家庭收入主要依靠茶油种植和板栗，茶籽树种植有 20 亩左右，产茶油 200~300 斤之间，其中板栗每棵树的净产量也就 40~50 斤上下，全家板栗的年总收成在 300~1000 斤之间，因为气候的原因收成极不稳定。在耳口镇曾家村的采访中则得知砍柴是山地乡村聚落中重要的生计来源，20 世纪 50 年代一担干柴（100 斤重）可以换取大米约 90 斤，耳口镇周边乡村中旧时无耕地农户常以砍柴为生计，每日可以挑一担干柴换大米 90 斤以度日。

南塘村的地形改造目的：一是和漏底村相同，在于综合处理经济作物与村落建设争地问题，并增加与提高地表积温条件。二是为了增加更多的耕地面积进行蔬菜种植，解决南塘村日常副食供给的问题。

图 5-5　南塘村台地关系

（图片来源：自摄，根据谷歌地图自绘）

2. 土地改良与建筑建材获取同步

人们除了投入人力物力用于耕地的土壤改良以外，也结合营建聚落来改良土壤条件，特别是在土地资源更为匮乏的山区地带。在山区，耕地面积往往受到山体坡度的影响而变得狭窄细长，同时在耕地中夹杂着大大小小的山石，导致农田的耕作变得十分不便，因此在建设住宅民居、道路等工程的时候，人们就有意识地从耕地中取石、凿石，在获得用于聚落建设的石材同时，也将耕地中的大小石块一一清除，使得农田的耕作变得更为便利、土质更为肥沃。在村落内部也存在着土壤肥力改善的需要，以促进庭院经济中的植被系统变得日益繁茂，从而有利于聚落内部微气候和物种多样性的生成。

3. 建立可持续维护系统

南塘村由于造纸业发达，经济收入条件远较一般山区村落好，因此采用设立公田的公有资产来获得公共收入，用以解决公共环境维护的资金来源。公田分散于山外距聚落数公里远的平原河谷地带。

4. 树木种植系统

山区地带山高水冷，南塘村村内极少种植高大乔木，以使农舍建筑获得最大的日照时间，改善居住热环境。村落内部零星种植杉木、枫树、栗子树、女贞、银杏，用于建筑修缮，并可以提取枫糖、采摘栗子改善生活（图 5-6、图 5-7）。

5. 水系的生态性建设与利用

南塘村水系呈“丫”字结构，有两条溪流分别自山坳间的西隅与西南隅流下，相

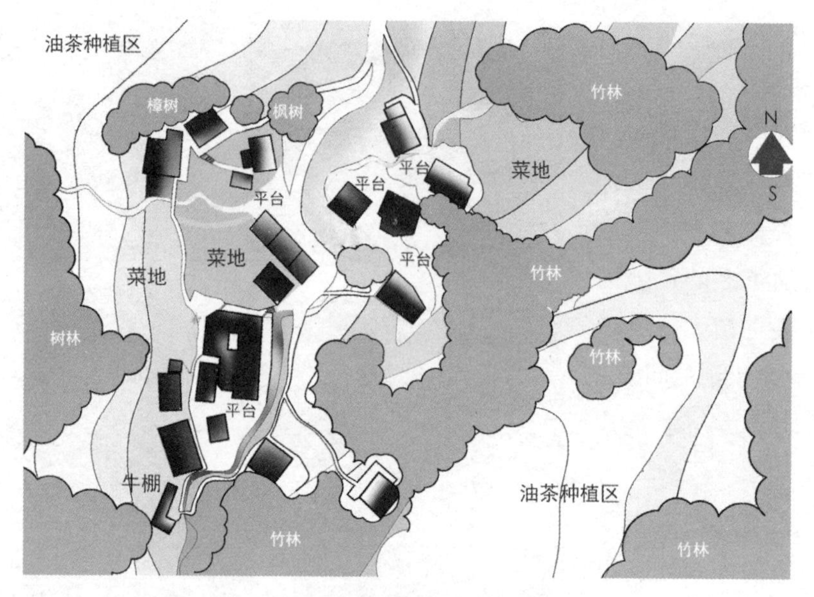

图 5-6　南塘村种植关系

（图片来源：根据谷歌地图自绘）

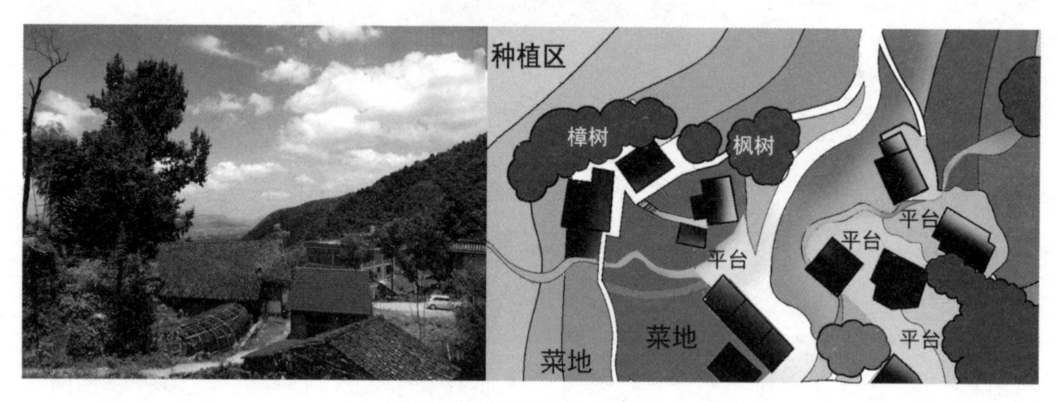

图 5-7　南塘村种植关系

（图片来源：自摄，根据谷歌地图自绘）

汇于村落中部的第二级台地，并顺东南向流向山外。溪流在第二级址第五级台地分别形成大小不一的水塘群。

6. 排水系统的生态性建设

在坡改平时，南塘村的台地多用开垦菜园时挖掘出的石材砌筑台地侧壁，用作蔬菜种植的台地，内部以土壤进行充实，而用于农舍建筑台基的台地，内部以碎石充填为主，台地表面再用土壤覆盖、夯实。排水沟渠设置在台地底部，与村落的溪流相沟通。当春夏雨季时，雨水渗入台地内部，被碎石、土壤所吸收，当雨量超出碎石和土壤所能吸纳的水量时，过多的雨水就会通过碎石缝隙和台壁石材缝隙涌出，排入台地底部的排水沟渠，再沿溪流排入水池。

5.3 防洪与运输的功能完善：集镇环境优化的生态特点

5.3.1 河口古镇环境生态优化特点

5.3.1.1 河口古镇环境问题

1. 防洪安全

濒临信江让河口古镇具有良好的航运条件，同时也使得河口古镇以及沟通两岸的桥梁等公共设施面临着春夏之际洪水的威胁。

2. 内部降温

由于地处信江平畈地区，河口古镇一带日照充分，集镇在夏季气温酷热难耐，需要对集镇内部进行通风降温。

3. 水系建设

集镇虽然濒临信江，但生活用水上由于洪水的威胁以及航运繁忙导致的河水浑浊等原因，河口古镇段的信江河水不便直接饮用；再则，随着集镇向河岸南部纵深的日益发展，集镇南部的居民前往信江提取生活用水变得也日益不便。

5.3.1.2 河口古镇生态环境问题的解决方式

1. 通风：巷道与码头结合的生态适应性建设

河口古镇码头群的出现使得集镇滨河界面被连续性断开，有利于夏季河面凉风进入聚落内部使得潮气与暑热带来的居住不适感被减弱，甚至是消除。古镇北面的沿街建筑一字紧密排开，沿江通往古镇内部的巷道与商业主街南边通往河边码头的巷道错开，防止冬天寒风直接灌入带来湿冷空气造成内部潮湿。冬季的时候，信江河水面温度高于聚落内部温度，所以河面上是不会有风吹向聚落的，不会造成聚落的整体环境温度下降。

2. 封闭岸线：为防洪聚落的外部形态

采用坚固的材料，雇佣技术较高的匠人将聚落建设成可以抵抗洪水侵袭的坚固“堡垒”是集镇聚落中人们的营建思路，按照这些思路营建而成的信江流域集镇聚落在桥梁空间、滨水空间、街道立面、道路等空间形象上因此呈现出高大而连续封闭的硬质空间形态。

北临信江的河口古镇与江面之间存在 5 ~ 6 米高差的陡坡。商业主街与信江平行，主街北侧即是沿街开门、背向信江的众多店铺，主街北侧平地面积狭小，店铺的后进房间就大多骑在 5 ~ 6 米高的陡峭江岸上形成临水高筑起近水楼阁，建筑的底部多用红砂石围合修建成一至三层的地下室，或封闭或临水开门，与建筑的主体形成沿江吊脚楼样式。长而曲折的坡道、阶梯，与临水的门洞、幽深的弄堂、大大小小的埠头，沿江岸零星分布。总体上连续封闭的沿江界面成为河口古镇重要的识别特征（图 5-8）。

图 5-8　河口镇官码头一带沿河立面

（图片来源：杨必源 提供）

3. 浮桥：以弹性、柔化的环境营建思路应对洪水破坏

在农业时代背景下，在信江这样平均宽度近三四百米的河流上造桥，无论是从技术上来说还是从经济上来说都是十分不易的。且信江河流宽广，在雨水充沛的春夏汛期洪水凶猛，破坏力强，在农耕时代的技术条件下，石块砌筑的永固性桥梁多无法抵御这种破坏。因此在河口古镇人们便以灵活可变的柔性浮桥来解决信江两岸往来交通的问题。浮桥的优势在于洪水季节可以将浮桥拆散收起，待洪水过后即可快速地组装起来恢复原有交通。

4. 码头：高效的交通系统建设

河口至鄱阳湖段的信江与武夷山北麓蜿蜒而来的铅山河、紫溪河、陈坊河一并构成闽赣航运水系，河口古镇便是将信江、闽江、环鄱阳湖、长江数条水系连接、沟通的枢纽，经济贸易的发达使得河口古镇有“一典当，二牌坊，三关卡，四庵堂，五祠堂，六秀才，七戏台，八钱庄，九条弄，十码头，十一桥，十二庙，十三街”之说，其中的“十码头”便是官埠头、金家弄码头、贵溪码头、余干码头、马家码头、井边码头、兴隆口码头、抚州码头、小桥弄码头、蒋家码头，这些码头构成了河口古镇信江江畔的码头群。

这些众多的码头按类型可大致分为货运码头和生活码头两种，其中货运码头与集镇聚落人们的生计方式休戚相关，且在行业运营上有着明确的分工，如米码头、布码头、盐码头、官码头等。货运码头夹杂着生活码头沿河流分布，构成了信江流域集镇重要的外部空间节点——码头群，联系着河流水面空间与岸上集镇空间。

密集的码头群是信江流域集镇外部滨水空间的重要特征。码头群的出现一是由于信江本身所具有的良好航运条件所成就，二是由行业的保护与竞争所造成。出于保护自己行业，或垄断的目的，各个商家行会会自己出资建设自己的货运码头并将这些码头把控在自己的手中，用以排除其他地区同行的商业竞争。集镇的日渐繁荣，航运业也随之繁荣，商人们日渐富庶，也促使运输行业之间的竞争日趋激烈，货运码头的数量也日益增加，使得河流岸边的码头群规模日渐扩大起来。

货运码头多为青石建造而成，码头的平面向河道伸出，形成三面接水的半圆形、矩形、五边形等多种平面形状。信江在河口段以下可以航行 5 ~ 15 吨级别大船，河口以上的河段以及支流河道由于滩多水浅，只能行驶3～5吨级别之间的船只，因此要再向信江上游或向武夷山区继续运输，在河口古镇就需要货物进行换船、换车，或者是将货物搬运上岸进行囤积储藏。5～15吨级的航船由于吃水深、体积大，不便靠岸，所以大船上的货物需要通过小船转运至各个货运码头上，在货运码头上再由挑夫挑至各个商号、店铺。由于沿河街道与信江河面的高差较高，因此码头的货物运送到集镇主街以及内部商铺需要长长的台阶与坡道来实现。这些台阶与坡道就是连接集镇内部与集镇外部码头之间的重要枢纽。连接码头群与商业主街的台阶、坡道形成了集镇的滨水运输系统。

与码头联系紧密的沿河吊脚楼台阶是整个码头群最为高效的设计部位。河口古镇的吊脚楼底层多以红石修建；吊脚楼自河道中，或在河岸边以红石建造吊脚楼底层，直至与一层建筑地面平齐，然后在此基础上再建楼房，而不同于西南地区以木柱结构构成建筑底层的做法。

红石作为一种黏质砂岩，是红层盆地地区最为容易获得的石材。信江两岸面积巨大的红层盆地拥有的红石储量巨大，价格相对低廉，且易开采、易加工，质地坚固，耐风化，颜色能够经久而不退，因此成为信江两岸使用量最大的建筑石材。且由红石修建的石质吊脚楼底层坚固有利于防洪。

红石建造吊脚楼的底层是围合封闭的房间，而非通透开放的空间。之所以采用封闭的房间作为吊脚楼底层，一是由于吊脚楼多处于河流与商业主街之间，高昂的地块价格使得人们必须最大化利用空间，达到房价与功能的最佳性价比；二是这些吊脚楼的底层是连接河岸码头与店铺的交通枢纽，货物从河岸码头运输进入底层房间，并直接储藏在底层的房间中；三是封闭的石质底层房间构造有利于提高吊脚楼底层对抗洪水的冲击。吊脚楼底层房间向河流方向开门窗、设台阶，沟通建筑内外以及与河流的交通。建筑内部也有台阶楼梯沟通上下楼层的往来。

码头众多的码头群、密集的吊脚楼造就了众多的台阶、坡道，使得河口古镇沿河立面形成了以吊脚楼为底图，台阶、坡道斜向交通通道为图案的视觉意象。高大的河堤以及连绵不断的石质吊脚楼基础构成信江流域两岸的空间界面，使得河流两岸的景观立面呈现出连续的封闭感。因为信江流域及其支流的贸易兴旺、水运繁华，密集的码头群就成为联系河流水面与岸上聚落空间的关键节点，并成为信江流域滨水空间的重要特征。

少数大型码头会发展出主要商业街道，成为主要商业街道的始发点，且其发展出的街道方向多与河流相垂直。但由于聚落多处高岗丘埠之上，这些码头依然要沿长长的坡道或台阶而上才能到达主街，所以在主街上的人们也很少在视觉上或心理上感知到河流的存在。

在中小型聚落中，重要的货运码头多处于聚落头尾的入口处，与进出聚落的陆路通道结合在一起。

5. 人车分流：组织高效交通的道路铺装

河口古镇街五六米宽的主街道路被有意划分为车行道和人行道，并以石材不同的铺设方式表现出来：在从一堡到三堡近千米的主街道路上，以青石、花岗岩铺地，石材在道路中间位置横铺；两侧则纵墁，使石材顺着街道的方向顺铺，并规定，石材横铺的道路部分为人行道，允许挑夫走卒行走，而石材纵墁的路面则是用于独轮车交通。行人在此路面上与独轮车发生交通冲突的时候，独轮车享有优先通过和前进的权利（图 5-9）。

图 5-9　河口古镇道路铺装

（图片来源：自摄）

6. 便利、清洁：水系的生态性营建

河口古镇坐落于信江南岸，古镇主街沿信江河流方向伸展。为避开春季汛期洪水的威胁，古镇将坐落点选择与平均高出河面 5 ~ 6 米左右地面之处，但也导致了古镇居民们日常取水的不便。为便于城中居民生活取水、用水与街道消防，在明嘉靖八年（1529 年），首辅费宏退隐铅山县后，出面主持开挖了惠济渠。惠济渠“引铅山河水，曲折十余里，萦绕河口，自二堡大街出，会信河，可通小舟，容水碓，居民利之矣”①，渠水自古镇西南蜿蜒进入河口城中，北流汇入信江河。惠济渠的开挖“可以资灌溉，便瀚濯，备不虞”②，改善了古镇的水系空间布局结构，便利了生活用水条件，促使河渠两岸民宅日渐密集，且有十余座桥梁跨越渠上，或将道路引往街区深处，或直通各家民宅门头。惠济渠两岸黑瓦青墙，高门小窗，兼有石桥横跨，形成了当地别有特色的“小桥流水人家”（图 5-10）。

在用水清洁上河口古镇别有特色。除了使用水池群、水井群来保证用水的功能区分和循环利用外，还利用河沙的过滤渗透作用，在远离主河道的河滩、河岸上开挖蓄水池、水井群、水池群，附近的河水经河沙的渗透、过滤，汇集于水池、水井中，形成了清洁而卫生的水源（图 5-11）。

5.3.2　石塘古镇环境生态优化特点

5.3.2.1 石塘古镇的环境问题

1. 防洪安全

濒临铅山河，给石塘古镇带来了良好的航运条件，但也使得铅山河镇面临着春夏之

① 铅山县志 . 地理 . 水利 . 梁津 . 清同治 .

② 同上 .

图 5-10 河口古镇惠济渠
（图片来源：自摄）

际洪水的威胁。同时由于地处铅山河上游的山地地区，洪水来势更为凶猛，冲击力大，对于集镇水岸的冲击作用远大于地处信江河畔的河口古镇。

图 5-11 河口古镇河畔水井群
（图片来源：自摄）

2. 水系建设

在生活用水上，虽然濒临铅山河，但由于石塘古镇段河深水急，人们取水不甚安全；随着集镇向河岸南部纵深的日益发展，集镇东南部居民前往铅山河提取生活用水也日益不便。

5.3.2.2 石塘古镇生态环境问题的解决方式

1. 防洪：聚落外部防洪封闭岸线

采用厚实的城墙来抵御洪水。城墙也是信江流域的聚落沿河滨水空间的重要界面因素。铅山县石塘古镇与永平古镇是铅山县建筑城墙的两个集镇，石塘古镇西面紧邻石塘河（古槐溪河），永平古镇东面紧邻铅山河。两镇沿河一侧都建有城墙。永平古镇城墙为洪武元年（1368 年）千户蒋奎所建，是广信府较早建有城墙的县城之一。这两处城墙都兼具了御敌和防洪的作用，但也使得石塘古镇与永平古镇整个聚落在景观视

图 5-12　石塘古镇沿河立面

（图片来源：根据石塘镇乡政府提供资料自绘，自摄）

觉上呈现出封闭的特点（图 5-12）。

2. 人车分流：组织高效交通的道路铺装

在石塘古镇，主街的道路则使用鹅卵石铺设：大块的鹅卵石在道路的中轴线上延伸，而小块的鹅卵石铺设在中轴线两侧，将路面分成左右两边，从而规定独轮车单向行走于规定一侧的小块鹅卵石铺设的路面上，行人行走于大块鹅卵石铺设的路面上，在小鹅卵石路面上发生交通冲突的时候，独轮车享有优先通过的权力（图 5-13）。正是通过道路的不同铺设方式，使得集镇聚落内部形成了快速而通畅的交通环境，从而保证了集镇聚落商贸活动的快速与高效。

3. 便利清洁：水系的生态建设

石塘古镇距离信江支流铅山河河面约 3 ~ 4 米高。由于铅山河可通舟船，使得石塘古镇造纸业、茶叶贸易发达，因此，随着集镇经济的日渐繁荣，集镇的规模也日益扩大，但聚落内部的居民前往铅山河取水的行程也日渐不便，因此在明代，当地官员为解决取水问题便将铅山河河水引入古镇内部，主持开挖了一条“入”字型官圳由东南向北贯穿古镇。官圳每隔几家就设一处埠头，洗衣提水极为方便。官圳中的河水从镇子的东南口流入，并向西流出古镇，许多人家的外墙都依水而筑，有的甚至引水进院，形成了江西特色的“枕河人家”景致（图 5-14）。

为保障圳渠的来水清洁，人们将沟圳水口隐藏于东南镇口外不远的一块大黑色岩石下方，从而形成了一个淹没于水面之下的入水口。这样就使漂浮在河水表面的枯枝败叶为巨石所阻挡在取水口外，水口处集聚的漂浮物每日由专人负责捞除（图 5-15）。

图 5-13 石塘古镇道路铺装
（图片来源：自摄）

图 5-14 石塘古镇官圳沿岸景致
（图片来源：自摄）

图 5-15 石塘古镇官圳水口系统结构示意图
（图片来源：自摄）

5.3.3 集镇桥梁的生态营建特点

对于山地丘陵为主，支流众多的信江流域而言，陆路运输翻山跨河是极为平常的事情。由于信江众多支流具备较好的行船能力，也就意味着这些河流的空间尺度也较为宏大，集水面积在 10 平方公里以上的有 18 条，30 平方公里以上的有 12 条，1000 平方公里以上的有 3 条，以白塔河为最大，其次为丰溪河，如铅山河、丁溪、陈坊河等跨度在五六十米以上的河流比比皆是。为了便于陆路交通，这些河面上也就有了大大小小的桥梁，并拥有不少数百年历史以上的大型桥梁，许多尺度宏大的古桥甚至至今还在使用。

这些桥梁规模往往比较宏大，结构多为石拱桥，与环太湖流域的江南石拱桥不同，信江流域的石拱桥往往具有多个石拱，桥面多平直无坡，便于车辆行驶，桥梁的长度多在数十米乃至百米左右。例如玉山县始建于明宣德八年（1433 年）的东津古桥为六孔石桥，桥长 90 米，宽 8.5 米，高 10 米，能够荷载 30 吨左右的货物过桥。上饶县槠溪上建于宋代绍兴年间（1131 年）的观音桥长度为 75 米左右。铅山县永平古镇北的大义桥，全长 193 米，面宽 6 米，高 9 米。铅山县湖坊镇的澄波桥全长 60 余米。

除了这些规模巨大的跨河桥梁外，信江流域还有不少小型桥梁用于沟通溪渠沟圳。如始建于明弘治二年（1489 年），现重修于清道光十六年（1836 年）的石人乡石人村石人殿万安桥；建于明代的薄墩薄拱型单孔石拱桥华坛山镇姜村安定桥；清雍正八年（1730 年）始建的饶县湖村乡碧霞村碧霞桥；清光绪元年（1875 年）始建，上饶县最高的单孔古石桥挽澜桥；至于其他无名的古桥更是散落于田间地头、荒郊野外，数不胜数。

信江流域多山的环境特点，使得建成的桥梁必须面对洪水冲刷而下的破坏力，因此在当地桥梁营建指导思想上出现了“刚”与“柔”的两种思路，并依据河流的洪水规模与当地的技术、经济条件采用相应方式来进行。

5.3.3.1　柔性的防洪桥梁建设

1. 信江上的柔性浮桥

在农业时代背景下，在信江这样平均宽度近三四百米的河流上造桥，无论是从技术上来说还是从经济上来说都是十分不易。且信江河流宽广，在雨水充沛的春夏洪水季节，洪水凶猛，破坏力强，在农耕时代的技术条件下，石块砌筑的永固性桥梁多无法抵御这种洪水的破坏性。因此人们便以拆解灵活、组装方便、柔性的浮桥来解决信江两岸往来交通问题。

例如鹰潭市的信江浮桥在 1994 年 10 月 1 日鹰潭大桥通车之前，是市区通往信江北岸的唯一途径，汽车则需依靠轮渡方可过江。贵溪市的信江浮桥则是到 1990 年方结束它的历史使命，弋阳县古时在信江上则有着多座浮桥沟通南北，上饶市在信江河就曾有两座浮桥，即南门口的上浮桥和渡口的下浮桥，其中南门口浮桥历史久远，清同治《上饶县志・关津》云：“平政桥，郡南门外浮桥，跨越信江，用船三十六只，絙以巨铁索，上铺木板。水涨弛列两岸，平复联合以济往来。初建无可考，宋淳熙元年州守赵汝愚重建，汪应辰有记。国朝康熙壬寅知府蔡廷辅以旧桥高阔，风急水驶，改建石桥，易名广安，后圮于水，仍用浮桥……”[①] 这两座浮桥在 1994 年 9 月胜

① 上饶县志 . 关津 . 清同治 .

利大桥建成通车后才退出历史舞台，而铅山河口古镇的信江浮桥至今还在使用。因此，信江的河流景观中浮桥一直是信江流域大型聚落城镇重要的外部空间结构构成要素，也是重要的景观要素（图 5-16）。

图 5-16　信江上的浮桥

（图片来源：自摄）

2. 松而不散的板凳式木板桥

板凳式木板桥多架设在水量较小的溪流、河道上，桥体由桥板和桥脚组成。桥板用杉木并排拼成，宽度依桥体的规模大小而不等，窄者宽两三尺（约 0.7 米）上下，宽者则可达一丈（约 3 米）左右。桥脚由两根圆木构成，外撇成八字形，相互间由两根横枋捆绑固定。桥脚不埋入溪底土石中，只在架桥时将桥脚立在河床上挖出的浅坑中，然后再架上桥板，调整、扶正。一副桥脚的上坊上搭前后两块桥板，用楔子定位，再用藤绳和竹篾绳把桥板和桥脚捆绑在一起，系牢。桥架好后，用一根粗大的竹篾绳或铁链从头到尾把所有的桥板串起来。竹篾绳或铁链的一端固定在岸上的石桩上，另一端则只负责串系桥板、桥脚，不与河岸固定绑系。平时竹篾绳、铁链松松垮垮地摊放在桥板上。

桥架好后，再用撬棍拨动桥脚，使整个桥在平面上略呈弧形，以弧形顶端迎向上游方向，当水量较大的河水、溪水下冲时，弧形桥体会被水流压力挤紧，在一定程度上反而加强了桥体整体稳固性，有利于桥体抗洪。但是这种抗洪能力是有一定限度的，当洪水冲击力超出桥体的抗压能力后，桥依旧会被冲垮，这时松散的竹篾绳、铁链作用就体现出来了。

山洪将桥冲倒后，由于竹篾绳、铁链一端固定，一端自由，所以桥板、桥脚不会被冲散，只是会被竹篾绳、铁链串在一起，顺洪水力量整体 90° 转向，漂向竹篾绳、铁链固定端的岸边。待洪水退后，只要整理好竹篾绳、铁链串联着桥板和桥脚等构件，很快就可以将桥恢复原状。信江流域林木资源丰富，且板凳式木板桥的搭架技术熟练十分简单，无需熟练的木匠，几个普通的农民就能重新将桥架好，快速恢复交通。

5.3.3.2　刚性的防洪桥梁建设

由于水运的重要性，所以集镇聚落多是临河而建，而不是像乡村聚落那样与大型河流保持一定的距离。临河而建，集镇聚落便直接面对着洪水的威胁。相较于乡村聚落，集镇聚落发达的商业经济，使得集镇聚落拥有着更多的资金、更多的匠人和更广的技术选择来实现聚落高品质的环境建设与发展，因而在防洪问题上采取在建设高质量永固性桥梁的同时，结合桥梁周边的岸体、上下游的水坝、陂坝建设形成桥梁与周边环境结合为一体的刚性硬质环境，以直接对抗性的“抗洪”思想来应对洪水带来的灾害。信江流域桥梁抗洪的技术思路如下：

1. 用坚固的石材代替木材来建设桥梁；

2. 用巨木大石坚固桥梁基础；

3. 改进桥梁形制；

4. 在桥身上加建桥屋来增加桥身的自重，以抵御洪水的侧面冲击力量；

5. 在桥梁的上下游附近进行综合营建，用石材加固岸堤，将石质的桥身尽量与石质岸堤联为一体，增加整体抗洪能力；

6. 在桥梁的下游附近修筑拦水坝，减缓洪水的水势。

以上的整体化、综合性桥梁的营建思想在同治《铅山县志》关于紫溪桥的建设过程叙述中表现得最为全面：“……经营建立之法，始穴地，眠巨木长石于土中以为趾，而上则劖石、囊石卷而合之，中外如一。身若干丈，虚其中为洞者三，洞高广各若干丈，两头及岸，横开若干丈尺，如八字样，俾水至桥吞吐有余力。面阔若干，覆以亭屋，厢以石栏。又取峡中大石如牛头、如巨鱼、豚者叠岸插底，上下流各取二十丈以防齿刮。下流之外半里许，设石坝以管去水，渚而后泄，凡欲等山岳垂久永计，无不尽费以千金……”①

这种以建设整体刚性硬质环境来对抗洪水威胁的技术思路也是指导信江流域聚落营建“御洪”环境的重要指导思想，是滨水聚落连续硬质滨水界面得以形成的重要原因之一。

5.3.3.3 桥梁自维护系统建设

诚如清人彭昌运在同治《铅山县志》所言：“虽然石工木工之可久是也，谓石工木工之可久而遂无待于后则非也。石有时以泐，木有时以朽，利而用之，存乎其人。”②因此在桥梁的维护机制上，仅信江流域铅山地区，就有十余座大型桥梁拥有田租或山地的收入用以保证桥梁的维护和修理。例如铅山县的聚福桥同时拥有田租和山地产出，用于桥梁的维护资金的筹集和维修材料的储备：“聚福桥……置田租二十五斗，置山二嶂，每年木为修桥之用，用租为修桥之费。”③甚至在铅山的三溪桥渡，不仅有田租，每年还组织专门的祭神活动为桥梁、渡口筹集维护资金。同治《铅山县志》记载道：“三溪桥渡……乾隆三十一年首，士江文波、江圣章、曾谷胆、鲍为陵等募缘创造，除每

① 铅山县志 . 地理 . 津梁 . 清同治 .

② 同上 .

③ 同上 .

年祭神饮福、修桥、济渡外，余钱积蓄生息，置买田租九十余担，江姓管理。”[①] 再如河口古镇的浮桥，在解放以前由专门的浮桥会进行管理，浮桥会拥有一些房产，如“加济油行”“小河沿义渡大屋”等十余幢房屋，以及约有三四百亩的田产。浮桥会每年收取的房屋租金与田产租金就是维系浮桥生命基金的主要来源。

除了房产、公田、公山以外，建筑本身的形态和功能设置也保证了桥梁自维护系统的存在和延续，例如澄波桥。澄波桥始建于唐贞元年间，是铅山史料记载的该地区最早建成的桥梁之一。澄波桥是一座六墩五孔的风雨廊石梁桥，全桥长 60 余米，花岗岩砌筑的桥墩为“分水金钢墙”[②] 做法，状如小舟，迎水方向有尖墩，尖墩前端顶部做成鸟首状（俗称“鸡公头”）。桥墩高约 4 米，其上又纵横堆叠七层方条木的构架，状如鸟巢（俗称“喜鹊窝”），构架上再架设巨大的木梁，木梁上铺木板，木板上再建长廊。长廊宽 4 米，两侧加建两两相对的单层木构房屋，共 12 间，全部设为店铺，形成桥上的集墟。长廊、店铺顶部全部盖瓦，挡风避雨。东西桥头均建有砖石结构的门屋，门框、门楣皆是青石素作。桥上建成的十二间店铺，便是出于桥梁建筑的可持续性维护而设立的，“澄波桥即湖坊桥也……乾隆五十四年洪水冲颓……添竖桥上店屋，余银百两。零积放多，年至道光年间，共置租田九百余担。”[③] 早期的大义桥也拥有同样的桥店，用于出租，筹集维修维护资金，“大义桥……乾道八年水坏……淳熙十一年复坏……绍兴三年成，亘四百尺，屋四十楹，中为奉香火六。瓦石丹青居江南第一……桥上造屋五十九间，岁征租银共二十两有奇，除雇夫看守□库，登报以便修桥之用。”[④] 在桥梁上建设店屋对于桥梁本身而言已不再是为美观、气派而设置的可有可无部分，这已经与桥梁自身是否能够得到持续性的维护和持久地发挥作用紧密地联系在一起，成为桥梁能否维系与延续自身生命周期的不可或缺部分（图 5-17）。且这些大桥在对于构成集镇聚落的结构

图 5-17　澄波桥

（图片来源：自摄）

① 铅山县志 . 水利 . 津梁 . 清同治 .

② 桥墩的做法，桥墩整体“锐前杀后”形状似舟。“锐其前，厮杀暴涛，水不能怒，自是无患”，可以减轻流水对桥墩、桥身的冲击力。

③ 同①.

④ 同①.

上也有着重要的影响作用。一是这些桥梁往往地处交通要津，因此也就成为聚落内部商业主街的位置起始点。二是澄波桥廊道两旁加建的单层木构店铺使其本身也成为聚落内部重要商业主街的一部分。

5.4 生计方式对传统聚落环境生态营建观的影响机制

5.4.1 改良、增强生产资源：精耕细作观下的乡村聚落环境优化

从西门桂家村、漏底村、南塘村的环境生态适应性营建状况中可见，信江流域村落的环境生态适应性营建，在具体生计方式影响下着重于下列内容：

地形调整、日照环境改良、植物综合种植、土壤条件改良、水系建设、可持续维护系统建设等，如表 5-1 所示。

由于红层盆地和山区具体自然资源环境条件的差异，彼此在内容上各有偏差。对采石场等废弃场所的再利用是红层盆地乡村聚落环境生态适应性的重要特点，而山地村落则以村落外部耕地的土壤条件改良、公山（林）维护系统的构建作为环境生态适应性建设的重要特点。

西门桂家村、漏底村、南塘村都是以精耕细作的集约化农耕生计方式，直接以生产劳动来维护和改造自然环境的生态系统，通过强化劳动和改进技术的方式，将自然环境生态系统的输出功率进行了放大或增加，实现了生产力和劳动产品之间并行发展的正比例关系。

不同地形下乡村聚落环境优化手法对比表　　表 5-1

<table>
<tr><th>环境营建内容</th><th>红层盆地村落</th><th>山地地区村落</th><th>生态适应性特点</th></tr>
<tr><td>地形调整</td><td>坡地改平台</td><td>坡地改平台</td><td rowspan="3">改良：环境生态性改良</td></tr>
<tr><td>土壤改良</td><td></td><td>土地改良与建材获取同步</td></tr>
<tr><td rowspan="4">水系建设</td><td>肥料来源与聚落卫生设施建设相适应</td><td rowspan="4">对生活、生产用水进行污洁分离</td></tr>
<tr><td>建设水井群组</td><td rowspan="4">增强：内外资源多元组织</td></tr>
<tr><td>排水沟渠与路网、莲池、鱼塘联合建设</td></tr>
<tr><td>池塘多样化经营</td></tr>
<tr><td>植物种植</td><td>庭院种植</td><td>种植系统的多元组织</td></tr>
<tr><td>维护系统营建</td><td></td><td>建立公林、公田、公山等可持续维护系统</td><td>增强：聚落环境稳定性的生态恢复</td></tr>
<tr><td>废弃物</td><td>采石场再利用</td><td></td><td>改良：废弃环境生态性再利用</td></tr>
</table>

这与刀耕火种式的农业种植生计方式有着本质的不同。刀耕火种式农业模式有游耕的特点。当现有的生产区域不能满足要求的时候，如地力衰竭，则主动放弃，另辟新地，让被暂时改变的自然环境生态得以恢复，然后再返回故土，如此周期轮换以保证生态恢复。这种耕作模式，依靠自然自己的力量来恢复土壤的肥力。由于在土壤资源上，依靠自然自己进行肥力恢复所费的时间较为漫长，难以跟上人口的增长速度，因此这种貌似“生态”的耕作模式实际上是一种开发利用后即遗弃的土地资源使用模式，实质是对土地资源的一种掠夺式开发。

就具体的稻作生产方式而言，鲁西奇先生认为：“稻作农业需要有明确的田块和田埂，还必须有灌排设施；与旱地农业相比，稻作农业需要较高的技术和更加精心的管理。因此，从事稻作农业的农人，比种旱地的农人更倾向于稳定，也易于养成精细和讲究技巧的素质，有利于某些技巧较高的手工业的发展”[①]。正是稻作生计方式所需的技术精细化要求，使得这些技术经验与技术思想渗入到其他手工技艺领域，使得稻作经济文化区域的手工业技术形成了相对独特的技术、观念与思想，在村落的环境营建上，形成了“相资以利用”“用养相结合”“地力常新壮”“废弃再利用”等一系列改造观念与原则，对乡村聚落的内外环境生态性营建起着重要的指导作用。这些原则不仅仅在西门桂家村、漏底村、南塘村等村落中存在，在信江流域的众多传统村落中也普遍存在。

5.4.1.1　相资以利用：聚落环境内外资源的多元组织

陈旉在《农书・六种之宜篇》中说：“种莳之事，各有彼叙，能知时宜，不违先后之序，则相继以生成，相资以利用，种无虚日，收无虚月，一岁所资，绵绵相继，尚何匾乏之足患，冻绥之足忧哉！”。[②] 在长期的农业活动中，人们很早就认识到了自然界不同生物的共生、互养关系，并有意识地将这种认识应用到农业生产中，因此在土地的种植性经营上，出现了轮作倒茬、间套混作、多熟种植等建立在对作物种间互抑、互利关系上的多元模式。

在聚落的环境营建中，这种思想主要体现在具体的农舍环境经营上，注重房前屋后的土地高效利用，通过庭院种植系统形成良好的农舍经济生产环境。

农业种植是传统村落中农人的经济收入和衣食用度的主要来源，但是仅仅通过水稻种植和山林经济等农业经济是不足以支撑农户们的日常生活所需的，因此需要丰富自己的种植内容来多样化自己的生活物资来源。在这方面，中国传统聚落在土地、水、林木及自然能源的合理利用上积累了许多至今仍值得借鉴的宝贵经验。《管子・立政》中说：“君之所务者五：……三曰桑麻不植于野，五谷不宜其地，国之贫也。四曰六畜不育于家，瓜瓠荤菜百果不备具，国之贫也……故曰：……桑麻植于野，五谷宜其地，

① 鲁西奇 . 中国历史发展的五条区域性道路 [J]. 学术月刊，2011（02）：123.

② 陈旉 . 万国鼎校注 . 陈旉农书集注 [M]. 北京：农业出版社，1965：30.

国之富也。六畜育于家，瓜瓠荤菜百果备具，国之富也……修火宪，敬山泽，林薮积草，夫财之所出，以时禁发焉。”[①]《管子·轻重甲》中则说：“山林、菹泽、草莱者，薪蒸之所出，牺牲之所起也”[②]。《怀玉山志》中亦认为“女勤乎内，可佐农工所不足。”[③]，鹰潭亦有俗语称：“千棕万桐，世代不穷”。

信江流域村落的“林池相伴”环境结构模式正是当地聚落环境内外资源多元组织的成果，聚落环境的生态性也就主要体现在对聚落内外种植系统与水系的多样化、生态化经营与利用上。

1. 乡村聚落种植系统的多样化经营与生态利用

信江流域的山地面积广大，林业经济占据了当地产业的很大一部分比重，信江两岸山地丘陵的林地依据树种性能不同大致区分为用材林、经济林、防护林、竹林及薪炭林五种类型。用材林分为针叶林和阔叶林两种，针叶林分为杉木林、松木林和混杂林三种林组，阔叶林则有槠树、栲树、栗树、青冈、樟树等；经济林以油茶、茶叶居多，并种植有小部分的油桐林。防护林多分布在村庄的附近，树种以杨柳、乌桕、枫杨、竹类等速生树种为主。竹林是信江流域乡村聚落环境的重要组成因素，大量存在于乡间村落中，在聚落之外的山间谷地，野生竹林亦是漫山遍野，特别是在以造纸为主要生计方式的铅山县，竹林面积占全县林业用地面积的14.5%左右[④]，英将、篁碧、天柱山、紫溪、湖坊、陈坊、太源等山地高丘深谷中，连片百亩以上的竹林随处可见。薪炭林其树种则主要是马尾松和灌木，多种植于土壤贫瘠、干燥的岗丘地带。

树木作为重要的生计物资不可以随便砍伐，为保证山林资源可持续性利用，信江流域自古以来有对不成熟的、砍伐利用后的林区进行封山育林的“禁山”传统。因此每个村每隔数年都要举行一次封山禁伐的仪式。“杀猪封山”是当地的传统习俗和村规民约活动，由各村出资买一头猪，宰杀后分给村民，村中长者主持封禁，邀请戏班唱戏，宰杀肥猪，敲锣挨户分食猪肉，同时告诫每个村民，禁止在林区野外用火，否则将严肃处理，假如有谁乱砍滥伐，全村人就要强行到其家里，宰杀其家里肥猪，无偿分给村里人，以示惩戒。

在上饶县铁山乡至今保存着两块“禁山”的封禁古石碑，一块是封山的《合村山场禁示》碑，另一块是禁渔的《养生禁示》碑，两块禁封碑高都为1.8米，宽为0.9米，均为清“乾隆二十七年五月初十日立”。

公林是山区村落周边最为常见的聚落植被种植区域。公林的树木是可以出售的，出售的收入用于聚落的宗祠祠堂重修、族谱修订、公共环境建设等公共事务中，因此

① 黎翔凤，梁运华．管子校注（上）[M]．北京：中华书局，2004：64-73.

② 黎翔凤，梁运华．管子校注（下）[M]．北京：中华书局，2004：1426.

③ 朱承煦，曾子鲁．怀玉山志．土产民风 [M]．南昌：江西人民出版社，2002：706.

④ 铅山县县志编纂委员会．江西省铅山县林业志 [M]．海口：海南出版社，1990：58.

对于公林的维护与保养是全村的事情，每年特定的时候（清明或中秋前后），较大的村子中，村民们要集体前往公林进行养护工作，并清去妨碍树木生长的杂木、灌木（清理下的杂木、灌木会被出售以换取公共资金），保证公林树木的长势良好。在较小的村子中，公林会被分到各户，要求各户自行妥善护养，出售公林木材的收入则需上交（图 5-18）。

公林、公田、公山制度的存在，对于公益事业在资金上予以支持，同样也就保护了村落内部营建环境的健康存在与发展。对于道路、祠堂等公益性建筑的维护，则用公田的形式保证这些建筑的维修资金的来源，用公山保证维修材料的来源，在村落的景观功能规划上提前予以考虑。

图 5-18　上饶县灵山地区湖村乡前山门村的公林

（图片来源：谷歌地图，自摄）

《怀玉山志》中记载了山区地带的农民对土地的多层次利用情况，“至末垦山地，春有笋蕨之利，夏有葛粉之收，秋冬又有鹿、兔诸野物，可供不时之需。是在能事者，善采诸山而已。”[①]《怀玉山志・土产民风》中记载“山中虽无佳产，其资于食用者尚多。如红、白稻之外，有糯稻，有鸡米粟，即黍稷之稷；有黄豆、黑豆、赤白豆，皆堪作果酿酒。此五谷有资于人也。至蔬菜未种以前，笋有冬、白、水竹三种，又有蕨菜、芹芽；自四月以后，马蹄、马齿、长、扁豆、东瓜、扁瓠、落酥；其后芋头、番蕻、白芥、萝卜可以御寒葱、韭、薤、蒜亦取之不尽；并有梅子、桃子、紫苏用以配酒，此蔬果有资于饮食也。而且鸡豚之外，筑塘以养鱼苗，凿池以蓄茭、藕，田坂鳅、鳝、石鸡，应时钓取，山楂酿酒，木槿和羹。此又花、鸟、禽、鱼可取之，以肃宾而养老者也。”[②] 这段文字描述了山地村落中多样化的生产对于人们生活质量的保证。怀玉山区的人们通过多样性的种植、养殖，除了收获稻谷以外，还可以获得蔬菜、水果、肉、禽、鱼、酿造果酒，这些产品对于经济条件艰苦的山地村落来说，能够改善生活质量，对于聚落的生存和发展有着重要的意义，因此保证聚落内部多样性的生产环境是乡村聚落的营建重点之一。

1）乡村聚落的庭院多样化种植

中国古代农耕模式以农户的家庭为单位，实行男耕女织，种植养殖业结合，充分发展家庭生产力。家庭成为基本经济单元，庭院则是生产场所。同时以农宅为单位发展出的农舍景观格局，是农村景观的最基本结构，该结构要素包括农舍主体建筑，以

① 朱承煦，曾子鲁．怀玉山志．土产民风 [M]．南昌：江西人民出版社，2002：706.

② 朱承煦，曾子鲁．怀玉山志．土产民风 [M]．南昌：江西人民出版社，2002：707.

及厕所、厨房、禽舍、畜舍等附属建筑，还包括了种植经济作物的菜园、果园、竹林、树林，以及支持生产生活的家用水井、私有池塘、沟渠、家用码头等水体。

精耕细作观念下的中国传统农业在以农舍为核心的庭院生态经济建设方面有着独特经验。在对清代张履祥《补农书》一书中对庭院经济建设的考证中，唐德富先生认为中国传统农舍的庭院经济设计共分四个生态层次[①]：

对农舍周边空间利用，以及庭院内环境种植的设计："前植榆槐桐梓，后种竹木，旁治圃，中庭植果木……中庭之树，莫善于梅、枣、香橼、茱萸之类"[②]，"扁豆则环垣壤及中庭俱可种也"[③]。

菜园、果圃的种植设计："编篱为圃……篱用槿……间以枳橘，杂以五茄皮、枸杞……茄皮春摘其芽，香美可食；冬取其根，入酒尤妙；枸杞春可食苗，秋可取子，根即'地骨皮'也。枳花香而刺密，实亦有用……篱下遍种萱花……亦蔬菜之辅佐也，园中菜果瓜蒲，惟其所植。每地一亩，十口之家，四时之蔬，不出户而皆给"[④]。

对农舍周边地隙水滨空间与环境的利用："种芊□一亩，极盛可得万斤，则每日烧柴三十斤之家，可供一岁之薪矣……则不毛之土，一劳永逸，其益无方"[⑤]，"于地隙水滨种植良材百株，三十年后可得百金之外……每年芟其繁枝，可以为薪"[⑥]，"丝瓜宜近水……黄瓜傍水为棚……茨菇便于沟际"[⑦]。

家庭禽类养殖环境的建设。张履祥主张在池多、草丰之地多饲养鸡、鹅，并采取人工养虫的方法解决禽类的饲料来源问题，"从市买肉骨碎而饲之；又积草于场，俟其蒸出杂虫，日翻几次，则鸡不食米麦而肥"。[⑧]

从信江流域的漏底村、南塘村等山地村落中，随处可见在农舍、庭院及周边空地隙缝中种植农作物。信江流域农民们在房前屋后种植的农作物品种十分丰富，清乾隆《铅山县志》中记载的经济作物除了棉、麻、烟草、花生等经济作物外，蔬菜有 19 种，花草有 43 种，果树有 21 类，观赏乔木有 18 种，竹类有 9 种，药材有 28 种。多种经济作物综合的种植体系营建出多样化的农居景观格局，满足了农民对于日常生活生产的物资需求。在漏底村、南塘村等农舍景观的多样化种植中，可以发现这种农舍景观有利于获取竹笋、蔬菜、水果和香料、草药等食物、药材，改善生活质量；利于散养家禽；利于获取制作竹篾板、园篱、蓑衣等用品的建筑材料与编织材料；利于改善住宅

① 唐德富 . 我国古代的生态学思想和理论 [J]. 农业考古，1990（02）：17.
② 张履祥 . 补农书校释 [M]. 北京：农业出版社，1983：130.
③ 张履祥 . 补农书校释 [M]. 北京：农业出版社，1983：129.
④ 张履祥 . 补农书校释 [M]. 北京：农业出版社，1983：126.
⑤ 张履祥 . 补农书校释 [M]. 北京：农业出版社，1983：119.
⑥ 张履祥 . 补农书校释 [M]. 北京：农业出版社，1983：125.
⑦ 张履祥 . 补农书校释 [M]. 北京：农业出版社，1983：128.
⑧ 张履祥 . 补农书校释 [M]. 北京：农业出版社，1983：134.

周边微气候；利于观赏、娱乐和利于增加经济收入等实际功能。

就具体的庭院经济植物种植设计上来说，在主要的树种选择上信江流域的农户多爱在房前屋后种植桃树，当地有着“二月桃花红滴滴，娘望娜妮来归（家）戏”的谚语。除了桃树以外，枇杷、石榴、柚子、橘子、柿子、枣子、梨子、李子、栗树等也是当地农户喜爱种植的果树品种。果树的种植对于绝大多数的农户来说除了用于改善自家饮食生活条件，也可以用于商业交换。

除了果树之外，棕榈树是信江流域农户最常种植的植物。棕榈树的棕丝是制作防雨的蓑衣、家用棕刷的重要原料。但棕树生长较为缓慢，且棕树一年只长 12 片棕丝，而制作一件蓑衣需要近百片棕丝，所以，往往一家农户会种上四五株棕树用于剥取棕片。

农户的屋后一般都会种上竹子。信江流域的竹子用途极广。对于普通农户来说，在建造自家住宅的时候，竹子能用于编制填充柱子间隙的篾板，在日常生活中，可以用于编织竹席、打制竹椅、竹床等竹家具，以及其他日常生活用具。对于造纸业发达的信江两岸山区农户来说，竹子是生产各种纸张的原材料，每年制作纸张是山区农户重要的经济收入来源。对于皂头畈地带的农户来说，村北的竹林能够在冬季挡住北来的寒风，因此在信江流域村村都有茂密的竹林。且村落种植的大量竹林，是建筑材料的有力补充，是脚手架的搭建材料，是建造建筑内墙的重要建筑材料。除此之外，不少农家还会在农舍周边间隙缝地中种植杉木，用于日后建筑的维修或建造。

2）作为气候适应性调节的庭院种植

“房前屋后，种瓜种豆”，农民们植树种花不仅能带来经济上的收益，还能改善微气候，改善居住环境条件。特别是在信江流域中下游的红层盆地地区、丹霞地貌为主的丘陵地带，人们为了节约耕地多将聚落坐落于坡度较缓、红砂岩为基质的石质丘陵上。前文所提及的西门桂家村，许多农户的庭院种植正是出于改善红砂石质山体在夏季带来的酷热而采取的环境改良手段，并对光秃的石质山体进行一定的风化作用，以促进村落土壤条件的改善。

2. 水系的多样化、生态化经营与利用

1）村落生活用水的生态性建设

水井作为与人们日常生活紧密联系的生活设施，是随着定居生活和农业生产的发展而被发明出来的，是生产力进步的标志之一。水井、水塘的开挖使得聚落生活获得了清洁、卫生、稳定的日常生活用水来源；去水井、水塘取水相较于水流湍急的河流更为安全、便利；聚落的发展方向可以向远离河流、溪流的方向发展，聚落的形态发展变得更为自由。

信江流域的水源充沛，但稳定的清洁水源获得不易，因此人们对于水的节约使用依旧十分重视，在聚落内部往往要求对水进行循环再利用，水井群、水池群的出现便是水资源循环再利用管理制度下形成的成果。信江流域的传统聚落中双井、水井群是常见的水系结构。由于信江流域地处亚热带季风气候区，4 ~ 6 月的春夏交替时节，雨水量大而集中，占全年降水总量的 50%，所以在河谷、平畈、盆地、山坳等地形、地势低下的区域形成丰沛的地下水，且地下水水位较高，往往在地下 1 米左右。同时由于大规模降水形成的洪水会携带着地表的垃圾、污垢汇入江河湖泊之中，使水质变得浑浊而难以使用，因此为了获取清洁卫生水源，人们往往开挖水井、水池和水塘等来获取地下水用于日常生活所需。

在一些丹霞地貌的丘陵地带的聚落，地下水的资源往往不足，为节约用水资源，人们在地势低洼处开挖一些集水井、集水池收集雨水作为补充水源，但这种水井、水池的水量受季节影响，在信江流域雨水稀少的秋、冬两季就往往干涸无水，且水井、水池中的水来自地表汇聚而成，易于被污物污染，所以多用于聚落的消防、简单浣洗、灌溉、浸谷、沤麻。

为保证生活用水的清洁卫生，拥有水井、水池的聚落往往会对水井、水池的具体使用方式进行制度上的约束。其中建设水井群组是信江流域许多聚落中常见的方法，将水井建设成彼此相连通的多个水池群，再对单个水井、水池进行具体使用功能的规划，并且对水井、水池的水体流向进行设计。例如用于饮用的水井其水位最高，水位次之的水井、水池中的水只用于洗菜，洗衣只用水位最低的水井。再如在上饶县清水乡霞坊村的水井群是由三口水井和一个水池构成的。饮用水来自水位最高的水井，饮水井流到第二口井的水只能用于蔬菜、衣物的第二遍漂洗，从第二口井中的水流入第三口井中的水则用于稻种的浸种，或是用于蔬菜、衣物的初次洗涤，第三口井的井水最终汇入水池中，用于村民们的普通洗涤与聚落的消防、灌溉（图 5-19、图 5-20）。为保证井水的清洁卫生，村民们严禁在地下水的来水方向上修建建筑或堆放任何粪便、垃圾等污物。

图 5-19　清水乡霞坊村的水井群

（图片来源：自摄）

图 5-20　霞坊村水井群后方水池中的第三口井正在浸泡竹子

（图片来源：自摄）

在信江流域上游的高山、中山地区的聚落，生活用水主要依靠溪流泉水，由于地势陡峭不平，聚落往往不易于濒临溪流、泉眼，加之许多泉眼的出水量较小，因此开凿蓄水池，架设引水管道是山地村落获得足量水源的重要手段。

2）村落排水系统的生态性建设

信江流域中下游地区丘陵地带多丹霞地貌，在丹霞地貌的丘陵地带，雨水的汇聚十分迅急，因此在这些丘陵地带的大型石质山体上营建聚落，开凿沟渠，对生活废水以及雨水进行引导，从而使整个聚落能及时地将雨水顺畅排出是这一区域聚落的重要建设手段。聚落内部会在石质的地面开凿导水沟槽，将这些沟槽与排水渠道、池塘联系起来形成排水系统。如前文所述西门桂家村的排水沟渠与聚落内部的纵巷路网、聚落外部的莲池、鱼塘的联合建设便是典型的案例。

洪泛平原、盆地与湖泊池塘是洪水的缓冲器，这些地区能够在一定程度上分散和平衡河流的流量，从而减少河流下游的洪峰峰值和强度。水稻田对于洪水的侵袭也有着一定的缓冲作用。

山区中的稻田都修筑有田垄,形成层层的梯田用以蓄水种植水稻,因此在山地区域，大面积的水稻田在一定程度上可以消化掉山洪的水量，所以山区聚落会将水稻田作为部分泄洪区域，延长下游河道洪水的汇集时间。

信江流域的降水多集中在春季，特别是 4 ~ 6 月之间，从山区奔涌而下的洪水很快就会到达丘陵、河谷地区并在这些地势平缓的区域汇聚起来，引起溪流、河水在短时间内的急剧泛滥，淹没农田，形成内涝，因此将聚落建立在丘陵上，就能够有效地保证洪水季节聚落的安全。丘陵地带的村落多处于坡度较为平缓的丘陵上，丘陵间的谷地、盆地多有溪涧流过，大部分的乡村聚落都是选择在丘陵上营建聚落，而非紧邻溪涧，这样的选址位置主要出于防洪安全和维护宝贵耕地的原因，同时也便于组织稻田耕地的灌溉水系。同时在丘陵地带，水稻田具有一定的泄洪能力。当春季洪水发生的时候，稻田会被洪水淹没，虽然会对庄稼的收成造成歉收，但聚落被洪水侵袭的话，人身、财产损失会更大，因此在这种考虑下，两害相权取其轻，聚落安全要优先于农作物的收成安全。信江流域传统水稻耕作是夏秋两季水稻，就算夏粮因洪水歉收的话，秋粮的耕种还是能够挽回不少损失的。因此，相权衡下来，为保证聚落的安全还是选择丘陵高地作为聚落建立的最佳位置，从而造成这些聚落距离溪水、河流有着不小的距离，在生活用水上也就带来不少不便。

3）池塘的多样化经营

在丘陵、河谷平畈地区，村落边缘地带往往开挖有大量的池塘，这些池塘主要用于耕地的灌溉，同时也是村落内部水系构成的一部分。在丘陵、河谷平畈地区，聚落内部的废水、雨水的排出主要依靠在房前屋后人工开挖的排水沟渠，这些排水沟渠通过明沟暗道相互连接，将雨水、废水排入聚落外围的河流、池塘中。信江流域的池塘养鱼是比较晚的事情，大约要到清代末才在池塘中开始大规模养鱼，而且以草鱼为主要的饲养鱼种，在民国以前池塘的主要作用就是种植莲藕、菱角，并且收集浮萍用于养猪。大量开挖的水塘往往多布置于耕地与聚落交界的村口附近，以便于耕作归来后水牛的进行沐浴、降温、休息。再就是为聚落组织排水体系。

远离丘陵地区与河谷地区的溪水，使得聚落不得不考虑生活用水的其他来源。因此，围绕在聚落周边密集的池塘群就成为这类地区传统聚落最为典型的滨水空间。同时丹霞地貌的丘陵地带，聚落周边的池塘多是在营建聚落时开凿的采石场，这些采石场被废弃以后就成为聚落的池塘群，也会被聚落组织进入排水系统或是作为耕地、菜园的灌溉用水来源，并用来养鱼。

春季充沛的雨水，使得信江流域地表面的水量十分充足，也使得将雨水收集起来备用变得十分容易，在信江流域的丹霞地貌地区，许多传统聚落建立在光秃秃的红砂岩丘陵之上，硬质的聚落基础表面让雨水几乎难以下渗入地面，反而使得雨水收集变得十分容易和高效；加之红砂岩资源充足，因此这些将开凿池塘群收集雨水、开采石材营建聚落、种植园建设、渔业养殖组合起来进行水系规划与营建的方式，使得当地村落对红砂岩丘陵环境资源的利用十分高效。

一般来说，在红砂岩丘陵上营建聚落，人们会直接在规划的聚落外围选择合适的红砂岩采石场，聚落营建往往需要大量的红砂岩，也导致这些采石场的规模较为宏大，许多采石场的深度往往达到 3 ~ 10 米。被废弃的采石场会经过数年的演化，汇聚大量地表水形成深深的池塘，且随着聚落规模的扩大，这些采石场的规模和数量也会日益扩大，被废弃的采石场也会越来越多，且为了便于石材运输，这些采石场往往就是紧挨着聚落，或处于聚落不远的地方，因此由采石场演化而成的池塘也会越来越多，结果就形成紧紧围绕着聚落而形成的池塘群。这些池塘群的出现与存在解决了聚落的日常生活用水以及消防用水等问题。多余的池塘或被人们用来填土成为种植园，或被放养鱼苗作为鱼塘进行渔业养殖生产，这种“采石场—池塘—种植园 / 鱼塘”的演化过程便成为信江流域丹霞地貌地区聚落景观演化的一个重要特点，这些采石场群—池塘群的滨水空间模式是信江流域丹霞地貌地区丘陵地带聚落滨水空间的典型特征。

5.4.1.2　用养相结合：聚落环境稳定性的生态恢复

《孟子・告子》里说：“苟得其养，无物不一长；苟失其养，无物不消。”[①] 虽说的是人的善心、善行的培养问题，但从另外一个方面来说，也是认为牛山从“木尝美矣”到“是以若彼濯濯也”，其中重要原因就在于：“斧斤伐之，可以为美乎？是其日夜之所息，

① 万华丽，蓝旭译著 . 孟子 [M]. 北京：中华书局，2006：250.

雨露之所润，非无萌糵之生焉，牛羊又从而牧之。”[①] 没有给牛山以适当的生养休息时间与机会。从环境的可持续性角度来看，古人对于环境资源的利用与维护关系有着清醒的认识，这种认识在农学思想中，即为具有环境资源可持续维护观念的“用养结合”。

对于农业生产来说，“养”的对象是土地资源，其中所谓的“养”包括两方面的内容。首先是自然的再生产活动，即为“天养”；再一个就是依靠人力来维系资源的可持续性，即为“人养”。但“人养”是建立在“天养”的基础上对于可再生自然资源自然再生产的协助作用，而非靠人力凭空“养”出资源来。因此“用养结合”思想中的“养”其实质不是纯粹的自然再生产，而是人工对于土壤的改良和培肥过程。人们已经认识到庄稼生长对于土地肥力的消耗作用，知道只有对土地的肥力进行恢复、补充后，才能继续进行农作物的耕种。在这种思想的指导下，人们已经具有了朴素的全生命周期观念，并用于对待土地资源的恢复处理上。

村落的生态系统稳定性也与常态下聚落所能获得的资源、能量总量有关，能够获得较大资源、能量的乡村聚落的生态系统，在外界干扰后，其恢复力强，所需的恢复时间相对较短，稳定性相对较好。例如地处相对封闭的山地村落，由于其与聚落外部发生的资源、能量输入或输出相对较小，因此一旦被较强的干扰影响以后，由于不能充分获得与利用外部能量资源，所以环境的重新恢复时间也就相对较长。而地处交通便利地区的乡村聚落，能与聚落外部进行资源、能量交换量相对较高，就算出现较强的干扰因素，也可以快速利用聚落外部的资源、能量进行重建，因此所需的恢复时间相对较短。同样，在集镇与村落的对比中，集镇相对来说能够较村落更为有效与便利地获得外部的资源、能量，因此其生态环境的稳定性和对外来干扰的抵抗性也较强。

但另一方面，聚落的总体演替方向总是沿着乡村聚落到集镇聚落再到小型城市、中型城市、大型城市的轨迹演替的。聚落生态系统所处的发育阶段与聚落的稳定性有着直接的关系。在聚落的早期形成阶段，其生态系统总体上抵抗性较差、稳定性较弱，但聚落的恢复性会相对较好。而随着聚落的发展与成熟，聚落本身的经济力量与规模处于成熟期时，其生态系统的自我调节能力也变得日益强大起来，聚落环境的抵抗性和恢复性发展进入相对平衡阶段，因此环境的稳定性就能够较好地得以保持。而处于演替后期的聚落生态系统，由于环境建设质量较好，使得其对于外来干扰的抵抗性也强，但是人工环境受影响后的恢复性较差，因此聚落的总体稳定性也相对较差。

“用养结合”其目的在于保证聚落环境的可恢复性和可持续性，并须有相应的手段和方式来予以实现。在信江流域的村落中，由于经济与技术的相对低下，环境的可恢复性更倾向于采用经济成本较低，但恢复速度较为高效的高变异性手段；在环境的

① 万华丽，蓝旭译著 . 孟子 [M]. 北京：中华书局，2006：249.

可持续性维护上，则采用与村落种植业紧密结合的公林、公田、公山制度，形成可持续维护系统，来获取维护环境稳定性所需的资金与建材。

1. 稳定性的变异性恢复

再利用与自维护，其目的在于保证聚落环境的可恢复性和可持续性，这是聚落出于维护内外环境的稳定性而必须具备的能力。聚落的生存与发展是需要处于一种相对稳定的环境中才能进行的。而所谓稳定性是指聚落生态系统及其恢复原状能力在发生变化后继续存在的属性。稳定性所涉及的相关因素包括如下内容：

抵抗性：指系统抵抗外界干扰的能力，通过描述在给予扰动后系统产生变化的大小来衡量系统对干扰的反应敏感度。

恢复性：指受某一干扰系统恢复到其初始状态的能力，强调其对干扰的缓冲能力。

持久性[①]：指生态系统或其某些组成成分在一定边界范围内保持恒定或维持某一特定状态的时间长短，这是一种相对的稳定概念，并且根据研究对象的不同，稳定水平也不同。

韧性：指生态系统在抵抗不可测的、大而连续的干扰（如洪涝、干旱、风、火、病虫害或处于下一级食物链的物种数量剧增等）方面，其保持恒定或持久的能力。

变异性：指生态系统某些特征的波动频率和幅度。从以上分析发现，在过去的研究中对稳定性赋予了许多不同的意义。稳定性总体上包含抵抗性、恢复性、持久性和变异性这五个方面的内涵。前两者表示生态系统对外界干扰的响应，后两者则涉及生态系统应付外界干扰的能力。

稳定性这五个方面的关系较为复杂，一般来说，抵抗性与恢复性成相反关系，即抵抗性高的生态系统，其恢复性低，且持久性高，变异性低；而恢复性高的生态系统，在某种情况下，变异性低，在另外一些情况下，变异性又高。

因此，信江流域传统聚落在受到洪水等自然灾害的威胁时，为保持聚落生态环境的稳定或快速恢复，在村落和集镇中针对不同的产业和经济背景，会有不同的方式应对各种变化。例如集镇聚落对于洪水带来的环境破坏，人们一是以较高的资金与技术投入，重点集中于环境的抵抗性、恢复性和持久性、坚韧性，使聚落的总体环境对于洪水的抵抗能力在总体上增强；再则就是控制灾害的破坏力度，使洪水的破坏结果达到最小化；三就是提高环境的恢复效率，使聚落环境在最短时间内获得恢复。

由于生计方式的原因，大部分村落的技术条件和资金状况无法与集镇相媲美，因此在水灾不可避免的情况下，为尽可能减轻洪水带来的危害，措施上更倾向于采用环境变异性策略，如就地取材使用生土、鹅卵石、碎石等低经济成本的建筑材料，采用夯土、土砖等简易而高效的营建技术来建设聚落，使自然灾害带来的经济损失降低，

① 刘增文，李雅素 . 生态系统稳定性研究的历史与现状 [J]. 生态学杂志，1997（04）: 11.

实现聚落环境的快速恢复。

2. 可持续维护系统

在信江流域人们认识到，湿热气候的影响下土木结构的建筑其建筑材料的性能会不断地衰退，从而导致建筑的使用寿命日渐缩短。其中木材由于“干千年，湿万年，不干不湿就半年”的特性，使得在春季潮湿闷热、夏秋干燥的信江流域，如果没有良好的维护体系，木材的易腐蚀性和易燃性极易造成建筑的生命周期较短。且在聚落的公共建筑和公共环境中，若无长年的维护与保养，聚落内部的公共环境也会日渐衰败，直至崩坏。清人彭昌运的《铅山县志》中，在记录自己主持明代福惠河的再凿通工程中，就聚落公共环境的维护重要性记录下自己的认识：“念兹河创于费文宪解纽归来之日，计其时在嘉靖，距今不过三百余年，而河源已为洲渚，种菽麦。其存者曾不容苇，何易废若此？岂非以浚其源者未甃以石，水之迁转无常，随圮随淤，故沟渠易为陆地也，且利其灌注而不虞其冲决，盛涨弥漫失其涯矣，岂复有故道哉。故今日之石工木工皆不可□也。虽然石工木工之可久是也，谓石工木工之可久而遂无待于后则非也。石有时以泐，木有时以朽，利而用之，存乎其人。”[①] 聚落环境的生态性营建中，使聚落的公共环境可持续性发挥作用也是重要的设计内容之一。

经济实力较强的聚落甚至会设置专门的砖瓦窑，用于聚落内部公共建筑的建设和修缮、维护。例如信江流域的怀玉书院由于“缘山高、风峻、冰凌，砖瓦易于破碎；且有雀鼠之患，不能不先事筹画”[②]，为便于日常的书院建筑维修维护，设立了“瓦窑一座，去书院二里许，岁烧砖瓦，以备修补之用”[③]。

5.4.1.3　地力常新壮：环境的生态性改良

从信江流域“荒（坡）地 → 农（梯）田→ 菜地 ←→ 宅基地”的村落内部结构演化关系中可见，乡村聚落内部环境的形成是建立在聚落耕地的质量条件变化上的（图 5-21）。信江流域多山地、

图 5-21　西门村内部荒废后转化为鸡舍、菜地的农舍

（图片来源：自摄）

① 铅山县志 . 地理 . 津梁 . 清同治 .

② 朱承煦，曾子鲁 . 怀玉山志 . 土产民风 [M]. 南昌：江西人民出版社，2002：713.

③ 同上 .

丘陵的自然环境条件导致其聚落所依托的土地资源状况不尽人意者居多，但在“三才”思想指导下的集约化稻作生计方式使信江流域的人们认识到，采取适当的措施去辅助、促进土地资源，并有节制地加以利用，不仅可以维持和提升资源的生态价值，还能在有限的条件下对于土地资源进行永续利用，达成人与土地资源的和谐发展。

南宋陈旉《农书》中则指出：“或谓土敝则草木不长……凡田土种三五年，其力已乏……若能时加新沃之土壤……则益精熟肥美，其力当常新壮矣”[①]，王祯亦认为没有不能变为良田的土壤，只要人们通过“治得其宜”“用力既多”的方法，就能把大量原来条件恶劣的土地改造为良田。这种观念便是中国传统农学重要思想之一的“地力常新壮”论[②]。正是这种理论对于实践的指导作用，使中国在长期的历史上，能在高土地利用率和高土地生产率的条件下保持地力的长盛不衰。也正是在“地力常新壮”这种农业持续发展思想指导下，人们将村落视为重要的生产场所，并使人们将聚落环境营建与对条件不佳的地形、地貌条件进行改善，使聚落整体环境有利于生活生产活动。“地力常新壮”思想指导下的环境生态型改良主要体现在地形改造、建材获得与土地改良、肥料收集与卫生设施建设三个方面。

1. 地形改造：山地丘陵地带，将斜坡改成平台阶地，对聚落坐落的基地地形进行生态改良，是乡村聚落形成与演化的先决条件。

信江流域山区地带，地形陡峭、险峻不平，且相较于平原、丘陵地区气候恶劣、多变，土地资源也相对贫瘠、稀少。因此山区地带的生存与发展，必须建立在成熟的地形改造技术、农业种植技术与建筑适应性技术上才能得以实现。而将崎岖不平、不便于居住的山地地形改造为平整而适宜农业生产、聚落生活的环境，是实现在山区地带生存的第一个关键点。

与西南地区山地村落中以干栏式建筑结构来调节建筑与山地环境适应关系的方法有所不同，对于在山地地形下建设住宅民居，信江流域采用了营建台地的方式来处理建筑或聚落的基础地形，各家各户依据自己选择好的基地，沿着等高线，对坡地采取“挖”“推”“填”“砲”“堆”“切”“砌”等方式进行改造，将原有的山地斜坡改造成一个平整的台地，台地内外侧垂壁则用石块等质地坚硬的材料砌成护壁，然后再在这块平整的场地上建筑住宅。开挖出的土壤、石块或是用于基础场地的土方平衡，或是作为住宅建材使用。这样各家各户彼此之间形成了错落的地台，地台之间通过坡道台阶相互沟通，使得整个村落成为台阶状的垂直空间结构。各家各户的台地彼此错落，也为整个聚落内部的排水系统提供了组织上的

---

① 陈旉．万国鼎校注．陈旉农书集注 [M]. 北京：农业出版社，1965：34.

② 李根蟠．生态之链：中国传统农业的启示 [J]. 经济社会史评论，2008（00）：59.

方便，各家各户在地台底部挖出排水沟，排水沟多用石材砌成沟沿，排水沟自上而下的组织沟通在一起，彼此相互连接，再通过排往水稻、梯田、耕地方向的水沟排出村落。

山地聚落的斜坡改地台式的地形处理方式与西南地区以干栏式建筑应对坡地的处理方式相比，在劳动成本、时间成本、经济成本和技术要求上相对较高，但这种模式较干栏式建筑更为坚固、耐久，防潮效果不低于干栏式建筑，而且地台式的聚落基地地形处理在环境生态效益上，有着利于改变聚落内部降雨的地表水文影响过程、增进聚落内部建筑基础安全，有利于聚落内部种植区域土壤的降雨截留纳渗、增加土壤蓄水量、改善土壤种植条件，有利于信江流域村落庭院种植经济展开的三大优势。

在改变聚落内部降雨的地表水文影响过程上，由于坡地的坡面经由雨水冲刷后会形成冲沟，从而导致产生坡面流，然后在坡面流的冲刷下再产生新的冲沟，进而导致更多新的冲沟出现，为新的坡面流产生又提供了新的通道，从而严重威胁聚落内部建筑基础的安全。将山坡地改为台地后，地面与水平面之间的夹角变小，并趋向于 0° ，通长的斜坡面或被截断为短坡，或是变成了平面，从而使聚落降水后的坡面径流系统受到限定约束和抑制，削弱了雨水对聚落内部地面土壤的侵蚀能力，有利于聚落内部住宅基础的稳固。

在利于土壤的降雨截留纳渗、增加土壤蓄水量、改善土壤种植条件方面，修成台地后，坡面原有的斜面变成了水平面。由于台地平面的拦截作用，原来降水形成的坡面径流转化成积水状态，有利于土壤对雨水的截留、入渗作用，将地表水变成土壤水，增加了土壤蓄水量，使流入河流、湖泊、池塘、稻田的径流量相应降低，调节了降雨量的空间分配，对于消减山区地带洪水的水量、减弱雨季时期地表水体的流速有着重要的作用。

在庭院种植经济上，对于信江流域的村落来说，聚落内部本身是一个由山体、水系、田园、道路、建筑、空地等多个子系统结合在一起的农业生产单位，其农业生产行为不仅仅是在聚落外部的农田中展开，而且也在聚落内部展开。在农户的房前屋后，在空地、庭院中，往往有小型的果树、竹林、菜园、草药等庭院经济的存在。这些庭院经济对交通不便的山村聚落而言，是生活物资实现自给自足的重要保证。

从经济作物的种植来说，土壤的质量好坏决定了收成的质量好坏。信江流域由怀玉山脉和武夷山脉延展而来的山地多石少土；再则向山区迁徙本身就是由于人口增加引起人地关系紧张而导致的后果，是一个从水土资源较好地区向水土资源贫乏地区迁徙的无奈之举。迁徙至水土条件不佳的地区后，如何改善当地的水土条件，自然就成为营建聚落的一项重要工作。而将山坡地改造成为台阶地，便是一项有利于改善聚落生产生活的营建措施。

山坡地改为台阶地，可以使聚落的土壤质量得以改良，进而促进聚落内部种植系统的发生与改善，有利于增加居民的生活物资丰富度和提高庭院种植经济的收益，有利于聚落内部多样性的生产环境建设，也利于聚落最终形成良好的经济效益与生态效益互动关系。

2. 建材获得与土地改良：耕地土壤改良与石材、生土等聚落内部建筑建材的获取同步进行。

在信江流域的山区丘陵地带，人们会将村落营建与改善生产、耕种自然资源条件结合在一起。精耕细作式的农业模式下，人们对于环境改造多保留积极态度，并认为通过劳动力和技术的投入，不利的自然环境是可以变得宜人或适合于生产生活的。刀耕火种式的稻作模式在信江流域也有存在，但主要是为躲避官府劳役，或外出谋活路的外来“棚户”们采用的耕作模式。这些棚户多数居无定所，以简陋的窝棚为暂时的栖身之地，由于四处流浪、游耕，所以对于土地资源的利用多是追求短期效益的最大化，而不顾土壤的肥力下降甚至是水土的流失。

而精耕细作式的稻作模式其特点在于不断对土壤以有机肥投入的形式进行改良与维护，使得贫瘠的土地变得日益肥沃，对土地的改良性营建使得环境的生产能力获得提高，这种方式在一定程度上使得人们可以最有效地利用好现有土地资源，从而减少向周边自然环境索取土地的欲望。

在强调“农时”和“地宜”的客观规律背景下，人可以利用和改造自然，把大量原来条件恶劣的土地改造为良田的农业经营思路也指导着人们对于聚落内外环境进行改良、优化。

例如处于土地资源更为匮乏的山区地带的村落，人们在建设住宅民居、道路等工程的时候，在有意识地从耕地中取石、凿石，用于聚落建设的同时，也完成了将耕地中的大小石块清除，使得农田的耕作变得更为便利，土壤变得更肥沃的工作。在聚落内部也同样存在将庭院经济植被系统培育得日益繁茂，从而有利于聚落内部微气候和物种多样性的生成，以及促进土质肥力改善的行为。

同时在信江流域村落，由于交通条件和经济条件的限制，以生土为材料的农舍住宅大量存在。生土往往直接来源于水稻田、菜地等耕地处。在梯田—菜地—宅基地—菜地的演化过程中，生土建筑与菜地、耕地相互转化演变，生土建筑形成的老墙土对于菜地、耕地的肥力增加有着良好的改良作用（表 5-2）。

老墙土在内的主要农家肥料氮磷含量 **表 5-2**

类别	名称	样品个数	全氮 %		全磷（P_2O_5）%	
			变幅	平均	变幅	平均
堆肥	草粪	19	0.1-0.2	0.15	0.14-0.29	0.20
	土粪	3	0.059-0.098	0.066	0.16-0.20	0.17
	堆肥	5	0.180-0.296	0.243	0.192-0.430	0.297
圈粪	牛圈粪	1	0.24	0.24	/	
	猪圈粪	7	0.073-0.360	0.210	0.14-0.38	0.21
	马圈粪	3	0.34-0.98	0.61	0.59-0.69	0.67
	混合圈粪	30	0.106-0.829	0.286	0.144-0.653	0.288
人粪尿	人粪尿	2	0.42-0.74	0.58	/	0.34
	人粪	6	0.31-0.90	0.62	0.36-0.77	0.58
	人粪干	2	0.31-0.38	0.34	0.32-0.40	0.36
	人粪尿杂肥	18	0.105-0.380	0.229	0.119-0.340	0.22
糟粕	蓖麻油渣	1	0.120	0.120	0.122	0.122
	豆油渣	1	0.380	0.380	/	/
	糠醛渣	1	0.546	0.546	/	/
	糠醛渣	1	0.560	0.560	0.138	0.138
饼肥	芝麻饼	2	4.61-5.40	5.01	2.73-2.93	2.88
	大豆饼	3	5.24-5.88	5.59	3.21-3.28	3.24
	棉仁饼	1	/	5.15	2.48	2.48
	小磨香油饼	1	/	3.88	/	/
	蓖麻饼	1	/	5.41	2.26	2.26
	楝子饼	2	2.04-2.46	2.25	0.76-0.81	0.78
	茶子饼	1	1.84	1.89	0.65	0.65
河泥		9	0.090-0.242	0.139	0.192-0.350	0.259
老墙土		4	0.122-0.232	0.188	0.197-0.206	0.201

（图表来源：《几种主要农家肥料的氮磷含量》）

3. 肥料收集与卫生设施建设：用于土壤改良的肥料收集设施与聚落公共卫生设施建设相适应。

肥料是关系耕地收成的关键要素，前文所说的溪流、河流上游的林地虽能够带来一定的肥力，但乡村聚落中的厕所、牛棚和猪圈以及鱼塘底部塘泥等才是农户耕种的肥料主要来源。收集肥料是村落中农人们关心的重要事务，同时由人、牛、猪乃至家禽产生的各种粪便如果处理不当便会引起疾病与瘟疫，对聚落内部的卫生与健康产生严重的负面结果，因此在信江流域的乡村聚落中，关于厕所、牛棚、猪圈等建筑设施的布局有着特别的考虑。

牛棚中获得的牛粪是有机肥的重要来源。人照顾牛的时候，每天必须在牛棚中铺设一层干草，一方面是使牛棚变得更为干燥与清洁，另一方面是使牛粪与干草被牛践踏混合为一体，既便于牛粪的铲出，又便于牛粪与干草的堆渥与发酵成为有机肥（图 5-22）。

牛作为人们重要的耕作劳力，价格高昂，是家庭的重要资产，对其必须进行精心照顾。水牛怕热、怕冻，因此牛棚在夏季要能够防晒、凉爽，冬季能够保暖防风。

信江流域的民俗中有牛棚不宜设置在住宅附近，特别是不可处于宅前的习俗。这一方面是由于水牛容易招惹蝇虫，使得牛棚成为飞蝇聚积的源地，如果与住宅太靠近，易于将疾病传染给人们，因此牛棚必须与居住区有着较长的一段距离为宜。

图 5-22　南塘村的牛棚（黄牛）位置设置
（图片来源：根据谷歌地图自绘，自摄）

另一方面将牛棚设置于开阔地附近，便于时时监看水牛的情况。信江流域村落都是熟人社会，水牛作为贵重的财产与物资，谁家有水牛、谁家没水牛，彼此间都是非常熟悉的，因此水牛一旦走失，很容易被附近村庄的人们发现并告知失主，而本地人家一旦莫名出现多出的牛，也很容易被人们发现；外来的窃牛者由于本身是空手出现的陌生人，因此一旦牵带着体型巨大的牛，很容易被人们关注到，而且外来窃牛者要将个头巨大的水牛偷运出原来乡村地界也不是件容易的事情。所以信江流域的牛棚一是多集中统一安排处于村庄后部的边缘区域，与住宅区隔离开来，以保证聚落的卫生；二是靠近溪流、池塘，以便于日常水牛的洗浴降温与卫生打扫。

图 5-23　西门村聚落边缘的众公共厕所
（图片来源：自摄）

农户设置公共厕所的目的则是为了更多地收集粪便用于获得农家肥。其中红层盆地低丘陵地区的村落都有着特殊的村落厕所分布特点。在这些丹霞地貌的丘陵地区村落中，私有的公共厕所多设置于村庄外缘的干道或耕地、池塘旁边，以便解决往来行人的如厕问题。以桂家村为例，在村庄的外围边缘地带靠近道路处，建筑与菜园、池塘等养殖场所交接之处，建有大量的厕所，这些厕所都是私人设置但面向大众服务的公共厕所（图 5-23）。

肥料的另外一个来源就是“枯饼”。

所谓"枯饼"就是油料作物的种子榨油后成饼形的渣滓，可用做饲料和肥料以及杀虫剂，如豆饼、油子饼、花生饼等。信江流域用于榨油的经济作物主要有茶籽树、油菜、花生等。水碓不仅是碾米与榨油的场所，也是形成枯饼这种肥料的重要场所。

聚落内部排水系统的建设与肥料的收集、利用关系也是相适应的。丘陵地带山体底部的水系多为池塘与溪流的复合结构。聚落所在的丘陵山坡脚下多为面积广阔的水塘群和水井群以及溪流、稻田。丘陵上的聚落内部除了因山坳形成的排水廊道外，还多设有垂直于等高线的人工排水沟渠。沟渠的设计与民居的猪圈、厕所往往结合在一起，村庄的雨水排泄系统与猪圈、厕所、厨房的废水排污口、取肥口结合在一起，其中猪圈、厕所的取肥口并不与沟渠直接联系，但处于附近位置以便于用水冲刷被粪肥污染的地面。排水沟渠垂直于等高线直通村子前方丘陵下的水塘群。这些水塘群的功能作用有下列几点：

一是作为村落的雨水收集池，集聚春夏之际的雨水或用于消防，或用于夏末以及秋季枯水季节的灌溉用水，兼具水牛的消暑泡浴池和养鱼池。二是作为村落的污水收集池，一般而言，混合了村落猪圈、厕所、厨房污水的水池其有机肥料丰富，为避免稻田中水体过肥，导致稻叶肥大而影响结穗，因此水池常作为莲藕的种植池，或进行深挖作为鱼池来使用，以利于污水的沉淀、净化作用。莲藕池或鱼池中的水体经沉淀、净化后，再流入更为外围的水稻、农田沟渠用于灌溉。村落的污水就这样被有效利用起来，不被浪费（图 5-24）。

5.4.1.4 废弃再利用：废弃环境的生态性再利用

再利用，是对已丧失原始功能与使用价值的废弃物进行二次功能和价值的再创新利用。

在信江流域红层盆地丘陵地带的村落中，分布在聚落外围或边缘的采石场被废弃后，往往会转变成为村落的蓄水池或养鱼池。更多的水资源和更好的渔业养殖资源，使得聚落的生存环境质量和经济实力得到一定的抬升，也使得聚落水体布局更为合理，具有更好的灌溉、抗旱、防火、排涝能力和经济效益，使得废弃采石场所在的环境较未开采石材之前更具生命活力。当人们认识到这种从采石场到蓄水池、鱼池的转变优点后，往往在开采石材的时候，就有意识地进行规划，为将来采石场的再利用打下良好的基础，在实现建筑材料开采的同时，也有目的地修整采石场的

图 5-24 西门村、杨碧村口的莲藕池塘群
（图片来源：自摄）

形状和形态，如形成坡道、台阶，有意规划好深池、浅滩，使其未来将要形成的水池、池塘的边岸和水深符合未来的使用目的。除了作为典型案例分析的西门桂家村外，同处于红层盆地低丘陵地区的鹰潭四清乡杨碧杨家村与占家村，在东部红石丘陵西坡由于红层盆地低丘陵地区的山体结构多为光秃的红砂石质山体，糟糕的水土保持能力，导致不少丘陵山体土层微薄，甚至是未有寸土，草木几无，这些山体作为采石场，对于聚落以及建筑的营建而言，固然有其较高的资源价值，但对于周边自然环境而言，不啻是个自然生产能力极弱，生态恶劣的环境所在。废弃的采石场被再利用为水塘、鱼池，其生态价值对于当地而言，不仅仅是资源或价值的再次被发掘问题，而是对当地自然环境乃至生产环境生态适应性上的改良与改善，并使得环境建设具有多样性的可能（图 5-25）。一般认为，环境的改善与改良，有利于环境的多样性发生，多样性的发生与存在使得聚落内部的某一功能在其生态位上能够具有多种备份形式，使得聚落环境在应对内外部条件变化的时候具有较强的弹性空间和多元的选择来应对情况的发生，提升内外部条件变化时聚落能够继续保持相对稳定性的能力。

图 5-25 鹰潭地区聚落周边废弃采石场转变为鱼塘、菜地、灌溉水池
（图片来源：自摄）

废弃的采石场被再利用为水塘、鱼池，不仅是在生计方式上对当地的渔捞业有着重要的支持与推进作用，也对当地农业生产环境和生态环境的改良有着直接的推进作用。

5.4.2 完善服务资源：三才思想下的集镇聚落环境优化

从河口古镇与石塘古镇的聚落环境生态适应性营建状况中可见，信江流域传统集镇中环境的生态适应性营建与生计方式密切相关的内容，主要集中在防洪安全、环境内部降温、交通设施建设、水系建设四个方面。且由于集镇在工商经济影响下的专业性和集镇聚落本身的等级性，使得不同等级的集镇在环境营建具体内容上各有偏重（表 5-3）。

不同等级集镇聚落环境优化手法对比表 **表 5-3**

环境营建内容	一级集镇	二级集镇	生态适应性
防洪安全	聚落外部防洪封闭岸线	聚落外部防洪封闭岸线	应对气候因素
环境内部降温	滨水街巷通风结构		应对气候因素
交通设施建设	码头群运行高效	道路铺装组织人车分流	应对交通条件
	道路铺装组织人车分流		
	桥梁建设刚柔并举	入口空间节点	应对气候因素
水系建设	水系设计便利、清洁	水系设计便利、清洁	应对水资源

集镇环境营建的生态适应性在于工匠们如何精巧地利用和处理集镇所具有的自然资源条件。这是因为在信江流域，河口古镇与石塘古镇是同以工商经济为主导生计方式的集镇，作为环境营建活动主体的商家、工匠在生存上都是依靠集镇商业行为而展开。对于商家而言，在各个行会、会馆的组织下为集镇的环境营建注入资金，而工匠则受行会、会馆等机构的雇佣进行施工。对于投资方而言，营建项目必然要体现出自己的投资意图，使项目有利于自己的生计方式展开与发展，因此在环境的具体营建上，关注于现有的自然资源条件下的公共安全、服务设施、交通系统等利于物资流动的内容建设；而对于工匠而言，如何在营建中实现投资方的意愿，并展示出自己的技艺才能，实现生计的发展，故而在营建过程中，注重于构思精巧和技艺展示。

同时，在“三才”思想的指导下，信江流域的集镇呈现出了“因天”“辅地”“巧工”的环境生态性适应营建观念。

5.4.2.1 “因天”：聚落环境的气候应对性营建

“因天”主要指聚落在营建中，对于天气、天时等气候与季节因素及其带来的相关灾害与利益的考量。

对于集镇而言，信江流域季节性气候带来的灾害主要是由于春夏交接之际的洪水，以及雨热同期带来的潮湿与闷热对于生存所依的航运与茶、纸等货物的贸易生计方式有着直接的负面作用，洪水不仅影响着航运的安全，也影响着茶叶、纸张等大宗货物的存储安全，而潮湿带来的纸张和茶叶、药材等山货的霉变更是信江流域集镇中商家的重点防范内容。因此在集镇环境的生态性营建中，对于洪水与潮湿这两者不利因素的防范、消除，以及对于洪水后集镇良好环境的快速恢复是信江流域集镇营建中必需考虑的内容。

1. 滨水街巷通风结构

为了防潮，集镇的商业主街、巷道与河道之间的关系除了交通便利的目的以外，亦是围绕着商业主街的整体通风的目的展开。

信江流域商业集镇的道路建设是与水陆运输方式结合在一起的，集镇的肌理结构也就随着交通方向的发展而生长——或是沿道路方向，或是沿河流方向。河口古镇就是因交通条件便利因草市再水运码头而再市镇的典型。

信江流域集镇密集相连的屋宇在春夏交界之际会导致聚落内部环境的湿热难耐，因此在选址之初工匠们便会规划、理顺好聚落与通风方向之间的关系，好引导风通过巷道进入商业主街和过街路，让空气流通起来，并带走路上湿热空气。滨水的梳状街道结构有利于引导水面的凉风在夏季穿越码头与主街之间的巷道，使得集镇的商业主街有着较好的通风、除潮的效果。出于聚落内部通风防潮的考虑，在滨水集镇的肌理形态上，码头群的出现促使了滨河界面连续性的断开，也利于夏季河面凉风进入集镇内部使得潮气与暑热带来的居住不适感被减弱，甚至是消除。例如在上清古镇，聚落内部的建筑多南向偏东布置，一方面可以使建筑得到良好的日照辐射，另一方面巷道东西向排布，有利于从东西向山坳吹来的风贯通全镇，带走因为屋宇相连而囤积在街道内的湿热空气。同时北面的沿街建筑一字紧密排开，通往古镇内部的巷道与商业主街南边通往河边码头的巷道错开，防止冬天寒风直接灌入带来湿冷空气造成内部潮湿（图 5-26、图 5-27）。且冬季的时候，泸溪河水面温度高于聚落内部温度，所以河面上是不会有风吹向聚落的，不会造成聚落的整体环境温度下降。上清古镇背面与两侧的山体挡住了北来的寒风，向阳的河谷坡地使得聚落能够接收到冬日太阳的温暖。

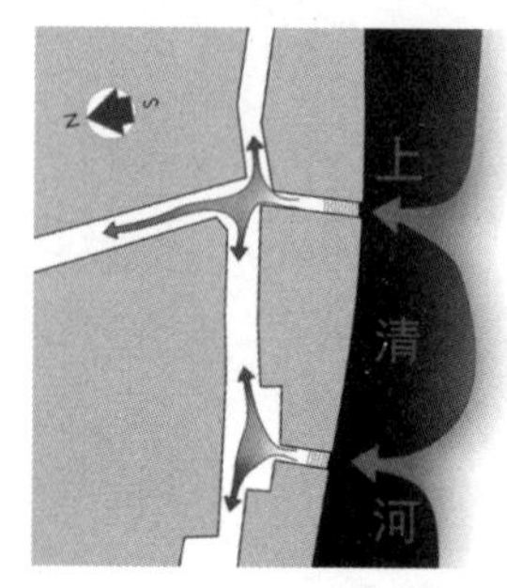

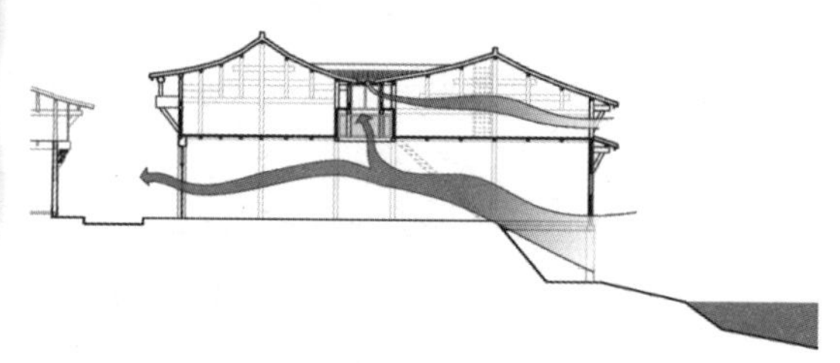

图 5-26　上清古镇街道与码头交界处通风分析

（图片来源：自绘）

图 5-27　上清古镇夏季龙码头与街道交界处的纳凉人们

（图片来源：自摄）

2. 聚落外部防洪封闭岸线

河岸线的处理也是与自然气候条件结合在一起的。信江流域聚落用水不安全因素之一是由于气候所导致。信江地处亚热带季风湿润气候区，雨量充沛，是江西省降水高值区。怀玉山区和武夷山区的年平均降水量为 1815 毫米，最高值可达 2978 毫米。春夏交界的 4 ~ 6 月之际是信江流域的降水集中时期，占全年降水总量的 50%，暴雨多、范围广、强度大，极易导致大洪水或特大洪水的形成与发生。且信江流域山地较多，山区中的河流作为汇水区，形成的洪水其量大小还与山体的陡峭程度有关。山体越陡峭，雨水汇入河流中的水量速度越是迅速，怀玉山区和武夷山区山体坡度多陡峭，使得信江河及其支流在雨季形成的洪水有着水量大、来势猛的特点，从而严重威胁着信江流域河流两岸聚落的生活用水安全。

来势迅猛的洪水对于河流两岸的冲刷作用十分强烈，因此信江流域的山区、河流两岸在洪水的多年冲刷之下，山体只留下石质岸基，在丘陵地带河滩上的鹅卵石和裸露的大块岩石构成了河流的河床与岸线。

针对信江流域的洪水特点，集镇的外部滨水空间建设注重利用自身拥有的便利运输条件和较为富裕的经济实力，集中调集较好的建筑材料和匠人资源用于集镇的防洪设施营建。而信江流域大面积的红盆地形随处可得的廉价红砂岩，更是便于集镇硬质滨水界面的建设。

即便洪水侵袭入集镇内部，集镇需要在洪水过后短时间内恢复聚落的原貌。若要使聚落具有快速恢复稳定状态的能力，坚固而硬质的聚落空间界面无疑是最具效率的。

因此采用坚固的材料，雇佣技术较高的匠人，将聚落建设成可以抵抗洪水侵袭的坚固“堡垒”便是集镇中人们的营建思路，按照这些思路营建而成的信江流域集镇在桥梁空间、滨水空间、街道立面、道路等空间形象上因此呈现出高大而连续封闭的硬质空间形态。

洪水的迅猛导致滨临河、溪的聚落面临着建筑基础被冲垮的危险，因此对于河流岸线的加固改造就变得十分重要。岸线的改造目的，一是坚固河堤，保证建立在河堤之上的建筑基础不被冲坏、冲毁；二是将河道改直，使得迅猛的洪水能够快速地通过聚落境内的河道。因此信江流域传统滨河聚落中，人们或是将河道岸线用鹅卵石或石块修筑成坚固的河堤、河岸；或是结合城墙的建设来修筑河岸、河堤；或是将滨河建筑修建成底部高高的吊脚楼。由于信江流域，特别是信江河谷地区分布着广阔的丹霞地貌地形，大块的红砂岩材料十分容易获得，所以相较于湖南凤凰古城、王村古镇等湘西山区地带的传统聚落，信江流域的吊脚楼都是以坚固的红砂岩石材修建高大基础，而非用木材修建吊脚楼基础，且这些吊脚楼的石质基础往往高达 3 ~ 6 米。这些做法使得信江流域河岸的空间界面呈现出封闭、沉重的特点与特征（图 5-28、图 5-29），与湖南凤凰古城、王村古镇那种悬挑、轻盈的吊脚楼在视觉上有着明显的差别。“古之民就陵阜而居”，传统聚落在选择建设地址时多选择在河边台地上，或在河流转弯处及支流交汇点交于四周的高地岗阜上。信江流域传统聚落的坐落位置也概莫能外。然而与太湖流域不同的是，信江流域的传统村镇对环绕在聚落外部、尺度较大的水系，往往保特内向、防御、封闭的特征。这种特征具体表现有以下几点：

图 5-28　河口古镇沿河界面

（图片来源：杨必源 提供）

图 5-29　陈坊古镇的硬质沿河空间界

（图片来源：自摄）

一是当这些聚落外部紧邻较大的水系如河流的时候，聚落的建筑往往就建立在河流旁较高的台地上。这种聚落中的建筑一层地面距河面的垂直距离可以达到 3 ～ 4 米左右，然后自河道中，或在河岸边垒起石基础，形成吊脚楼的建筑样式，人们到达河岸则需拾级而下。建筑底层向河流面不大开窗，密密的建筑立面挤在一起，在河流沿岸形成连续而封闭的界面。例如地处鹰潭市东南方 20 公里处的上清古镇，位于信江支流的泸溪河畔，沿泸溪河就建有大量这种形式的吊脚楼。

上清古镇，属龙虎山风景区，地处江西鹰潭市东南 30 公里的龙虎山南麓，距离南昌 186 公里。作为道教正一派祖庭所在，历代张天师的住宅天师府坐落于上清古镇中。上清古镇主街道与泸溪河相平行，长约 2 公里，宗教活动和商业活动都在主街上进行。在主街与河道的空间剖面关系上，是河道—民居—街道—民居的模式，一些狭小的巷道一头连接着古镇主街，另一端变成台阶直下河道成为小码头连接着泸溪河。临河一侧建筑以吊脚楼为主，这些吊脚楼自河岸边先竖起高出水面的石柱，或挑出石梁，石柱、石梁的顶面与河岸顶部平齐，高出水面约 4 ～ 5 米，然后在石柱、石梁的顶面之上建起木构屋舍。吊脚楼沿街面多为商铺，店门打开，而朝向芦溪河一侧的建筑立面零星开出小窗，整个沿河立面形成了连续封闭界面。

与此相同模式的聚落还有位于上饶地区信江河畔的沙溪古镇，上饶县城南 37 公里处的四十八都镇，以及铅山县陈坊河河畔的陈坊古镇等地。

二是采用厚实的城墙来抵御洪水。城墙也是信江流域的聚落沿河滨水空间的重要界面因素。铅山县石塘古镇与永平古镇是铅山县建筑城墙的两个集镇，石塘古镇西面紧邻石塘河（古槐溪河），永平古镇东面紧邻铅山河。两镇沿河一侧都建有城墙。永平古镇城墙为洪武元年（1368 年）千户蒋奎所建，是广信府较早建有城墙的县城之一。这两处城墙都兼具了御敌和防洪的作用，但也使得石塘古镇与永平古镇整个聚落在景观视觉上呈现出封闭的特点（图 5-30）。

图 5-30 永平的滨河城墙

（图片来源：自摄）

5.4.2.2 “辅地”：高效的交通系统营建

1. 码头群运行高效

中国传统农学中的“三才”思想认为，要尽得“地利”只有用其宜，即“因地而宜”。要实现对土地的“用其宜”，就必须认识到“谷非地不生，地非民不动”[①]，土地需要人采取适当的措施去辅助、促进地气与地力的维持与发展，并要节制利用，即对土地“辅地”。当“三才”思想从农耕范畴转借入环境营建等手工业劳动范畴后，对于尽得“地利”需“用其宜”的内容就转变为如何利用好生产资料、劳动对象的属性，而“辅地”也就关注于如何通过采取适当的措施去促进生产资料的合理利用与劳动效率的提高。

在信江流域的集镇中，在已有的航运便利交通条件下，人们在码头与道路交通之间充分地采取了适当的措施去辅助、促进水陆交通的便利性结合，使得集镇赖以生存的运输经济式的生计方式与自然水利所赋予的自然生产力有机地结合起来，形成了彼此间的生态性适应。

信江流域的滨水市镇多因水运而起，河埠码头成为信江流域聚落重要的城市空间节点，水运的发达使得河流边畔有着众多的码头，且码头有着明确的分工，如米码头、布码头、官码头等。又由于防洪目的，聚落多处于河畔边上较高的丘陵岗埠之上，因此码头群与聚落之间实际上常常存在一段较长的距离。码头、坡道、台阶、沿河流连绵的聚落立面成为信江流域集镇环境最具识别性的景观特征。

2. 道路铺装组织人车分流

商业的繁荣使得石塘、河口陈坊等古镇成为茶、纸贸易的重要集散地，特别是在

① 黎翔凤，梁运华 . 管子校注（上、下）[M]. 北京：中华书局，2004：261.

每年的农历五六月茶、纸贸易最为繁忙的时间，“千条扁担过街”的大规模运输队伍的出现是常有的事。众多大规模的运输队伍进入人口繁密的集镇，交通空间如果未有事先规划好，很容易导致拥堵和冲突现象的发生，因此这些集镇聚落往往以道路铺装方式来组织与规范车流、人流的交通问题（图 5-31）。

图 5-31　河口古镇路面石板铺装与石塘古镇路面卵石铺装

（图片来源：自摄）

5.4.2.3　“巧工”：聚落环境设施的稳定性营建

1. 桥梁建设刚柔并举

以人力营建自成体系的人工环境来隔离自然环境或对抗自然环境，与顺应自然、利用自然、让自然为人类服务，这两种观念实际上是一直贯穿于中国传统的技术思想中。粗略而言就是存在着以“刚”性手段来营建一个隔离自然环境或对抗自然环境的营建思想，和一个顺从自然、融入自然系统、让自然做功的“柔”性人居环境的营建思想。

对于“刚”性的营建思想来说，在聚落环境营建时，应当采取与自然资源的对抗手段来实现人对于环境的主动控制。在“柔”性的营建思想中，则认为在聚落环境营建时，应当采取顺从自然、融入自然系统、让自然做功的方式来营建一个适宜的人工居住环境，具体的手段体现在对自然物质因素的处理上。

洪水的破坏力，使得信江流域在具体的桥梁营建指导思想上形成了“刚”与“柔”的两种思路与观念，依据当地具体的洪水规模、技术条件、经济条件采用相应方式来应对洪水破坏。

2. 双河式的水系结构模式建设

信江流域支流的集镇聚落中双河模式是最为常见的聚落水系结构。当地的滨河集镇都会至少拥有两条河道，如果没有，人们就会开凿出一条人工沟渠来代替第二条河道作用。这些聚落濒临的河流往往都是信江的支流，聚落多数就建立在某条溪流汇聚到这些支流的汇聚点附近，从而形成聚落的双河格局。

双河格局的出现是与信江流域特殊的气候条件联系在一起的。信江流域地处我国南方高降水量地区（年均降水量达到 1800 毫米左右，而太湖流域年均降水量则是在 1600 毫米左右）。因此这些支流河流往往具备较大的水量，是聚落日常生活生产用水的主要来源。山区地带的集镇由于信江地区山体、丘陵地带多是由砂岩风化而成的红壤、棕壤、灰棕壤、紫色沙壤土及冲积土，植被条件较差，使得山体蓄水能力不佳，因此在春季雨水充沛的时候，暴涨的河流使聚落面临着取水危险，因此开挖的渠圳就成为此时聚落重要的用水来源。而信江流域的支流众多，且这些支流不少都具有较好的航运通航能力，因此支流两岸往往分布着大量的城镇村落。春夏之际降水充沛，洪水就会威胁河流两岸城镇村落。人们将城镇村落坐落于距离河面位置相对较高的地带以利于防洪、避洪。集镇地处河岸高处，日常生活用水就需要居民们到河边提取，高低上下的坡道、阶梯使得居民们挑水往来十分不便，因此将河流水系引入聚落内部的居民区是信江流域常见的水系营建手段。

人们利用信江流域山区地带河流河床落差较大的特点，在濒临的河流上游水位高于聚落基础的地方筑起陂坝，然后修建沟圳，将部分河水沿沟圳引入聚落内部，从而解决聚落的安全用水问题。在信江流域这类以人工手段形成两河结构模式的滨水聚落往往都是当地历史上十分重要的乡镇，如上饶县灵山北麓的石人乡石人街，铅山县的河口古镇、石塘古镇、陈坊古镇，以及鹰潭市东南方向的上清古镇。

3. 清洁水质的设施营建

为方便聚落的生活用水，聚落必然逐水而居。但具体的地形、地势和水资源在时空上的分布状况不同，因此不是所有的聚落都能拥有良好用水环境的，所以对于既有的水系进行改造，使聚落的用水变得更为便利、安全、卫生就成为理所当然的事情。

为保证聚落生活用水的清洁卫生，信江流域的许多聚落对于水的来源、使用、维护等方面都设有条例制度进行严格管理，例如不许在井水的水脉方向上建房、堆放垃圾或杂物，要求依据饮用水与日常洗涤用水对水池群、水井群的各水池、水井进行使用功能区分，对水体、水质进行定期的清洁处理等。对于以河流、渠圳为生活用水来源的聚落，由于人们认为河水中的杂质、污质经一定的时间后能够得以沉淀，因此以河水完成自净所需的时间作为聚落用水管理的依据，对不同功能的用水内容进行时间规划。例如在铅山县的石塘古镇、陈坊古镇，穿越集镇的官圳、水圳是聚落人们生活用水的主要来源，因此人们规定打取饮用水只能在每天早饭时间前后，这是因为早晨官圳、水圳中的水质经过一夜时间的自净作用后最为净洁，然后依次是牲畜饮水时间、居民洗菜时间、洗衣时间。通过合理安排不同用水内容的用水时间，使得水体获得必需的自净时间，是信江流域保持水质清洁的一个常用手法。

5.5 小结

本章立足于指导物质资料利用方式的生产技术观，就传统“三才”思想影响下传统聚落环境营建观的生态适应性进行探讨。

传统农耕文化社会背景下，集约化生产方式促成了“天、地、人”三才思想的形成。三才思想中对“人”这一因素的强调，形成了以指导土地生态性改良为目的的精耕细作式技术观念，并渗入手工业活动乃至营建活动之中演化为生产技术观，指导聚落的生产与营建活动。

信江流域村落面临着山地丘陵地带土、肥、热资源分布不均、不足的状况，为克服这一问题，人们以环境资源的可持续利用为目的，通过聚落环境的生态适应性营建对资源进行改良与增强，并在传统三才思想影响下形成了四个具有生态适应性特点的环境营建观，即：

1. 相资以利用：构建村落环境内外资源的多元组织；
2. 用养相结合：实现村落环境稳定性的生态恢复；
3. 地力常新壮：实现环境的生态改良性适应；
4. 废弃再利用：对废弃环境的生态性再利用。

在传统三才思想影响下，信江流域集镇在完善服务资源的环境生态营建观上，有着“因天”“辅地”“巧工”的特点，指导了聚落环境在通风系统、滨水界面、交通系统、环境设施等方面的生态性营建，解决了信江流域集镇面临的潮湿、洪水、交通不便与环境服务功能不足等环境问题，保障了集镇交通环境的便利与货物安全。

本章结构图

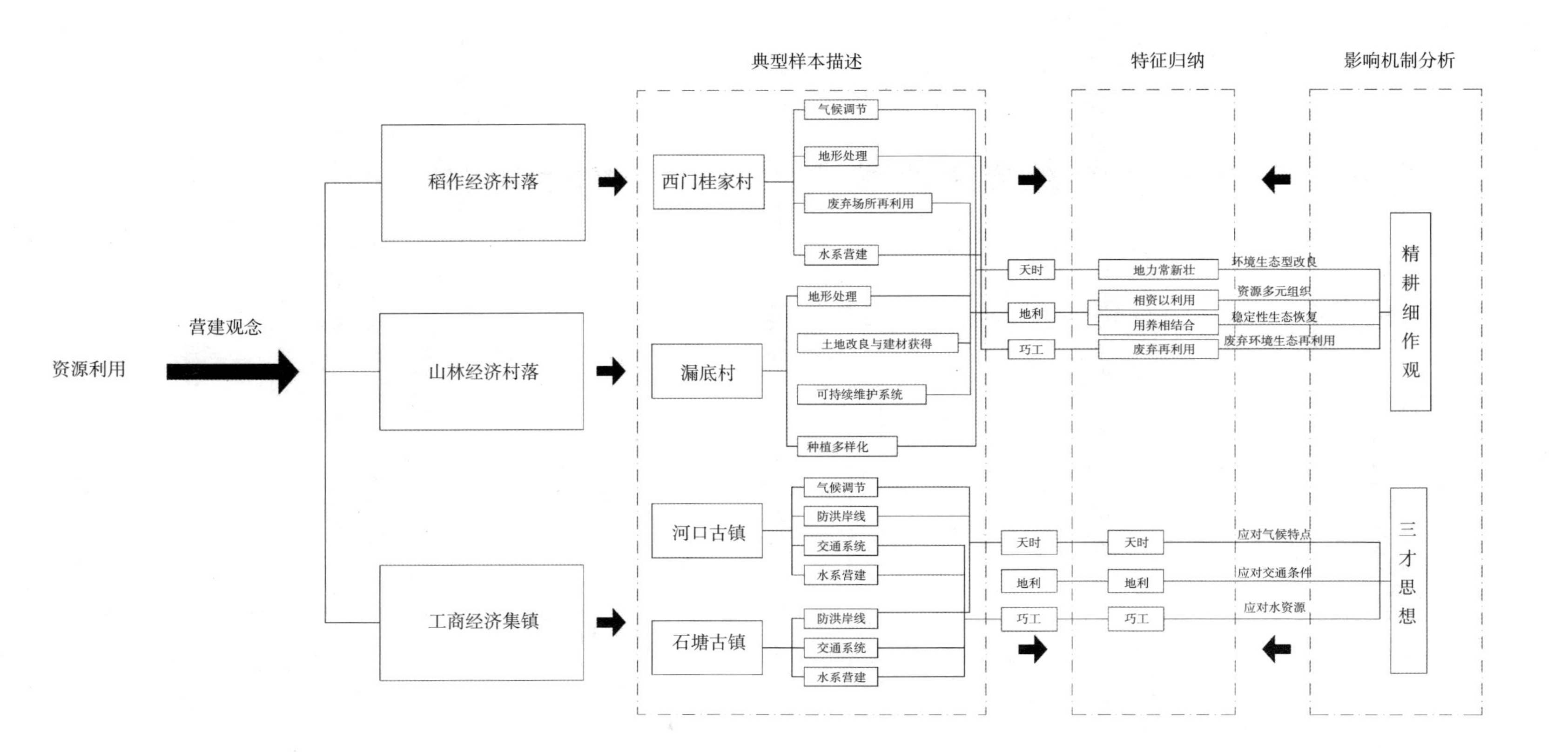
典型样本描述
特征归纳
影响机制分析
资源利用
营建观念
稻作经济村落
山林经济村落
工商经济集镇
西门桂家村
漏底村
河口古镇
石塘古镇
气候调节
地形处理
废弃场所再利用
水系营建
地形处理
土地改良与建材获得
可持续维护系统
种植多样化
气候调节
防洪岸线
交通系统
水系营建
防洪岸线
交通系统
水系营建
天时
地利
巧工
地力常新壮
相资以利用
用养相结合
废弃再利用
环境生态型改良
资源多元组织
稳定性生态恢复
废弃环境生态再利用
精耕细作观
天时
地利
巧工
天时
地利
巧工
应对气候特点
应对交通条件
应对水资源
三才思想

第 6 章　形制与技艺：生计方式影响下的传统建筑营建技艺

建筑是生计方式展开活动的主体环境之一。生计方式对于具体的建筑营建活动影响表现为：一方面在具体的形态设计与空间结构处理上，建筑如何符合生计方式的各项生产活动所需，另一方面因生计方式而形成的劳作制度和技术如何渗入建筑营建方式，并在具体营建活动中影响建筑的生成与演变。

本章就信江流域传统民居建筑形制与营建技术体系两个层次适应性演变与特点展开阐述，从建筑的形制、平面形态、立面演化、细节与构造处理、营建合作机制等内容呈现出信江流域传统生计方式对具体建筑营建活动的影响作用。

6.1　迁离滨水之地：稻作耕作方式演化与干栏式建筑的消失

干栏式建筑曾是长江流域以南广大地区普遍使用的民居建筑样式。对于长江中下游地区的潮湿环境而言，干栏式建筑通风效果好，能有效避湿防潮，且无论地形陡峭与否，都有较好的适应性。根据考古发现已知，信江流域一带在唐代以前为干越人的活动区域，居住建筑以“干栏”式建筑为主。例如贵溪崖墓发现二具风格独特、引人注目的房形大棺，“为群棺中最大者，棺盖作卷棚式，中间棱起有脊……棺底下部有刳制而成的桥形矮足三对。”[①] 另一具“盖顶作悬山式，中间起脊，两侧平斜，两端内脊下有象征性的脊析，檐下有挑檐析，前后挡板如象山墙”[②]。因此，刘诗中等学者认为“如果说福建崇安白岩的船棺是古越人习于水上生活的反映的话，那么江西贵溪仙岩的‘屋脊形棺’应是古越人定居于山中生活的反映，他们当时居住的是干栏式的建筑”[③]。而在今天江西九江地区清江营盘里也出土过新石器时期陶制干栏式建筑模型，这也说明在赣东北、赣北等地区早期的村落中存在过干栏式建筑。

日本学者鸟越宪三郎、若林弘子等人认为干栏式建筑是伴随着稻作文明而传播的，

① 上海市文物管理委员会 . 马桥 1993-1997 年发掘报告 [M]. 上海：上海书画出版社，2002：69-74.
② 同上 .
③ 同上 .

国内不少学者亦持此态度。但在同属于稻作文明圈的信江流域内现存的传统聚落中，除了在集镇的滨水区域还存在着一些由干栏式建筑发展、变异而来的石质封闭式的吊脚楼，以及田野中用于看守庄稼作物的临时性看棚以外，底层架空的干栏式建筑几乎无迹可寻。

对于干栏式建筑在长江三角洲地区的衰落，有学者认为：一方面与从北方传来的地面夯土技术有关，当时的地面夯土技术已能够较好地解决建筑防潮问题。且由地面夯土技术发展出的台墩式建筑对于洪水的抵抗能力要远远高于干栏式建筑；另一方面由于建造材料的关系，使得茅草屋顶、木质屋架的干栏式建筑在雨水充沛的长江中下游地区难以长久保存，干栏式建筑往往需要长期的维护，甚至是重建。对长江流域马桥遗址的考古挖掘研究表明，该地的干栏式建筑有着“若干年甚至每年都发生一次或数次”[①]重建的特点，因此出于易于长久保持与利于维护的考虑，在长江三角洲乃至长江中下游地区的建筑营建活动中，因夯土技术形成的台基式建筑便逐渐替代了干栏式建筑。

另外有学者亦认为[②]高架吊脚建筑的结构其目的之一是使人们避免被猛兽侵袭。随着人们自我防御能力的不断增强，猛兽对于人们安全的威胁日益微弱，高架吊脚建筑的结构就开始变得可有可无；同时在卫生需求上，低架干栏结构也能够给予保证，且能够节省木料与工时，在施工上也较为便捷。因此随着社会的发展，长江中下游地区从高架干栏建筑向低架干栏结构为代表的低楼面建筑演化也就成为必然。

同时，干栏式建筑的使用和席地而居的生活方式有着紧密的联系。由于生活方式上的席地而居，建筑的底层楼面结构必须能够阻隔湿气从而便于坐卧。例如东北亚的日本、朝鲜，东南亚的泰国、缅甸等国家，至今一直沿用席居的生活方式，以木制地面为床作榻，因此上述国家以及我国西南少数民族地区至今依旧保持着干栏式的居住建筑样式。而长江中下游地区自汉代以后，汉族地区开始使用高足式家具，这些家具能满足坐卧时的防潮要求，因此席居的生活方式逐渐被淘汰，仅存的低架干栏建筑也逐渐被夯土台基式建筑所代替，并大约于唐朝末年在汉族地区消失不再。

李先逵先生亦认为干栏式建筑有着自东汉时期首先从长江流域开始向珠江流域，再至西南少数民族地区萎缩的过程[③]。这个过程与三国时期，东吴政权对于长江中下游地区以及赣东北地区山越人的征伐时间较为契合。因此可以推断，信江流域地区干栏式建筑也大致是从东汉时期伴随着山越人的日益汉化而日渐消亡的；而以台基为底部结构的建筑样式则随着干栏式建筑的消亡逐步发展起来。

从信江流域稻作生计的历程发展上看，稻作种植及其技术的改变与发展应是对干

① 上海市文物管理委员会 . 马桥 1993-1997 年发掘报告 [M]. 上海：上海书画出版社，2002：69-74.

② 张文彤 . 干栏建筑演变过程中的人文地理效应 [J]. 新建筑，1994（01）：44-45.

③ 李先逵 . 论干栏式建筑的起源与发展 [M]// 中国民族建筑研究会编 . 族群·聚落·民族建筑：国际人类学与民族学联合会第十六届世界大会专题会议论文集 . 昆明：云南大学出版社，2009：7-16.

栏式建筑的消亡有一定的影响。稻作经济在信江流域有着从刀耕火种到精耕细作的一个发展过程，因此相对应的生计方式也应该是存在着一个结合了稻作、渔猎、采集等多种食物获得方式为一体的复合式的生计方式阶段。这种复合式的生计方式在新中国成立前我国西南地区以苗族、侗族为代表的少数民族地区还是十分常见的，而这些地区也是干栏式建筑的主要分布区域。

杨庭硕在关于西南地区少数民族的生计方式研究中指出[①]，在传统上苗族、侗族、彝族等西南少数民族的原生生计是复合生计，这些民族虽有水稻经济，但总体上是以狩猎、游耕、游林、游牧生计方式为主体的。苗族在社会动荡的社会历史背景下，除了通过种植水稻来获得口粮以外，还通过半驯化的葛根、蕨根来获得食物，以多样化的食谱结构来保证苗族民众在冲突与战乱之中口粮的稳定。

且从其他学者的研究中可知，在民国以前，西南少数民族的水稻种植是以适应山地高寒气候的糯谷为主要品种，糯米的种植一年一熟，且产量低下，仅靠糯米的收成是难以保证当地人口的口粮的，还需配合采集葛根、蕨根、圆根等野生食物才能实现食物的供给。因此，只有结合了水稻种植、玉米种植、狩猎、游耕、游林、游牧、采集形成的复合生计方式才能使得西南少数民族的生存与发展得到保障。

韩荣培先生认为西南少数民族“丘陵稻作型文化”特征表现为：“这种文化主要体现为，住屋以干栏式建筑为主……水稻种植和干栏式建筑的完美结合，构成了这一类型的基本特征”[②]。而从生计方式的角度看，除了可以较好地适应西南山地潮湿、多虫蛇的自然环境条件外，正是干栏式建筑适应了综合水稻种植、狩猎、采集为一体的复合生计方式，才使得西南少数民族传统聚落中形成了“水稻种植和干栏式建筑的完美结合”。

从《汉书・地理志》中所说的“楚有江汉川泽山林之饶；江南地广，或火耕水耨。民食鱼稻，以渔猎山伐为业，果蓏蠃蛤，食物常足。”[③]《汉书・严助传》里记载的：“臣闻越非有城郭邑里也，处溪谷之间，篁竹之中，习于水斗，便于用舟，地深昧而多水险……越人欲为乱，必先田余干界中，积食粮，乃入伐材治船……且越人绵力薄材，不能陆战，又无车骑弓弩之用。”[④]以及诸葛恪“罗兵幽阻，但缮藩篱，不与交锋，候其谷稼将熟，辄纵兵芟刈，使无遗种。”[⑤]等史料中综合可知，信江流域古越人的稻作生计方式有下列特点：

1. 水行山处的居住方式；

2. 撂荒游耕制稻作技术为主体；

---

① 杨庭硕 . 苗族传统生态知识的演变 [J]. 鄱阳湖学刊，2016（01）：68.

② 韩荣培 . 贵州经济文化类型的划分及其特点 [J]. 贵州民族研究，2002（04）：63.

③ 班固 . 汉书 [M]. 北京：中华书局，1964：2778-2781.

④ 同上 .

⑤ 陈寿 . 三国志 [M]. 北京：中华书局，1959：1431.

3. 在准备战争的时候才进行耕作农田以积储军粮的习俗特点。

从史料上看，直到三国时期，正是因为以采集渔猎为主，信江流域的山越人依旧居住于山区地带，垦辟出的水稻田主要集中在河谷、山间盆地及低山、丘陵地带，稻田与乡村聚落之间并不相邻，所以诸葛恪才能够得以分割山越人的乡村聚落与稻田之间的联系，“候其谷稼将熟，辄纵兵芟刈，使无遗种”导致山越人“山民饥穷，渐出降首”，同时这种情况也说明与苗族的复合生计方式相比，水稻种植在山越人生计中所占的比重正逐渐增加，山伐渔猎的比重开始下降，导致稻谷歉收后无法通过其他途径来获得足够的食物以维持生存。

三国以后，随着信江流域的越人逐渐融入汉文化，水稻的种植业开始向集约化生产方式发展，同时为便于对当地民众的管理和监控，在当时政府的主导下，实行“平民屯居”，大量聚落被迁出山区安置于河谷、山间盆地及低山、丘陵地带，采集与渔猎生计方式日益边缘化，再加之中原建筑技术与文化的融入，干栏式建筑开始逐渐消亡。这个历程也与前文所叙李先逵先生指出的干栏式建筑消失时间与东吴政权对山越人的征伐时间较为契合。

此外，干栏式建筑的出现与“火耕水耨”式的滨水稻作游耕经济文化类型有关。最初的水稻种植只能依托于河流、溪水、洼地、沼泽等滨水低洼区域，为便于照料水稻，人们只能在这些低洼地带建设干栏式建筑用于居住。随着定居化的精耕细作式稻作经济的出现，水稻田的发展无需再依托滨水地区，较旱的地带也可以被开发为水稻田，因此民居也就可以脱离开滨水地区，甚至为了获得更多的稻田而迁徙到原来不便于开发成稻田的地带，高干栏式建筑简化为低干栏式建筑；再加上建筑基地台地化以改变积温、排水条件，隔离人与家畜、改善卫生条件使之不与人共处一室，储物空间由干栏底部移至建筑顶部以改善储物的通风防潮条件，以及北方传入的夯土技术使得建筑底部基础坚固性得以加强，精耕细作的稻作经济带来收入增加，使得夯土技术成本变得容易被接受，干栏式建筑的消失也就变得顺理成章了。

当然，影响信江流域干栏式建筑消亡的相关因素不会是单独一个或简单几个因素来决定的，但从复合型稻作生计方式到精耕细作型稻作生计方式的演化对于干栏式建筑消失的影响作用也应该是不容忽视的。

6.2　信江流域传统聚落生计方式与民居的生态性特点

不同生计方式与自然环境之间的生态性是影响建筑样式的重要因素。根据前文众多学者的研究成果看，台基式建筑在信江流域取代干栏式建筑还存在生计方式以外的因素，但是对以农事生产为主的农村聚落而言，建筑样式是否适合于生计方式依然是建筑演变的关键，建筑样式总体形式、内部空间设计、功能设计等方面是否合适于相应的生产方式特点和当地气候特点总是被优先考虑，从而形成生态性关系的结果。特别是内部功能的布局结构设计方面，农业耕作区的人们总是遵循着利于保证农作物干燥、籽种安全、农产品安全，便于农产品加工的建筑设计原则。

6.2.1 传统建筑基本形制

我国多数地区的传统民居中，“一明两暗”的平面样式是最为常见的建筑形制，建筑单体平面划分成正厅居中、厢间分居左右的基本格局，左右厢间大小形状基本相同，不强调空间的功能差异。建筑组群则以正房、两侧厢房组合出合院的空间形式，再在合院的组合关系上形成整个民居建筑组群。民居建筑组群中，以位置、朝向关系来确定每栋建筑、每间房间的地位。建筑的设计思想重点集中于功能单位空间组织关系，在总体造型上轻单体塑造而重群体组合。

信江流域传统聚落中的建筑也概莫能外，但相较于北方四合院建筑以及周边不远的皖南、江浙民居，信江流域的传统民居建筑平面格局有着更为复杂的结构关系，即在“一明两暗”的形制基础上发展出的“一厅四室”平面结构。

6.2.1.1 “一厅四室”的建筑平面

信江流域的乡村聚落民居建筑以“一明两暗”的“四榀屋”（依榀架数量而命名）为基础形成“一厅四室”的基本平面模式，再发展出独栋式住宅和天井院式住宅。这些房屋多坐北朝南，忌讳正子午方向，讲究前门正中不对直路与山峰，后墙不开窗，住宅正厅多高大、宽敞，不注重厢房的通风与采光。

“一厅四室”的住宅平面是在“一明两暗”横向三段式平面格局基础上，对厢间以隔墙进行横向分割（当地称为“横切一度”）（图 6-1），使单个厢间成为拥有前部“外间”和后部“里间”的套间做法，两厢的“四室”由此而成。以三开间的“一厅四室”为基准加以扩建，依榀架的数量可扩展成“六榀屋”和“八榀屋”的建筑样式（图 6-2）。建筑内部会沿屋架中柱修建木隔墙，将平面空间横切成“里”“外”两进，外进空间的厅堂两侧房间名称依次为正间、廒间、套间，而厅堂后的里进的房间称为拖步间，拖步间两侧则分别称为后正

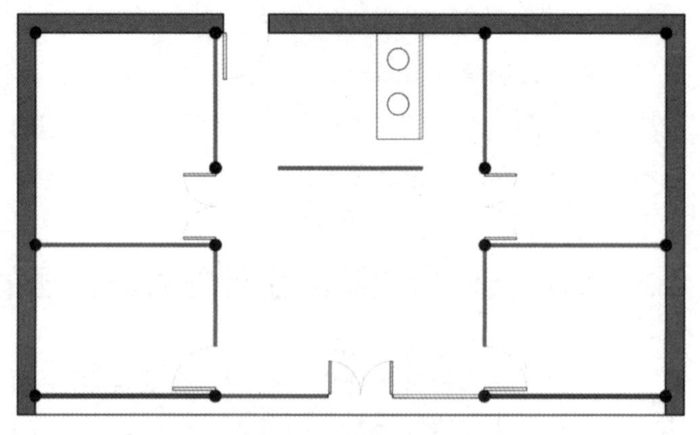

图 6-1 “一厅四室”平面
（图片来源：自绘）

间、后厫间、后套间，平面格局也相应地从“一厅四室”发展为“一厅六室”和“一厅八室”，“六榀屋”和“八榀屋”的室内在横向结构上有时会“横切两度”，也就是在两侧的里、外间之间切出一条走廊来，走廊的尽端往往设有耳门。

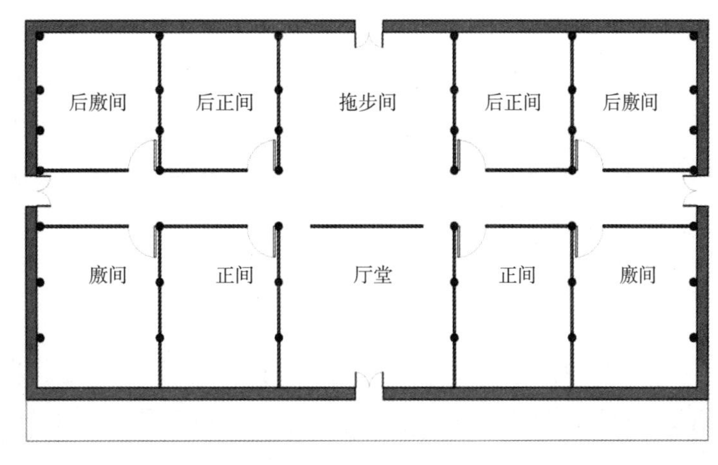

图 6-2　六榀屋平面样式

（图片来源：自绘）

外进向阳、采光条件较好的正间、厫间、套间为日常起居、住宿的房间，安放有花板床（即架子床、拔步床），并设有窗户利于采光、通风。而里进的后正间、后厫间、后套间以及厅堂后的拖步间等房间多作为厨房和储藏室使用；两厢的各个房间随功能设定而任意开门；两厢房间地面常铺设架空的木地板；正间、厫间的上部空间设天花板作为储藏阁楼用，天花板开出入洞口，需上去时临时搬楼梯从洞口上下。房间以左为尊，父母住左侧，儿媳住右侧。兄弟合住则兄长居左，弟居右。“一厅四室”为基础形成的独栋式民居建筑室内无天井，屋顶多为前后檐出水，少部分民居会有四面出水。

信江流域传统民居中，好厅堂高大宽敞明亮，所以厅堂都暴露屋架，不设天花。厅堂正面壁板上方设神龛，供奉祖先牌位、张贴“天地君亲师”大红字帖、摆放家谱柜橱，神龛下紧贴壁板安放供桌。厅堂壁板两侧对称设置通往拖步间的后门。厅堂高大，原因一是厅堂作为最为庄重的位置，家庭重要大事商议、重大仪式的举行都是在这一区域进行，作为接人待客及祭祖、婚丧等重要活动展开的场所，正厅往往要求高大开阔、庄重，以便于重要仪式的举行；二是在举行红白喜事的仪式时候需要悬挂大量幡旗，高大的厅堂就是为了适应仪式的现场布置所需而建造的；三是厅堂作为人们进行日常劳作的生产空间，为利于劳作而需光线明亮，因此厅堂的檐口距地面多在 4 米以上，以利于采光。

建筑尺寸上，厅堂宽度在 1 丈 2 尺 6 寸或 1 丈 4 尺 6 寸不等，各个房间宽度常设在 9 尺、9 尺 6 寸或 1 丈零 5 寸的尺寸上。厅堂大门高度多为 7 尺 2 寸，宽 4 尺 2 寸或 4 尺 6 寸。房屋高度不离“6”的数字结尾，一般在 1 丈 5 尺 6 寸、1 丈 6 尺 6 寸、1 丈 7 尺 6 寸这样的数值上。房屋进深按架步计算，屋架顶部的檩间距在 600 ~ 700 毫米之间，两檩距等于一个纵向柱距，一个纵向柱距为一个步架，一个步架间距在 1.35 米左右（即当地匠人所说的一步，长度为 3 尺或 3 尺 5 寸）。独栋房屋的总进深多在 5 ~ 9

个步架进深左右。

由于“一厅四室”建筑平面所形成的独栋式住宅结构紧凑，多数情况下已能够满足一户人家的日常生活所需。在乡村聚落中，出于卫生的考虑，独栋式住宅的附属用房往往设在正屋的后部，如厕所、牛棚、猪圈、鸡舍等，附属用房与正屋建筑保持一定距离，并形成屋后的工作杂院或工作空地。厕所为旱厕，紧临猪圈，为便于清理人畜粪便用作农肥。

6.2.1.2　建筑的平面组合形式

以“一厅四室”独栋式民居作为正屋，加上厢房、倒厅等附属功能房间，在平面组织上可以形成一字形、合面式、U 形转厢、四合转厢、重堂转厢、天井合院等建筑组合平面。

将独栋式住宅作为正屋，在正屋正间前加建厢房，厢房与正屋之间留一条走廊，走廊尽端开耳门，厢房门对开，就形成了 U 形转厢的三合院样式；如再加上倒厅（将整个建筑作为大门，建筑内部柱网暴露，不安装分割房间的木墙的做法）就成为四合转厢天井式住宅；倒厅安装木板墙分割出过厅和两侧厢间成为前厅的合院即为重堂转厢。由重堂转厢前加一进天井或再加院落或加重堂转厢就形成了多进的天井院落式住宅。多进天井式住宅的前厅、过厅后多设退堂作为交通空间，退堂在正屋进深不大时则简化为外檐廊。天井院式住宅结合正屋、厢房、天井、前院以及前院附属用房共同构成兼有天井和院落的建筑群落（图 6-3、图 6-4）。

天井式住宅其正屋厅堂不装门，正间装板门，正屋两侧厢房多用于储物或居住，多装有精美的花槅扇门。两厢的房间开间数目不定，一间、两间、三间的情况都有，但最多也就三间,有的厢房左右正间会分出前后室。

如正屋、前厅之间不加建厢房，只是将这两个独栋式建筑前后布置，中间设天井，大门设在两宅间的天井院墙上的建筑组织样式即为合面式。合面式住宅的开门比较随意，依地形、环境决定大门开在天井院的左墙还是右墙。

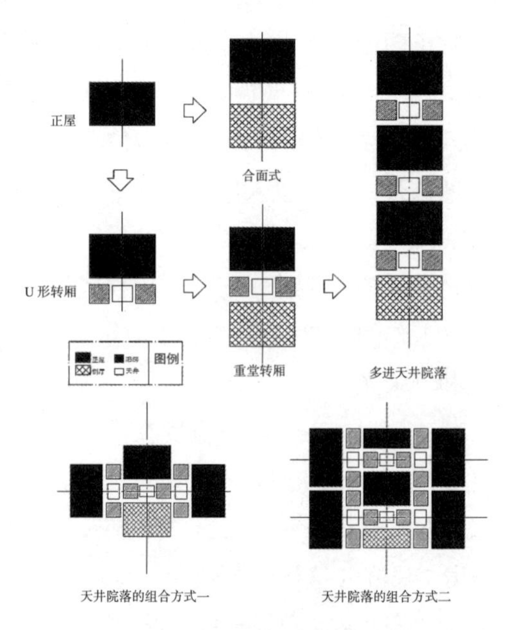

图 6-3　民宅建筑平面组合变化

（图片来源：自绘）

6.2.1.3　建筑的细部处理特点

信江流域传统民居以石材砌筑台基。房屋外墙基础石材用材视经济条件和当地资源而定，多采用当地开采加工的麻石、红石、

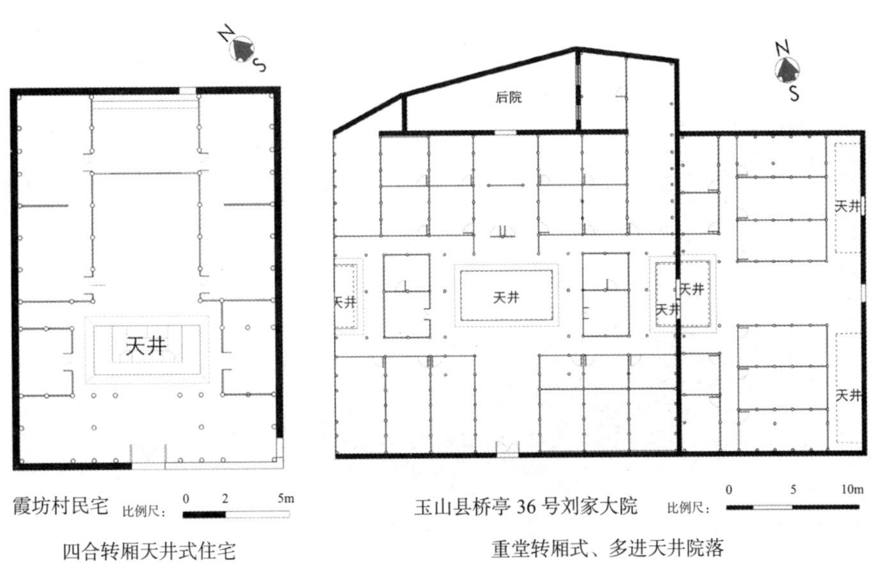

图 6-4　民宅建筑平面组合变化

（图片来源：自绘）

青石的条石或青砖砌筑。基础高度在 150 ～ 1150 毫米之间，也有下面用碎砖、碎石、小鹅卵石夯筑成基础，或是直接用大块鹅卵石垒砌为基础，再在基础上砌筑其他材质墙体的做法。石材基础以上部分多用土坯砖来填充屋架间隙。墙角部位处理如同基础，但以鹅卵石、青砖、碎砖、碎石、土坯砖砌筑的墙体阳角位置常用 1150 ～ 2000 毫米左右高的条石竖砌作护角，墙体阳角如果处于道路的拐角处，许多匠人就会将护角石的阳角凿成弧形，以保护行人的行路安全。民居中的内墙基材料为条石或青砖，内墙基也有高达 1150 毫米以上的。

普通民居屋内以素土地面为多，财力较好的人家厅堂地面使用三合土或青方砖铺地以及青石条石铺地。传统的三合土地面是以黄胶泥、生石灰、沙子混合再夯实而成，有时会加入糯米粉以增加粘结性。地面夯实后表面用工具拍实、磨光，压制出几何图案，阴干后即可使用，讲究的人家会在地面刷上桐油，以增加三合土的牢固度和防潮、防虫能力。房屋前的天井或内部庭院的道路一般用条石、鹅卵石或青方砖铺设而成。

墙体有全木质墙、砖墙、石墙、土坯砖墙、夯土墙，经济条件富裕的家庭多用青水砖到栋或全石墙到栋的做法来修筑外墙。屋身做法有两种，一种是石材基础，穿斗式木结构承接屋架，外墙用夯土墙、砖石墙围合，砖石墙体与木构架之间使用“铁壁虎”紧固在一起；另一种是满栋的做法，房屋山墙面取消木屋架，直接用夯土墙体到栋，或以土坯砖、石砌筑外墙到栋用以承重，屋檩直接架在山墙面的墙体上。满栋的做法省去了外墙木柱屋架，有利于节省建造成本，建筑内部依旧用穿斗式木结构承接屋架。房屋内

图 6-5　砖石到栋与夯土到栋墙面
（图片来源：自摄）

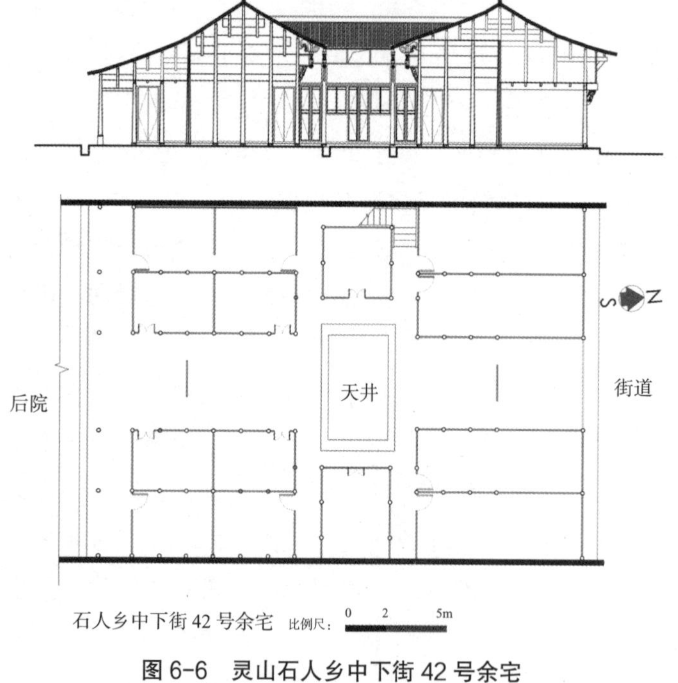

图 6-6　灵山石人乡中下街 42 号余宅
（图片来源：自绘）

墙也可使用木板墙、土砖或石墙分隔空间，不用木板墙分割室内空间的时候，内墙结构可同于满栋式外墙的做法，主要视房主的经济情况而定（图 6-5）。红层盆地貌丘陵地带的民居建筑多用满栋石材墙体的做法。

信江流域传统民居房屋的结构主要为穿斗式木结构（图 6-6），抬梁式建筑主要用于衙署、庙宇或其他重要的公共建筑。穿斗式屋架作为一种轻型构架，单榀屋架由主柱、骑柱、穿枋、檩条和牛腿斜撑等主要构件构成，单榀屋架中主柱与骑柱相互间隔排列，以穿枋串接成。相对于抬梁式木结构其构件数量较少、尺寸较小，建筑的屋顶结构较为简单，立柱所需承受的荷载远比抬梁式结构中的立柱小，在木料的使用上可以使用直径较小的木料，达到经济成本的目的。例如在信江流域的大量民居建筑中，穿斗式木结构的木柱胸径多数在 160 ~ 210 毫米之间，而抬梁式屋架的木柱胸径则需达到 370 ~ 410 毫米方可使用。

穿斗式木屋架中柱径的缩小使得柱的长细比较大，柱子形态变得修长，在视觉上屋架结构显得较为轻盈。为保证柱的轴向稳定，所以沿柱身要插入层层穿枋用以联系柱子，甚至需要借助平行于檩子下的望板、牵子来加强柱子的稳定性。因不承受屋架的重量，穿枋本身的尺寸都不大，穿斗式结构的房架之间以檩条联系。穿斗式屋架柱头直接承檩，无须通过梁来传递荷载，但柱子胸径细就使得组成每榀屋架的柱间距较小，纵向柱距的尺寸多在 1350 毫米左右，房子的柱网纵向尺寸较密，密列的立柱也便于壁板和竹骨夹泥墙的安装。

主柱底部落在石柱础上，少数主柱与柱础之间会设置木踬以利于防潮，有些人家甚至将木踬雕刻为花托模样，骑柱底部落在穿枋上；主柱和骑柱顶部承檩子，再上望板，望板上铺设灰瓦；如果经济条件较差，则檩子上就直接铺设椽子，椽子上直接架瓦。柱子底部设石櫍或石柱础，以防潮。木结构多刷桐油以防虫、防腐、防潮。

山墙每榀木架穿枋之上的空隙一般是使用竹篾编制的“篾板”来填充，在穿枋之下柱与柱之间则使用青砖、土坯砖来填充，然后内外用泥灰抹平、刷白。王安鼎记：“四壁有诗，凡三楹八窗轩豁，大类吴中之规，而四壁编篱塞堇，杂以涂泥，则犹不雕，无求美也，盖礼初之志取义……”[①] 不少人家喜欢在穿枋之上的刷白之处绘制黑白图案。每榀木屋架上的构件间以榫卯和木制的羊角钉（木箭）连接，可以在原地拆卸后运至他处，依原样组装、重建。正屋简朴，不涂饰油漆，仅用桐油刷面防护，保持木质本色。

穿斗式屋架的构件多在木工工坊制作而成，建造时运至建筑基地，再拼装成整榀屋架，然后竖立起来用檩条横向连系便成。由于构件尺寸小，相较于抬梁式木屋架木料用料规格就可以小一点，对于杉木等木材所需的生长周期要求短，从而使花费在木材上的经济成本与时间成本较低。因此，穿斗式屋架有着省工、省料、省时的优点。

屋顶剖面呈马鞍形弧线，上竖、中缓、下平。屋顶的斜率设计被称为“算水”，有“檐三步四筋五栋六”之说，即檐柱处的屋顶斜率为“三分水”，但当地木匠也指出在特殊情况下，“算水”不能低于“二分五”的斜率，否则屋顶的排水会不畅。具体斜率分布为：步柱处为“四分水”，筋（金）柱为“五分水”，屋栋处为“六分水”[②]。

屋脊两端有“升起”的做法，屋架自正中厅堂开始向两侧开始抬升，每榀屋架比旁边的屋架高一寸，对屋脊进行视觉处理，保证屋架在视觉上的水平感。屋脊中部用瓦先躺压叠放二三层，再在两侧斜立放置，到达屋脊两端再加厚微扬，屋脊中央多以瓦垒成品字、组装成镂空花饰作为屋顶的装饰。在一些规模较大的建筑屋脊，则还有使用大块青石构成屋脊，用于增加屋顶重量来压紧穿斗式屋架柱网，以图增强屋架的整体稳定性的做法。

屋檐出挑深远，是信江流域传统民居结构的另一主要造型特征。檐口用挑枋挑出，

① 铅山县志．建制．公廨．清同治．

② 但匠人很少将民宅的屋栋处斜率处理成“六分水”，多是处理为“五分五”的斜率，以便铺瓦，否则屋顶处斜率太大，不易挂瓦，只有庙宇等高等级的房屋才使用六分水。

保证出檐深远的同时使檐口不至于太低。屋檐出挑深度常在1.2米以上，甚至达到1.4 ~ 1.7米，用以遮阳避雨，保护檐下墙板、墙壁。在集镇聚落中街道两旁的屋檐往往几乎相连，形成相互遮挡的关系，防止雨水浇洒到建筑墙面而导致受潮。同时在遮阳方面，防止建筑在太阳下暴晒，保证了聚落内部街道的阴影面积在正午的夏季阳光下至少形成占街道面积一半左右，使街道地表温度不至于过热，而街道上的居民可以获得阴凉。

民居建筑由于荷载不大，上部墙体、柱础直接落在屋基上。屋基四周设排水明沟与建筑内部天井相连，这样就很好地解决了建筑的内外排水问题 ，一般民居的屋基高度多在150毫米左右。

批檐有前后长短之分，信江流域多雨，屋顶面的排水有方向上的区别，在天井式的民居住宅中，屋面的雨水排水方向向天井方向集中，通过天沟、落水管组织排往天井水沟中，此即所谓的“四水归堂”的做法。

在独立式民居住宅中，屋顶多为两坡的悬山造型，屋面（当地称“批檐”）密排小青瓦，屋面有前后长短之分，雨水从屋脊处分别向屋前和屋后排水。但由于房屋的正厅处于住宅的前部中间位置，为保证正厅立面形象的高大敞亮，以及内外的视线贯通，所以人们需要保证屋檐的最低位置处于4米左右的高度，同时将大部分的屋顶面雨水组织向屋后排去，从而在屋檐前后的深度上有所区别，形成前短后长的屋檐造型。再加之住宅中的厨房、谷仓、储物等附属用房也多在住宅的后半部，导致正厅以后的建筑平面进深被加长，使得建筑屋顶自屋脊后的屋面向建筑进深方向生长，成为导致独立式住宅建筑屋檐前短后长的一个主要原因。

因为穿斗式的每一榀屋架均是独立的，由檩条向左向右连接在一起，房屋的左右向扩展对已有的房屋木结构不存在干扰，所以在一些官宦家庭的住宅中会在山墙位置使用穿斗式屋架，而在房屋的中间位置使用抬梁式屋架，这样就便于未来房屋向左右扩建。

6.2.1.4　集镇建筑的特点

1. 传统阁楼式

阁楼式建筑是信江流域集镇中最为常见的传统商业建筑样式（图6-7）。建筑多为两层样式，底层空间多临街，前部用作商铺，后部的空间

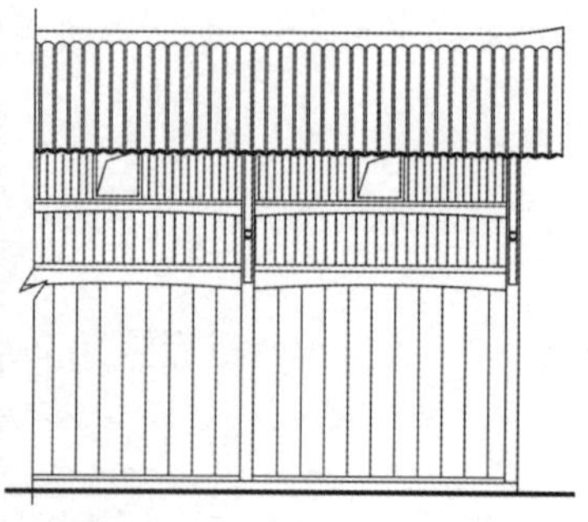

图6-7　阁楼样式商业建筑立面

（图片来源：自摄，自绘）

则为日常的起居、接待空间，二层则是用于储物的阁楼。信江流域人们多好高大明亮的起居活动空间，建筑的一层层高多在 3.7 ~ 4 米之间；大门为可卸的门板，白天营业时卸下叠放在一旁，夜间重新装上。

传统的商业建筑都带有二层储藏阁楼，阁楼面向街道开小窗，有些阁楼的窗台会多向外挑出 500 ~ 600 毫米左右的距离，形成所谓的“吊阁式”的做法。二楼的阁楼立面高度狭小，在视觉上往往隐没于屋檐的阴影之中，不引人注目。为了适应信江流域梅雨季节的潮湿与夏季的炎热，阁楼小窗与建筑内部的天井、庭院，或者是阁楼的后窗、天窗形成通风系统，帮助建筑应对梅雨季节和夏季高温。

建筑的装饰集中于屋檐檐下的牛腿、斜撑或童柱等支撑结构上。

2. 楼廊式

楼廊式建筑立面是在传统建筑立面的基础上发展而来的。随着近代西方建筑样式的传入，多层的建筑格局变得司空见惯，因此 20 世纪初，信江流域的许多商业建筑开始向多层居住模式发展，开始出现居住作用的二层以及三层建筑结构（图 6-8）。其建筑外立面的特征为：

传统的阁楼式商业建筑中，二层阁楼空间只是用于储存作用，而非用于居住，但在近代受到西方多层建筑影响下增加为三层的高度，建筑二层楼面转为日常起居、工作使用，三楼则延续原来阁楼储物的功能。

开放的西式木质外走廊、阳台作为日常起居、工作空间的延伸，在沿街的二、三层楼面开始出现，这些开放的走廊、阳台形成了异于传统阁楼立面封闭形象的新样式，将沿街立面变得轻盈、开放而欢快。

外走廊、阳台的造型出现西方建筑装饰元素，并好用车床旋削出的西式木栏杆样式。建筑二层以上的居住空间门窗多用西式玻璃窗棂样式，而建筑底层还是延续着传统可卸式门板的做法。

这种建筑样式在信江流域数量较多，较为典型的则有地处河口古镇二堡街 368 号的“陈隆兴”布号，以及解放路 20 号、22 号建筑组。

图 6-8　楼廊式商业建筑立面
（图片来源：自摄，自绘）

河口古镇二堡街 368 号建筑原为新中国成立前的“陈隆兴”

布号，今为“河记茶庄”店铺，其建筑样式最为精美。该建筑为木结构，一层铺面为可拆卸的素面门板，二层为临街挑出的楼廊式阳台，阳台平面为十分罕见的“凹”字形，阳台四根立柱中部造型为车床车削而成。阳台底部坊梁为近代铣床铣出的精细花纹。二层的建筑门头上有西式的拱券造型的玻璃亮窗。

而河口解放路 20 号、22 号建筑组为三栋联排式商业店面。其中 22 号建筑的第三层外走廊在其檐廊造型与栏杆造型上使用哥特式的双圆心拱券造型作为其造型母题。

3. 风雨廊式

风雨廊的出现在信江流域商业建筑中，与近代时期信江流域所处的社会文化、经济背景有关。民国时期，在长江的开放口岸，如上海、九江、武汉等近代城市中商业街区往往建有西式风雨廊建筑，而这些繁荣的近代城市自然也成为地处不远的信江流域众多城镇在近代城市建设与规划时的参考样板。

随着 20 世纪二三十年代信江流域在铁路、公路建设上的发展，使得当时信江流域的城市建设进入一个新的发展时期，成为城镇街道空间加建风雨廊的契机。上饶市沙溪镇的风雨廊街道，与 1928 年、1932 年开通的常玉、衢广公路带来的集镇繁荣联系在一起（图 6-9）。抗战时期，由于信江流域处于重要的交通枢纽位置，重要城镇多受到日军轰炸被毁而不得不进行重建，成为城镇的街道近代化改造的起点。

图 6-9　沙溪镇风雨廊式商业建筑

（图片来源：自摄）

以河口古镇的风雨廊式建筑为例。河口古镇的商业主街街道布局呈现出“π”字的结构形式。其中“π”字上部横向的结构为河口古镇东西向的一堡、二堡和三堡街，是河口古镇明清古街位置所在。而风雨廊式建筑主要分布于今天古镇复兴北路与胜利北路一带地区。抗战前复兴北路原名为郑家街，胜利北路原名为金家弄，曾受到日军轰炸而受损严重。抗战结束后铅山县民国政府对其进行了重建，并更名为复兴路与胜利路。这两条商业街道路现存状况即为当时规划重建的结果。在统一规划的要求下，当时所有新建的商业建筑都被要求设有风雨廊。风雨廊的修建使得河口古镇的街道空间与传统的街道空间呈现出不同的视觉特征。表现在街道高宽比、风雨廊开间尺度和街道空间层次变化上。

风雨廊引入商业建筑，使得街道高宽比发生明显变化。信江流域近代以前的传统街道宽度均值在 4 ~ 6 米左右，沿街商业建筑的高度多在 6 ~ 7 米左右，街道剖面高宽比大约在 1∶1 ~ 1.3∶1 之间。为适应城市的近代化发展，当时的铅山县民国政府对街道在原有的基础上进行了拓宽，沿原有街道边缘向左右各再拓宽了 3.5 米，因而使得复兴路与胜利路的街道宽度达到了 11 ~ 13 米左右，街道的高宽比接近为 1∶2 左右的比例关系，使得街道空间变得较原来更为舒朗（图 6-10）。带有风雨廊的街道宽度大于传统街道宽度，导致街道高宽比发生变化形成新的街道空间体验感受。

开间尺度变化上，风雨廊的开间在 3.2 米左右，少数开间为 4 米，风雨廊进深为 2.8 米左右，风雨廊上方往往延续着传统的建筑立面格局，为店家作为阁楼使用。

风雨廊的引入使近代信江流域的街道空间增加了“灰空间”这一层次，于是相较于传统时期商业街道，街道的空间层次与形象变得更为丰富与生动起来。

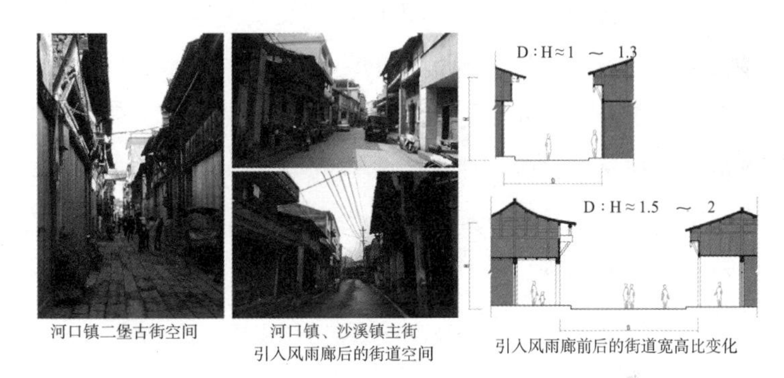

图 6-10　风雨廊引入街道前后的视觉关系

（图片来源：自摄，自绘）

与此相同的还有处于信江上游地区的沙溪古镇街道。

4. 门罩式

门罩式建筑立面也是信江流域商业建筑的常见传统立面样式之一（图 6-11），传统门罩式建筑外立面的外观多高大壮观，其主要特点为：大门平面有八字和一字两种样式。建筑外立面用材考究，好用价格昂贵的青砖、石材建造，因此多用于经济实力雄

图 6-11　传统八字形门罩式建筑外观

（图片来源：自摄）

厚的商业建筑上。大门是整个外观的重点装饰部位。大门除却门板以外,还有由门仪石、门梁石、门枕、门槛组成的石门仪，石门仪上方多设有用木材或石材精细制作的牌楼式门罩。石门仪与门罩之间设有青石雕刻的匾额，当地称之为“一块玉”。门罩式建筑立面的大门有石拱门的传统做法，门梁石或为石拱托和石拱所构成，或是直接落在门仪石上。

5. 门楼式

相较于传统的门罩式建筑立面，近代门楼式建筑立面的基本特征为：建筑外门头的平面为八字形或一字形；建筑立面多用石材为墙裙，并用青砖砌筑立面到屋檐以下位置，所以建筑立面多显得封闭。由于建筑的层数增加为三至四层，使得建筑外立面的高宽比变得修长，达到 1.7∶1 或者是 2∶1 左右。由于建筑的外立面被拉长，所以，门罩位置随之加高，处于立面的顶层附近位置，门罩与大门之间原有的呼应关系被隔离开来。近代的门楼样式好用柱式、西式拱券、线脚、山花等西方建筑符号，而在装饰纹样上则继续使用中国传统的装饰纹样，并将这些纹样重点装饰在西式建筑符号位置上；建筑装饰部位由传统的檐下位置转移到门、窗等位置上。由于人们还没有适应建筑立面比例被拉长的现实，所以在建筑立面装饰部位的设计与权衡上出现了许多不适的状况，特别是在二层以上的位置出现了过于空旷的现象。所以在一些门罩式建筑的外立面上便出现了用外走廊来丰富建筑外立面，并打破建筑外立面过于封闭状况的尝试（图 6-12）。

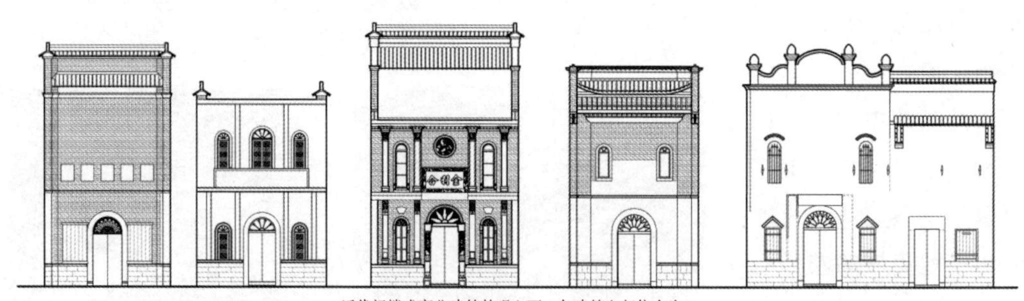

近代门楼式商业建筑外观立面，各建筑左起依次为：
二堡街 372 号楼旧江西省银行，二堡街 369 号楼，二堡街 378 号楼金利合药铺，二堡街 337 号楼，二堡街 239 号楼旧邮电局附楼

图 6-12　河口古镇门楼式建筑外观

（图片来源：自绘）

门楼式最为典型的当属河口古镇的金利合药铺与吉生祥药铺，以金利合药铺建筑造型尤为精美（图 6-13）。药铺建成于清光绪七年（1881 年），位于二堡街与复兴路街口交接处，砖石结构建筑立面。建筑内部为两层结构，而外观三层。大门为柱式拱门，拱门正上方镶嵌有一块青石板镂空雕刻牌匾。牌匾中间阳刻、描金“金利合”楷书，

石牌匾正上方的墙面又镶嵌一块圆形镂雕石雕人物图案，以为店徽。每层外墙开有细长的拱窗，每层门窗两侧皆镶嵌有青石雕刻的对联。

图 6-13　金利合药铺建筑外观

（图片来源：自摄，自绘）

6.2.2　村落生计方式与建筑平面的生态适应性

在乡村聚落中，住宅不仅仅是居住的空间，也是农副业的生产空间，因此乡村聚落中的住宅相较于集镇聚落来说是一个家庭的生活、生产系统，居住空间是其中一个重要的子系统。信江流域乡村聚落多以水稻种植和山林种植业生产为主要生产方式，其生产系统以户为最基本单位，包括了农舍居住单元组织和依附于农舍单元的蔬果种植景观单元以及室外的院落、平台、晒台单元。农舍作为农村生产单元，其基本结构包括：居住空间、储藏空间、牲畜饲养空间等几个子系统。多个子系统的结构模式使得单个的农舍需要占据较大的空间才能进行有效的生产生活活动。

生产性是乡村聚落的重要职能。在生计方式上乡村聚落形成了生产—生活复合空间。特别是在信江流域农民的生计方式多元化的背景下，乡村聚落不仅仅是粮食、蔬菜、水果、禽蛋肉的出产地，也是夏布、土纸、茶叶、茶油、桐油等商品的生产基地。此外，许多商品的生产与自然环境的条件是无法分离开来的。建筑本身的形制必须首先兼顾以家庭为生产单位的生产活动。在生计方式的基础上，建筑形制形成了以适应生产目的兼顾环境生态保护的生成机制。

信江流域的农舍居住单元大致可分为独栋式、天井式和重屋院落式三种。其中天井式多用于经济条件较好的农户家庭中，多与传统建筑样式无异，而独栋式其衍生类型较多，具有院落与天井混合特征的大型前院的重屋住宅类型则较为适应于当地农民的建筑使用需求。

6.2.2.1　独栋式民舍建筑

信江流域的乡村聚落民舍平面格局演化受所在的地形、气候、经济发达程度等因素的综合影响，归纳起来独栋式建筑存在着下列衍生类型：

1. 一字形独栋式住宅

这类主要为独栋式住宅，以三间两进“四榀屋”和五间两进“六榀屋”最为常见，建筑的总平面为矩形一字展开，据说有一字展开到“八榀屋”规模的，但考察中未有见到。一字形民居中五间两进的“六榀屋”平面结构有两种，一种是拥有内走廊的样式，住宅内部交通通过内走廊沟通，但正间和廒间的房间就会被分割成沿走廊布置的前后单间。另一种是没有内走廊的，廒间的房门开在房檐的外走廊侧，正间和廒间为拥有外间和里间的套间。

以独栋式住宅为核心的建筑组群，正屋平面多是一明两暗三开间的一厅四室结构。正屋作为建筑组群的空间重点，在空间位置上强调其主导地位，被安置于建筑组群空间的前部，并在正屋前设晒台或开阔空地，作为晾晒稻谷、茶油籽、芝麻等农作物的场地，同时也是举行红白喜事等各种仪式的场地。

附属用房全部安置在正屋背后，形成后院空间。后院建设畜栏、猪圈、厕所和储物间，空间组织不拘一格，依功能需要灵活布置。在山区地带的乡村聚落中，后院空间也是空间地形适应性调整的关节所在（图 6-14）。

从生态适应性的角度来说，相较于同是稻作文化的西南少数民族地区的干栏式建筑平面，由于信江流域农舍单元后部多设竹林、矮崖等遮挡结构，使得屋后的气流流通较为稳定与和缓，将牲畜与禽类圈单独设立，离开民居主体建筑，可以隔绝人畜空间，在一定程度上防止牛棚、鸡窝、猪圈的卫生状况对于人产生影响；一旦家中禽畜发生瘟疫，不会直接影响人的健康问题。设计注重牛棚、鸡窝、猪圈的通风设置，使得气流通畅，也利于家中禽兽的饲养安全。

2. 附加披屋的独栋式住宅

图 6-14　独栋式农舍后部附属用房

（图片来源：自摄）

这类住宅在两侧以及后方墙体处加建披屋，披屋作为畜栏、猪圈、厕所和储物间以及厨房间。这种类型多见于山地地区。从对气候的生态适应性上来说披屋在此成为空气隔层用于厅堂和偏间、廒间等房间的保暖。

从生计方式影响角度来说，这种平面结构相较于第一种而言，由于空气的流通性较差，所以在采光性与卫生性上要差很多，但这种结构利于山地建筑较为狭窄的建筑基地处理。

这类住宅主要出现在信江流域的畲族聚集地。畲族的独栋式住宅与信江流域汉族乡村聚落中的独栋建筑相比，自有其特征。闽浙赣三省交界之处人迹罕至的山区多有畲族聚落，这是由于历史上畲族迁入闽浙赣三省交界地区较晚，到来的时候已几乎没有多少适合于建设聚落的基地留给他们，所以畲族要么与汉族聚落多相杂而处，形成镶嵌在汉族大聚落中的点点小聚落，要么就只有到汉族人不大愿意去的山区中安家落户。

由于历史原因，畲族聚落中的技术、文化水平要相对落后于汉族聚落，加之历史上汉族官僚的剥削和压迫，畲族群众整体的经济水平十分低下，几乎没有多少经济力量来发展出自己民族的建筑样式，因此便直接使用当地汉族地区的住宅形制作为自己建筑样式的蓝本，所以畲族的住宅样式与汉族地区的样式相近。但畲族的住宅在平面组合上较为自由，正屋加一侧厢房的“L”形平面，厢房紧贴正屋山墙位置向前后延伸成“H”形平面等方式十分常见。

畲族的住宅在其厅堂照壁后，即拖步间或退堂的位置上的处理与汉族地区不同，由于多地处山区，屋后即为山石崖壁，所以就会屋顶一盖到底以崖壁为墙，这个区域多为厨房，有时会设有一个小天井便于采光。

3. 带外廊的独栋式住宅

对于乡村聚落而言，农舍单元不仅是生活场所也是生产场所。乡村聚落民众生计所依靠者，除了以水稻作为核心的农耕之外，还包括了采集茶、果木、桐油、茶油、竹以及其他林木种植及伐木的林业，以及由林业发展出的土纸生产、制茶、榨油、夏布制作等手工业。此外，还有制作日常用于家用的酿酒、腌菜、点心、绣品等各种零星生产活动。

信江流域春季的雨季是较为漫长的，往往占据三月或四月的整个月份，因此人们往往不得不在农舍内来完成各种家庭生产工作。信江流域传统民居建筑一明两暗三开间的一厅四室结构，只有厅堂部分有着较好的采光条件，一旦在此开展生产工作的话，往往导致厅堂内出现拥挤与混乱的状态。

因此，不少农舍建筑便在自己的正门外再建一个走廊，走廊的进深多在 1.5 ~ 2 米之间，宽度与建筑正立面同宽。这个尺度，已经足以安排得下大部分的家庭生产活动，且具备十分优越的采光条件。

6.2.2.2　天井式

信江流域中天井式建筑主要用于人口数量较多的大家族或者是用于宗族祠堂之中，是集镇聚落中最为常见的住宅样式之一。在乡村聚落中，则多见于祠堂或 1949 年以前的地主家庭，以及山林经济为生计方式主体的村落中。在外来人口众多的信江流域乡村聚落中，天井式建筑因房间数量多而作为家族的集体住宅，常常成为早期移民家庭的选择。在信江流域明清交替之际的移民潮中，为安全起见，不少移民团体以兄弟、亲戚结伴而行的方式进行迁徙。在到达定居点后，经草创、发展获得一定的经济实力后，常常选择天井式建筑作为住宅的主要样式，其原因大致有以下几点：

1. 天井式住宅的对外封闭性使得住宅具有一定的对外防御能力。

2. 天井式住宅可以容纳较多的家族人口，在人地生疏的移民定居点，家族人口数量往往与家族人员的生活、生产安全联系在一起，集中居住有利于凝聚家族人力一致对外，保护家族人员的生命财产安全。

3. 天井式住宅多以家族的力量进行建设，对定居不久的大型家族而言，建设可以容纳大量人口的天井式住宅在成本上更为经济。

4. 天井式住宅的建设往往与宗祠结合在一起，便于婚礼、丧事、祭祀以及接待等礼仪性活动的举行。

6.2.2.3　重屋院落式

具有大型前院（当地称之为：禾基）的重屋住宅类型，平面格局多是经济富裕的家庭所采用，建筑平面以多重的天井式建筑平面为基础演变而来。其中住宅的前部天井会扩大形成大型前院。宅子的平面多有两进以及两进以上，设有房门，进入房门后便是一个大院子作为前院。前院两侧多有厢房，设为储物间和下人住房。大院在正中位置设大型厅堂或第二道门房，穿过这个厅堂或第二道门房后就是主人居住的内院。内院设天井，建筑平面多是U形转厢型样式（图6-15）。

多数论述江西民居聚落的文献都将天井式住宅作为江西聚落的典型代表。但是在信江流域的广大乡村聚落中，天井式建筑主要用于大户官绅家族或者是用于宗族祠堂之中。普通农户的居住模式普遍以一字形“一厅四室”式独栋式住宅为核心，以前后院落作为住宅附属空间，共同构成一个整体的农户居住单元，而非以天井式住宅作为乡村聚落居住空间的主体和单元。

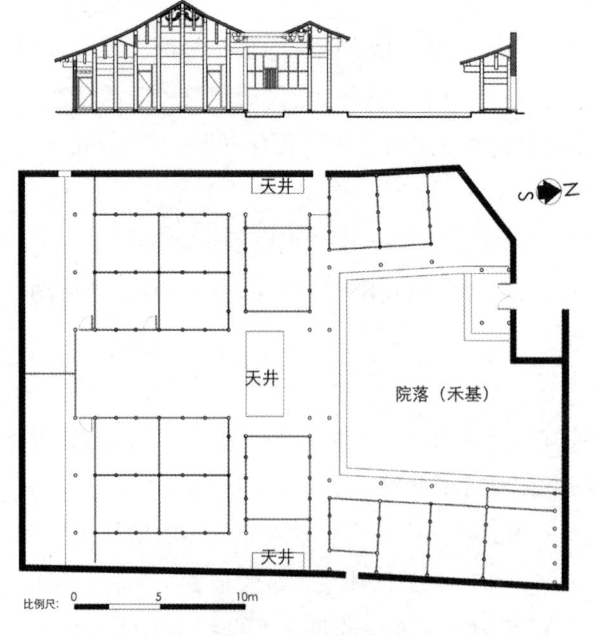

图6-15　紫溪乡重屋院落式民宅平面

（图片来源：自绘）

如果仔细观察天井式住宅，就会发现这种住宅的模式其实并不适合于乡村聚落中农户的日常生活生产行为，而是比较适合于强调礼仪空间和不用过多从事农业劳作的官绅家庭。天井式住宅的前部多为礼仪感强烈的前门、仪门、前厅，这些空间适合于婚礼、丧事、祭祀以及隆重的接待活动，而非适合于日常的农业收储、晾晒以及手工劳作。由于礼仪性空间占据了住宅前大半个空间，再加上后部日常居住所需的生活空间，所以留给农户用于储放农具、粮食的空间就少了。因此就会发现在许多居住在天井式住宅中的农户将农具、未处理的农作物堆放在仪门、前厅的现象，使得本应整齐、开敞的仪门、前厅变得凌乱喧杂不堪，甚至是拥挤的局面，而这些居住在天井式住宅中的农户，要么是因为祖上曾经辉煌过，后人沦落后不得不以农耕为活；要么就是新中国成立后因历史原因被分配住进这些天井式住宅中。

对于信江流域的乡村聚落的农户而言，选择一字形“一厅四室”式独栋式住宅为核心，以前后院落作为住宅附属空间的模式是最为适应于信江流域乡村聚落的农业生产结构的。一般而言，水稻种植地区的农业聚落都有共同的空间特点，即是住宅空间往往附有晾晒稻谷的平台，因此在以水稻为主食的信江流域乡村聚落，住宅前部往往也会有一块空地作为晒谷场，在住宅正屋的后部，按行动路线和地形因素随意安排畜栏、猪圈、厕所和储物间等附属用房，因此就形成了正屋前部空间整齐开阔，屋后空间紧凑、复杂的空间格局。前后空间再用院墙围合，就形成了以一字形“一厅四室”式独栋式住宅为核心，前松后紧的农户院落居住单元。

具有大型前院的重屋住宅类型是院落与天井在乡村聚落住宅中的混合模式，这种模式既综合了大型院落，具备了天井院式住宅的礼仪空间的特点，又解决了农具、农作物的储存问题，是较为适应于信江流域河谷平畈地区农耕产业特点的居住空间模式。

6.2.3　集镇生计方式与传统建筑的生态适应性

6.2.3.1　适应茶、纸贸易特色的建筑平面形制

信江流域的商业建筑类型从茶行、纸行到饭店、邮局、会馆、钱庄、药店、南北杂货铺，一应俱全，从规模上来分大致可以分成两种：处于集镇内部的大型商行，以及簇拥于集镇商业主街两侧的沿街中小型店铺。

大型商行建筑之中多用与普通民居同样的天井式建筑，多为前坊后宅式平面布局，其中天井的布置方式与普通天井式民居并无显著差异。然而信江流域的纸张、茶叶、药材批发贸易需要将大量收购上来的纸张、茶叶、药材在商行中按货物的质量重新进行分拣、评级、包装，从事相关工作工人们一般都是在光线条件良好的天井中、檐廊下进行。普通的民居建筑中，外檐廊的尺寸多在 1.7 ~ 2 米的深度之间，但在商行建筑中就会要求天井与檐廊的尺度较为宽大，达到 2.8 米左右的尺度，以利于货物的晾晒、分拣和包装、运输。

相比较而言，中小型店铺所采用的建筑形制则更为灵活和多样化，形成了设有侧天井与不设侧天井的直屋式建筑。这些由直屋式建筑样式构成的中小型店铺在集镇中

主要分布于人流密集的主街道路两侧（图 6-16、图 6-17）。

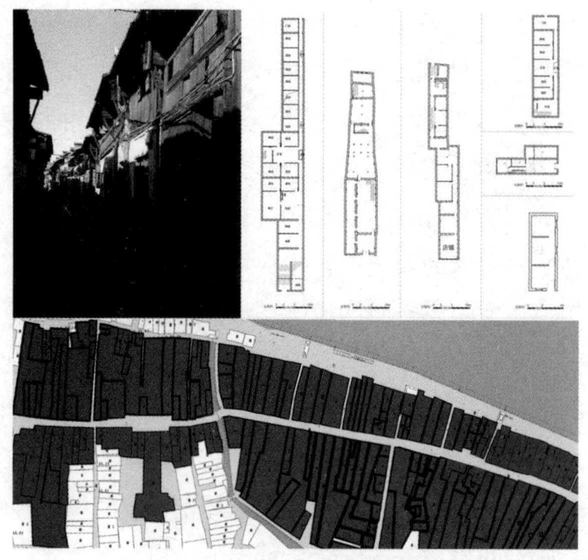

图 6-16　河口古镇二堡街段直屋店铺肌理与建筑样式

（图片来源：自摄，自绘）

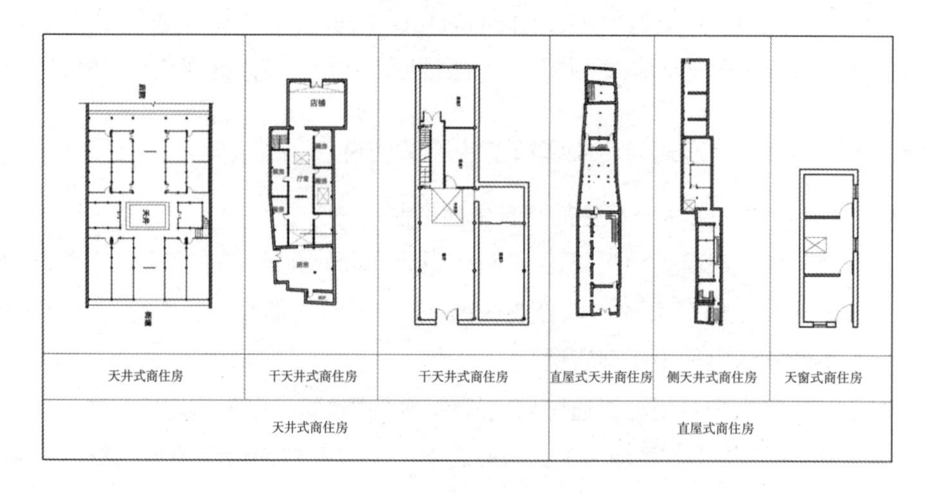

图 6-17　信江流域集镇聚落商业用房平面样式

（图片来源：自绘）

直屋式建筑平面十分适应信江流域集镇聚落中传统手工业、作坊和小型商业的经营模式，直屋式建筑的基本特征为：前店后宅式建筑平面是其建筑的基本样式。建筑的开间狭窄，进深幽深。这是由于集镇中的商业主街因其良好的商业区位，导致建筑用地价格高昂。为了最大化降低用地成本，获得土地高利用率，就要尽可能地在有限的地块上开设最多的商店，因此地块的主人往往将商业主街上的建筑地块划分得十分狭长。店铺的开间宽度模数设定约在 3 ~ 3.5 米之间，狭窄的开间限制了房屋向两侧发展的可能，所以房屋只有向纵深处发展，造成在商业主街上，房屋的进深极深，达 50 余米的房屋比比皆是。同时由于信江流域地区的气候特点，信江流域的商业集镇中的商业建筑设有阁楼，以利于隔热与通风防潮，建筑的后部则多有狭长的天井。天井、幽长的通道和高大的店面形成了良好的通风系统，用以改善建筑的居住环境。

6.2.3.2　防雨：建筑立面造型的适应性演变

信江流域的集镇商业建筑在立面造型上经历了从明清时期的传统阁楼式演化至近代楼廊式、门罩式、门楼式、风雨廊样式的变化。

出于对茶、纸等商品的防潮防腐保护，信江流域春夏之际多雨的气候特点要求商业建筑本身具备较好的防雨设计。从以河口古镇为代表的集镇商业建筑的立面演化进程上，可以看见信江流域地区建筑外观防雨设计手法的探索历程。

信江流域商业建筑的营业多是在底层楼面进行，建筑立面自地面到屋檐檐口高度在 4.6 ~ 4.8 米之间。建筑大门外多有台阶、台基，台基深度多小于 900 毫米，高度在 150 毫米左右。传统阁楼样式商业建筑其挑檐一般较深，多在 900 毫米以上，如果再有出挑的阁楼窗台，屋檐自店面大门起出挑深度往往达到 1200 ~ 1300 毫米左右。因此屋面雨水自檐口滴落在台基外的街面上，溅起的水花多被台基所阻拦，雨水对于建筑立面的影响主要来自穿越街道穿堂风形成的“飘雨”。900 ~ 1400 毫米深度的挑檐，结合 150 毫米高的台阶、台基与 4.6 米左右的建筑立面高度，可以较好地将大部分“飘雨”带来的雨水降落范围控制在台基边缘至大门 900 毫米以内的地面上。且信江流域木结构为主体的商业建筑大门多为可卸的门板，白天营业时卸下叠放在一旁，夜间重新装上。这种大门样式在白天可以将门板卸下放置在干燥处，具备一定的避雨能力。

楼廊式商业建筑的出现使得建筑立面高度增加，屋檐挑檐深度与建筑立面的原有比例关系被打破，建筑底层立面失去屋檐的遮蔽作用，从而容易被“飘雨”打湿。为防雨防潮，人们开始在建筑一层墙面使用砖、石材料来进行修建。

随着西式建筑样式的逐渐传入，全砖石结构门罩式、门楼式建筑立面开始大量出现，这使得建筑立面的防雨、防潮能力大为改善，而出挑深远的屋檐容易妨碍二层以上建筑采光和装饰效果，因此日益变短，甚至退化成屋顶女儿墙的压顶檐口。

6.2.3.3　适应茶、纸贸易特色的建筑采光系统

信江流域的商行多以纸张、茶叶、药材批发为商品贸易大宗，商人们需要将大量收购上来的纸张、茶叶、药材在商行中按货物的质量重新进行分拣、评级、包装。这些工作要求工人们在光线条件良好的室内环境下进行，随着玻璃材料的出现，信江流域集镇近代商业建筑内部逐渐形成了天井采光与天窗采光这两种主要的建筑内部采光

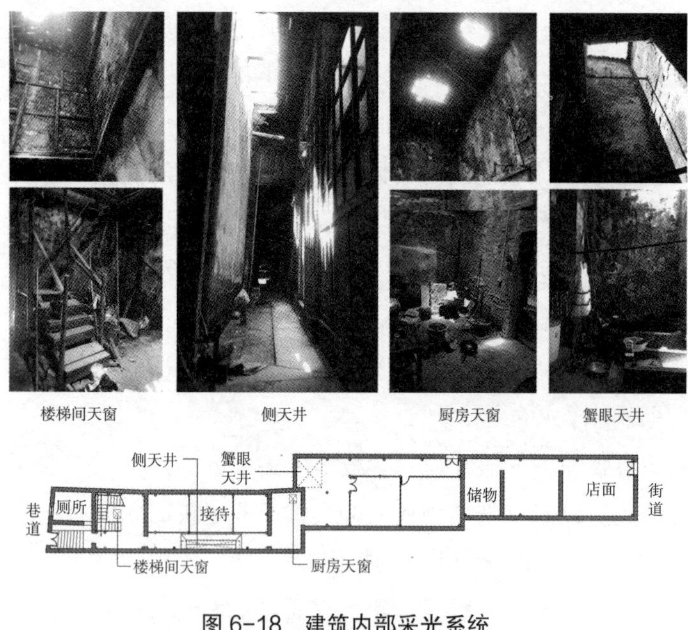

图 6-18 建筑内部采光系统

（图片来源：自摄，自绘）

系统，且采光庭等新的采光方式逐渐取代传统天井采光方式，最终促使信江流域近代商业建筑内部形象发生变化，形成新的空间风貌（图 6-18）。

1. 天井采光系统

信江流域传统天井采光系统以多种形式被使用在传统商业建筑中，这些商业建筑从规模上来分大致分为规模较大的大型商行和簇拥于商业主街两侧的中小型店铺。

大型商行其商业建筑的天井式建筑在平面样式上与当地的普通天井式民居建筑相同，功能安排上为前坊后宅，其中天井的样式、格局也与普通天井式民居建筑无异。但从四处收购的纸张、茶叶、药材需要重新进行分拣、评级、包装等工作，这些都需在自然照明条件良好的天井中、檐廊下进行，因此商行建筑中对天井与檐廊在营建上对尺度的要求更为宽大，以利于货物的晾晒、分拣和包装、运输、包装。信江流域春季漫长的雨季与纸张、茶叶贸易时间往往有着较多的重合时段，因此天井式的民居建筑虽在采光与通风上利于这些商品的工作操作，但在雨季因无法有效地利用大面积的天井空间，使得空间的利用率不高。因此近代的建筑玻璃材料出现后，以玻璃明瓦为材料营建的天窗、采光斗（井）等干天井式建筑逐渐成为信江流域大型商行建筑的主流。

中小型店铺在天井形式的运用上相较于大型商行商号更为灵活多样。这些店铺在集镇中以直屋的平面形式分布于主街两侧，狭长的地块使得传统的天井形式无法依据建筑组群的中轴线进行布置，因此出现了侧天井、干天井、虎眼天井等小型天井样式以适应现有的地块环境条件。

普通建筑中天井的形状多为矩形，且天井短轴与建筑的进深方向保持方向一致，而所谓的侧天井，其天井短轴则与建筑的进深方向相垂直。侧天井在信江流域的传统普通民居中多用于住宅建筑组群的旁支群落中，相较于建筑组群轴线上的主天井，侧天井的尺度要狭窄得许多。但在河口古镇的直屋中，人们为了适应狭长的地块而将一明两暗三开间的主体建筑轴线在平面上旋转 90 度，使建筑厅堂中轴线与建筑组群的进深方向相垂直，天井的短轴线也随之变化与建筑组群进深方向相垂直。由于这种侧天井与建筑主厅堂结合在一起，位于建筑群组的核心位置，因此就替代了普通民居中的主天井角色（图 6-19）。

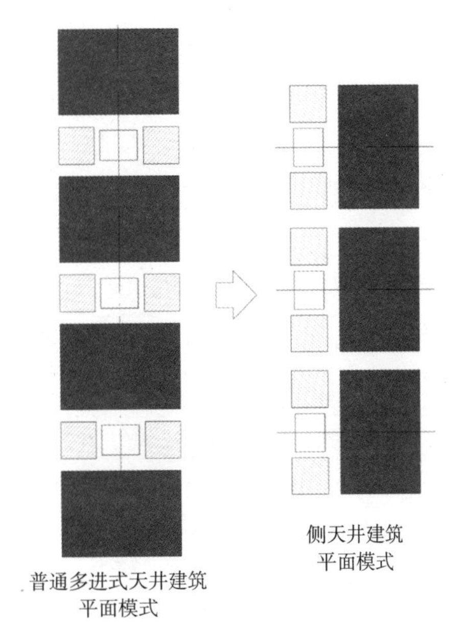

图 6-19　从天井到侧天井的演变

（图片来源：自绘）

为处理好在获得更多建筑室内面积的同时又能够保证建筑内部采光与通风的矛盾问题，人们便在直屋的各进厅堂之后、房间角落之间设置了一些小型天井，即是“蟹眼天井”。蟹眼天井四周墙体高深，易于形成烟囱效应，利于建筑组群中穿堂风的形成，天井四周的墙体越高，则建筑组群内部的通风量就越大，拔风效果就越好，但采光效果会随之降低。

环太湖流域的园林建筑中，蟹眼天井多点缀以小型山石、植物，而信江流域集镇中的蟹眼天井则多与消防水池、排水沟等设施结合在一起。

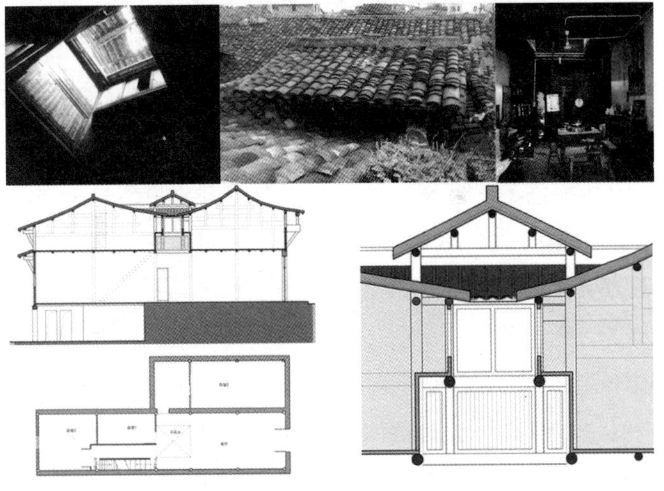

图 6-20　河口镇一堡街 190 号建筑平、剖面图及干天井剖面图

（图片来源：自摄自绘）

“干天井”的做法便是天井上空加建四周不封闭的屋顶。加建的屋顶四周开敞，天井依然保持了采光与通风、通气的功能；且由于加建的屋顶遮挡了雨水的进入，能够保持天井地面的干燥，所以称之为“干天井”（图 6-20）。

信江流域常年气候温和，雨量充沛，且春雨多、夏炎热、秋干旱、冬雪少，因此在气温上适合于室外活动的时间较长；但暴露在天空下的普通天井会因雨季的漫长而导致使用效率降低，茶叶和纸张贸易却又要求店铺在春夏多雨的季节进行相关的加工作业，在河口古镇寸土寸金的商业地段上，店主们难以忍受天井在雨季无法被使用形成的空间成本浪费，同时又考虑到分拣包装操作空间所需的采光条件，因此干天井是在信江流域本土商业活动方式要求下形成的一种气候适应性建筑结构。

干天井依旧以“四水归堂”的模式保留了天井的屋面组织排水功能，干天井的檐口四周设置有天沟与陶制落水管，以便对四面屋顶的雨水进行收集、组织与排放，因此在地面上往往还保留着排水沟的做法。

相较于传统的普通天井，由于有屋顶的遮蔽作用因此干天井的采光效率并不高。从实际测量中可知，夏季晴天正午时普通天井檐口阴影处的光强大约在 5000 ~ 6500LUX 左右，而不使用明瓦的干天井的天井檐口处的照度则为 650 ~ 800LUX 左右，这个照度能够基本满足人们对货物分拣、包装、储存等工作的要求，因此干天井作为较为常见的天井类型普遍出现在信江流域传统集镇的商业建筑中。

2. 天窗采光系统

天窗是将建筑屋面的部分房瓦用玻璃、蚌壳、兽角等材料制成可透光的明瓦代替，从而实现房间内部采光的做法。在传统的天井式建筑中，人们会在两厢的房间中根据生活生产所需灵活布置天窗，作为建筑内部空间的辅助采光手段。在一些建筑地块更为狭小短促的小型店铺、住宅中，人们便会取消天井的做法，全然依靠天窗进行采光，天窗作为建筑内部获得光线照明的唯一手段，其样式也随之发展出多种类型来。

天窗在近代大规模的推广使用与明瓦制作材料的发展有着直接的关系。在近代以前，明瓦的制作材料来源于磨薄的云母片、贝壳等较为难以获得的自然材料，因此在信江流域多用于经济力量较为宽裕的商铺或家庭之中。近代玻璃材料的出现，使得明瓦的价格逐渐为普通人家所能担负，因此，在信江流域近代的商业店铺中，天窗的使用开始变得广泛起来。

天窗的采光效率较高，经实地测量，晴朗夏季中午时，传统建筑的卧室、厨房中，单块明瓦正下方、离地 750 毫米高度处水平面的照度大约在 300LUX 左右，且随着正上方明瓦块数的增多，所测得的该水平面照度值便会剧增。但明瓦下的空间在水平方向上，光线照度值由受照中心点向四周衰减的速度也十分明显，例如在面积较大的天窗下，750 毫米高度处水平面照明中心位置上的照度值为 3090LUX 左右时，周边距中心位置 750 毫米处等高水平面的照度值就只有 330LUX 左右，再往旁边 750 毫米距离处的照度就剩下 130LUX 左右了。光线照度的急剧变化往往在建筑室内呈现出对比强烈的光影效果。

为了使得天窗对底层空间的采光更具效率，人们便设上小下阔的矩形斗状间壁贯穿建筑的二层屋顶与地面形成采光斗，将光线直接引入一层空间内（图 6-21）。采光斗可以制作成各种八角形、六角形和四方形的造型，装饰效果良好，因此在信江流域的许多大中型店铺中常用采光斗进行空间采光、局部补光，甚至将采光斗的尺寸加大变为采光井（图 6-22）。

将屋顶下的四周空隙围合封闭起来，再将屋瓦变更为明瓦，干天井就成为采光庭。信江流域商业建筑中的采光庭往往处于建筑平面的核心部位，建筑主要房间围绕着采

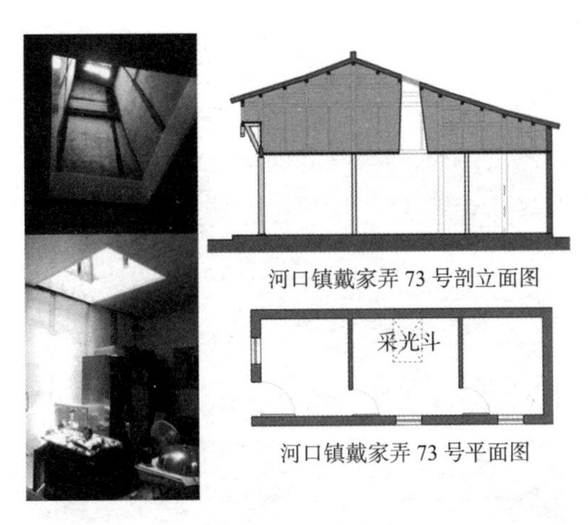

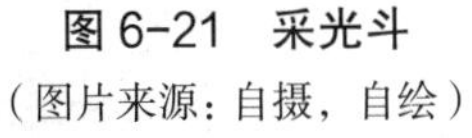

图 6-21　采光斗
（图片来源：自摄，自绘）

图 6-22　八角形采光斗
（图片来源：自摄）

光庭进行组织与布置，且与多进式天井建筑一样，存在着多进的由采光庭组织的建筑平面。相较于干天井，采光庭作为封闭的空间无需考虑屋面组织排水，因此不再设置天沟、排水陶管、阴沟、检修孔等排水结构，采光庭的空间造型因而更为整齐、简洁，更有利于作为建筑内部重要序列空间的艺术形象处理。

采光庭在实现建筑使用空间效率最大化的同时，保证了建筑内部的采光与避雨功能的实现，然而在建筑内部的通风作用效果上却不尽人意。但在信江流域的人们认为，由于传统建筑底层内部空间往往较为高大，兼有二层阁楼的隔热效果，只要控制好采光天窗的面积，做好夏季时期的阳光遮蔽措施，相较于室外高温，采光庭内的建筑室内温度依旧是可以接受的。

3. 采光系统导致建筑内部空间形态演变

从信江流域商业建筑中采光系统的演变过程中，可见导致这种变化产生的原因一个是与当地集镇的商业活动方式有关。由于集镇主街具有较高的商业回报率，导致集镇主街两侧的商业建筑建设用地地块形状狭窄深长，使得传统天井的布置方式随之改变，形成侧天井和蟹眼天井的平面结构；另一个变化原因则在于建筑材料的改进，特别是价格相对低廉的建筑玻璃的出现，使得原来价格高昂的明瓦变得易于获得，从而促进了天井向干天井再向采光庭演化的转变速度，最终导致天井采光系统在信江流域近代商业建筑中的消失。

此外干天井、采光井、采光庭等新型建筑采光形式的出现导致了近代商业建筑的平面组织形态的转变，使得建筑内部空间造型变得更为复杂。

这种空间的复杂化变化首先表现为组合式采光庭的出现，导致空间顶部造型复杂化。

例如在上清古镇的天源德国药店中，出现了较为复杂的组合采光系统做法。天源德国药店现存建筑面积 375 平方米，主体建筑为砖木结构，药店正堂的复合式采光结构以采光庭、采光井组合而成，这在信江流域较为罕见。紧邻药铺大门正上方是采光庭，采光庭底部为 3.4 米 ×3.4 米左右的方形天井口，顶部为长 2.1 米，宽 0.6 米左右的矩形天窗，用 24 块明瓦分两列铺设，剖面呈向上收缩的台阶状。采光庭是药店正堂的视觉重点所在，四面安装有鹅颈轩、船篷轩、虹梁、换气窗、挂落、嵌板等造型精美的小木构件，皆有精细的雕花装饰。采光庭后为一斗形采光井，内部用素面木板镶拼成倒斗形间壁，底部为 3.2 米 ×1.6 米左右的矩形开口，顶部有长约 1.2 米，宽约 0.6 米的矩形天窗，天窗由 14 块明瓦分两列铺设。为了突出采光庭的重点形象，采光井以素洁的手法进行形象的塑造，采光井内壁由光滑整洁素板围合而成，不饰任何装饰（图 6-23）。这种采光庭与采光井的组合，使得天源德国药店的正堂室内空间形成了明暗、主次、高低、繁简、闭合的对比与变化，可见干天井、采光井、采光庭等新型建筑采光形式的出现，大大地拓展了商业建筑内部空间造型手段。

图 6-23　上清镇天源德国药店组合采光系统

（图片来源：自摄）

其次，干天井、采光庭的出现导致建筑内部二层空间结构产生变化。

随着近代商业繁荣，以及近代城市楼居生活方式的影响，河口古镇中大量出现三层结构的商住两用建筑，原来二楼用于存储的阁楼被移至三层，二楼演化为人们日常的居住、工作空间，因此二层空间的采光需求便大大增加，干天井、采光庭等新型采光系统因为良好的防雨、采光性能被大量使用在近代集镇商业建筑之中。为方便居住在二楼的人员工作与居住等活动，人们便在干天井、采光庭的二层位置四周加建了走马廊。走马廊的出现使得传统商业建筑的内部空间形态、结构、层次变得更为丰富与复杂。

再则，处于建筑组群核心位置的走马廊与干天井、采光庭在空间视觉上结合为一体，成为建筑内部空间的重点装饰位置。建筑内装饰部位由建筑的檐下空间、门、窗延伸至干天井、采光庭、采光井等采光结构的周边檐下区域、门窗位置及走马廊区域。

由于光环境良好，天井周边的位置往往是建筑装饰重点位置，但又为了防雨、防潮，做有装饰的建筑构件都需被遮蔽在建筑屋檐下，在视觉上往往笼罩在深深的阴影中。干天井、采光庭、采光井等近代新型采光系统的出现，一是使得建筑内部采光更为稳定，二是由于空间的封闭性较好，装饰性构件可以全面暴露而无需考虑防雨、防潮问题，展示效果也就更为理想，因此拓展了装饰做法在室内空间上的分布区域。例如河口古镇二堡街 369 号建筑的采光庭中，走马廊便是建筑室内空间的装饰重点，廊柱用机床旋削成型，雕饰的花格门窗、挂落、栏杆以及车床铣出的纹样，造型灵透、纤细、繁复、华丽；二堡街 372 号楼旧江西省银行与二堡街 337 号楼的朱立裕钱庄，建筑内部以干天井覆盖走马廊，其中江西省银行的走马廊工艺细密的雕花廊窗与雕花栏板尤为精彩（图 6-24）。

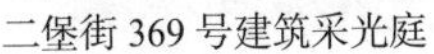
二堡街 369 号建筑采光庭

二堡街 337 号
朱立裕钱庄采光庭

二堡街 372 号
旧江西省银行采光庭

图 6-24　河口古镇商铺中作为装饰中心的采光庭

（图片来源：自摄）

再次，促使建筑地面结构的简化，增强了室内空间造型的整体性。

天井作为界于室内、外的灰空间，将明堂、厅堂等“建筑内空间”联为一体并融于室外。石质的地坪、明沟、地漏、阴沟、阴沟检修口等以及方池、环槽明沟等排水、蓄水功能组件将天井的室外空间的属性予以了明确的标识。但干天井与采光庭等近代新型采光系统的出现，使传统天井中蓄水、排水部件的存在越来越没有意义，因此除了干天井还在屋檐保留组织屋面排水的天沟以外，其他蓄水、排水设施在干天井与采光庭中的功能构造中逐渐消失，“室外”的地面功能特征便日渐消亡，凹凸起伏的天井“井底”地坪也变得平整起来，直至与室内地面全然混为一体，建筑内部空间因此而变得平整而统一。

6.3　生计方式影响下的传统建筑生态营建技术体系

6.3.1　为物资储存安全的建筑细部防潮技术

信江流域处于长江中下游地区的梅雨区域，也是江西省内雨水最为丰沛的地区，因此只有保持建筑内部空间环境的干燥，才能使得农作物处于安全的储藏环境和加工环境之中。在信江流域如果防潮处理不当，因季节交替带来气温的变化会使得空气中的水分在墙面形成“回水”，进而导致储藏的种子、粮食发芽、发霉，从而影响来年人们的稻作耕种。因此，从生计方式的角度而言，保持建筑内部空间环境的干燥，才能使得农作物处于安全的储藏环境和加工环境之中。所以防潮与干燥是信江流域民居建筑营建的重点内容之一。

潮和湿是两个不同的概念。在一定温度一定气压下，空气中的含水相对饱和，形成含水率相对较高的空气，即是潮气。当相对湿度较高的潮气将建筑物笼罩在潮湿环境中，并在遭遇到建筑墙面、天花等界面的时候，因水蒸气的压力而进入建筑材料内部。建筑材料的吸潮能力达到饱和时，材料的内部、外部便形成水蒸气压力差，为使水蒸气压力差以达到平衡，空气中的水蒸气会析出，在材料表面形成附着的水分，这种现象就是湿。信江流域的“返潮”现象主要是在春季时期，东南季风带来大量的水蒸气使空气湿度变高直至饱和，在建筑物墙面和地面上就会出现附着表面的水分。

空气的潮湿状况和建筑所在地区的降雨、气温、风等环境气候条件有关：

1.降水。雨水影响着建筑周围空气的含水量,高含水量的空气通过与建筑表面接触，影响着建筑外墙的材料性能。且雨水被土壤吸收后形成土壤水，气温升高时，土壤水中的水分蒸腾量加大，形成水蒸气将建筑笼罩起来。

2. 气温。空气中的水蒸气量随着气温升高而增大。高水蒸气量的空气遇到低于露点温度的建筑外墙面时就会析出水分，并在建筑材料外界面上形成附着的水分。

3. 风。常年盛行风影响会导致空气相对湿度的变化。山水关系、建筑组织方式、树林等地形地貌形成的微气候关系容易产生气压差，从而导致风的形成。风吹过大面积水面的时候会形成高水蒸气含量的空气，因此从水面吹向建筑的风就会影响建筑周边空气湿度的变化。

6.3.1.1 建筑材料的防潮技术与构造

1. 砖瓦的防潮技术与构造

信江流域烧瓦最早的纪录是在明崇祯年间，但当时烧制的是红瓦，这种瓦的质地较脆，容易损坏。清咸丰年间，才有匠人将扇子窑改为长龙窑，烧制出青砖。所以信江流域的砖雕装饰艺术不如其邻近的婺源一带发达，在建筑的砖制部件上也不甚发达，例如在建筑中砖望板的使用较少，多采用木望板，或者为了防止雨水、雪水渗入导致木望板霉变朽坏，而舍弃望板结构，改为冷摊瓦的屋面做法，都是与制砖业的不发达有关。但也由于制砖业不发达而导致砖雕的羸弱，而石雕艺术和木雕艺术技术精湛，促使信江流域民居建筑形成了以木雕和青石雕刻为主流的建筑装饰艺术。

信江流域的砖墙多用空斗砖墙的做法，其目的一是在于防潮，二是在于改进墙体的热工效应。青砖空斗墙的砌筑方式有一眠一斗，一眠二斗，一眠三斗，以及只砌斗砖而无眠砖的全斗墙样式等。这些空斗墙会在中空部分填充泥土或草泥等以改善热工性能和墙体的坚固性（图 6-25）。

图 6-25　上饶县篁固村青砖空斗墙体
（图片来源：自摄）

屋顶架设瓦面方式有两种，一种是椽上加木望板或砖望板，再铺设灰层，在灰层上再挂设瓦片。再一种是“冷摊瓦”的铺设方式，即在椽子上直接架设瓦片。清同治年间编的《铅山县志》记载了“冷摊瓦”的做法与特点：“……殿旧无墙，后半退处于外，今添立墙垣十余丈，左右益以回廊，东西更建观德、毓粹二门并屋两所，第二层增高数尺，较前气象峥嵘。向惟用小瓦料，制筒瓦椽上，加板，板上铺灰，坐瓦于其上，故稍经雨雪，易致渗漏霉烂。兹悉易以□瓦、筒瓦，不用灰土即遇暴雨烈风一时不致损坏，而后修葺者易为力焉……”[①]。从这段史料中可知，明清时期由于信江流域烧砖技术不发达，导致砖望板价格高昂，难以广泛推广开来，所以大部分的传统建筑使用的还是木望板。清代中期以前烧制的瓦多为小瓦。小瓦铺设的屋顶在雨季和冬季化雪的时候，导致雨雪渗入屋瓦下方，进而引起木望板的霉变朽坏，所以清代晚期以后干脆抛弃了木望板上加灰层再挂瓦的做法，并将小瓦改为大瓦、筒瓦直接搁挂在椽子上，从而形成了“冷摊瓦”的做法（图 6-26）。这种做法经济、间接，并便于修理，十分适应于信江流域雨水多的气候特征，且具有屋顶重量较轻，防震性能优良的特点。

砖望板屋顶　　冷摊瓦屋顶

图 6-26　屋顶架设瓦面方式
（图片来源：自摄）

① 铅山县志．卷九．学校．学宫．十五．刻本．清同治．

在玉山一带瓦的烧制技术进一步发展，出现了有釉面瓦和无釉面瓦。无釉面瓦在铺设屋顶的时候用于覆盖，有釉面瓦则仰置铺设以利于屋面排水。

2. 石材的防潮技术与构造

信江流域用于建筑建造的石材种类主要有红砂岩、花岗石、青石和鹅卵石。红砂岩主要产自丹霞地貌地区，是信江流域最为常见和常用的建筑材料。在清同治《上饶县志》中云："……青石出北乡郑家坊，石坚而润，可充碑碣之用；绿石出南乡石溪山中，色微绿，可充阶级柱础最耐久；红石性松脆，不耐久，土人以价廉工省，取无禁，用不竭，沿河水口受伤实多，当事常出示禁止"①。

红砂岩的防潮处理一是空斗石墙的做法，其目的与空斗砖墙一样在于防潮和改进墙体的热工效应（图 6-27）。空斗石墙所用石材材质有青石，也有花岗岩和红砂岩，尺寸规格都往往比较大，大约在 2100 毫米 ×485 毫米 ×99 毫米的尺寸上下。空斗石墙的砌筑方式与青砖空斗墙的砌筑方式一样，从一眠一斗的石材砌筑样式到无眠放石材的全斗墙样式都有。这些石材空斗墙依旧会在中空部分填充泥土或草泥去改善墙体的热工性能和坚固度。

图 6-27　信江流域民宅中剖开的红石空斗墙做法
（图片来源：自摄）

信江流域用于建筑外围护结构的材料主要有木材、生土、鹅卵石、青石、青砖、红砂岩、竹篾等材质。红砂岩本身质地较为疏松，毛细作用十分明显，当用于建筑基础的时候，冬季雨后土壤中潮湿的水分会通过孔洞进入红砂岩内部，并随着昼夜间温度的下降冷凝在其中，导致红砂岩风化和崩坏。同样，由于木材中的木纤维吸水性能和生土的毛细作用也都很强，例如生土墙可以通过毛细作用将土壤中的水分提至高出地面 2.5 米以上的区域，因此木板墙和夯土墙的防潮设计如果不到位的话，墙面十分容易变得霉烂、腐朽、崩坏而受损甚至被破坏。

对于墙体的材料防潮设计上，信江流域的人们有三种处理方式：

一则是对建筑基础进行防潮处理。用小块的鹅卵石、碎花岗岩铺设墙体基础和台基基础，在碎石基层上再以大块石材构建墙体、建筑台基的地面部位。这是由于在春

① 上饶县志．卷十．土产．十七．刻本．清同治．

夏的雨季，雨后的土壤在过水后会形成通往地表的毛细管，土壤中大量的水分通过毛细作用进入砖石等材质的内部缝隙之中，造成墙体的潮湿与崩坏。小块的鹅卵石、碎花岗岩垫层可以破坏土壤与砖石之间的毛细作用，将墙体、台基与饱含水分的土壤隔绝开，从而保持墙体与台基的干燥。

二则常用石质的或砖制的空斗墙作为建筑的外围护结构，其防潮原理就在于人们使用青砖、花岗岩、青石等表面致密的建筑材料构成建筑的外表面，使得潮气难以扩散到墙体的内部，从而实现建筑墙体的防潮目的。

三则是以石墙裙这一较为考究的做法来实现墙体的防潮处理。由于建筑墙体等围护材料的受潮类型分为两种：表面受潮和内部受潮。高水蒸气含量的空气在接触到材料表面时，如果达到其露点温度就会液化析出水分，假如此时建筑墙体是由青石板、青砖之类本身致密的材料建成的话，就会因吸湿性能较差，使得析出的水分被阻隔在材料表面之外形成结露，这即是建筑材料的表面受潮。

建筑墙体表面受潮会使建筑的保温功能、除湿功能和墙体物理性能受损：一是潮湿的材料表面会增加材料的导热系数，从而导致建筑的保温功能大幅度降低；二是材料的呼吸作用会因材料孔隙被结露而成的水分堵塞而降低，使得建筑墙体材料的吸湿作用和失湿作用失效，无法将建筑室内的潮湿空气顺利排出；三是在冬季建筑墙体表面如果受潮，析出的水分会因温度下降凝结成霜或冻结成冰附着在墙体表面，水固化成霜或冰后的体积增大，导致材料发胀、变形、崩坏。所以在冬季，青石、青砖等材料往往由于表面受潮，遇到气温骤降，造成崩坏而风化，因而在墙体外再设石墙裙也是保护墙体的有效方式（图 6-28）。

3. 木材的防潮技术与构造

穿斗木结构的榫卯设计本身对潮湿气候有着较好的适应性：当榫头插入卯孔中后，榫头遇水会开始膨胀，从而对榫卯结构周边进行挤压，导致榫卯结构越卯越紧，进而增加穿斗式木结构的整体刚性。但如果地基没有处理好，会导致建筑基础会不均匀沉降现象的发生，木构架会整体跟随基础形变、下沉，并被拉拽而变形，导致柱子、穿枋、排架以及榫卯节点发生破裂、倾斜、变形，甚至使得木结构整体被毁坏，建筑物发生坍塌。再者由于信江流域的雨季绵长，雨量充沛，木材经常处于潮湿的空气之中，加之地面雨水反溅或是对于土

图 6-28　鹰潭西门杨碧村石墙裙的做法

（图片来源：自摄）

壤中的水分虹吸作用，木材十分容易受潮充分，使木材局部达到或者超过一定的含水率，进而产生木腐菌，或是因为潮湿而导致木纤维密实度降低，木材出现“软化”。木屋架，尤其是木柱一旦“软化”，建筑整体的穿斗结构就会发生侧倾，成为危房。且木构件在受潮之后会发生收缩、挠曲和变形，在冬季一旦再遭遇到寒冷空气影响的话，木构件就无法再恢复成原有形状。而且木材表面霉坏腐烂，会影响室内的空气质量，因此在建筑的底部做防潮处理是信江流域常见的木材防潮措施（图 6-29）。

图 6-29　霞坊村民居中的木櫍柱础

（图片来源：自摄）

竹篾编制的“篾板”一般用生土、石灰等材料将其表面抹平、光滑。石灰层因其良好吸潮性能可以在短时间内抵御建筑外部的潮气，但当墙体的石灰层含水量一旦达到饱和，水分就会渗入石灰层覆盖下的生土层，再透过竹篾的间隙、生土层、石灰层进入建筑室内。这样各种受潮后的外围护结构最终都会在材料的内外表面各形成不同程度的破损开裂、崩坏，久而久之使得民居外墙不仅破损开裂，甚至导致坍塌而仅剩下建筑的承重结构。

4. 土的防潮技术与构造

在信江流域，生土主要使用在夯土墙和夯土砖两个方面。江西境内夯土墙的历史悠久，自唐代始，北方传入的夯筑技术在江西逐渐成熟起来，“版筑”的夯土技术在民居营造中大量用于墙体，有时生土中会加入部分黄泥、石灰以增加土墙粘结力。而夯土砖在信江流域称为土坯砖，制作方法为用土加水拌入干草和成泥浆，再把泥浆灌入模子，待凝固后取出，置于阴凉通风处阴干即成土坯砖。无论是夯土墙还是土坯砖，信江流域地区使用的原料都是生土。生土的隔热性能并不突出，因此当夯土墙厚度受限时，干草、稻草等自然纤维材料作为隔热材料与夯土结合形成复合型墙体，使得外墙获得兼具优良蓄热和隔热性能的节能效果。

夯土墙体和土坯砖建造屋由于土壤的热工性能上易蓄热，但传热性弱，所以室内温度不易流失，冬天屋内比较暖和；在夏季，则由于墙体厚实，太阳无法穿透墙体，屋内因而阴凉，没有酷热难耐的感觉。另外砖石等致密性材料的储湿性能不如夯土，因此砖石结构的建筑对于建筑内部空气湿度的调节能力不如夯土建筑。当建筑内部空气湿度较大时，夯土墙可吸附一定量的水蒸气，使得室内空气湿度降低；当建筑周围的空气较干燥时，夯土墙又可以释放出部分水蒸气，提高室内空气湿度，在整体上使得室内湿度维持在较为稳定的水平，有利于建筑室内居住环境舒适性的维持。相较土坯砖墙体而言，夯土墙多受民居住宅欢迎，这是由于土坯砖墙体密封性差，不如夯土墙，土坯砖之间的缝隙易被老鼠挖掘、扩大，从而使得鼠类蛇蝎恣意进出。所以土坯砖的墙面必须做好粉刷层，用于填补砌缝，否则就多用于附属性服务用房。再则，夯土墙的整体自立性较好，可以用于外墙承重，而土坯砖只能用于填充木构件之间的空隙，不能用于承重。

一般来说，建筑材料对湿空气的吸湿和失湿，被视为建筑材料的“呼吸作用”，关系到建筑物室内空气湿度的变化，有助于干燥的居住环境形成。吸湿能力是指由于材料表面温度相较空气中温度低，潮湿空气在建筑材料表面结露，并通过材料的毛细作用可进入材料内部。失湿能力则是指当空气的温度高于建筑材料温度时，材料内部的水分在热力作用下向外部干燥空气一侧移动，并以水蒸气的形式通过材料孔隙挥发出去，从而使材料内部变得干燥。材料自身的吸水能力是影响材料“呼吸作用”的一个重要因素。

由于吸湿能力，当建筑材料内外存在温度差与湿度差时，空气中的水分会因热力牵引和水蒸气压力差的作用而逐渐进入材料内部，最终以液态水的形式停留在材料内部，直至达到平衡状态，这即是材料的内部受潮现象。

材料内部受潮会对建筑造成严重的危害，危害一在于水分进入建筑材料内部，会导致材料的导热系数增大，引起材料热工性能的改变，降低建筑的保温效果；危害二在于材料内部的水分会引起材料腐烂、霉变，降低建筑结构强度和使用寿命；危害三在于气温的变化会导致材料内部水分因汽化或固化作用而增大体积，导致材料内部结构变形，建筑材料和结构开裂、变形，危害建筑的结构安全。这也就是为什么在信江流域夯土墙寿命不如空斗青砖墙的原因。

另外，生土墙作为一种多孔疏松材料，由于其毛细作用能力强，因而具有较好的吸水能力，能将水分吸收入生土墙体内部，保持墙体外表面干燥。在潮湿的雨季，生土墙体内的水分，多是从表面经生土材料的孔隙扩散到内部去的；而在干燥的夏秋之际，由于空气的相对湿度降低，生土墙体内部的水分就会在热力作用下挥发出来，使得墙体内部重新变干燥。而外表面结构致密的砖石等建筑材料，由于空气中大量的水蒸气不能进入材料内部，所以会在材料的表面析出、结露，形成水滴。这也是信江流域人们认为夯土墙结构的建筑其居住舒适度要高于砖石构造的建筑原因所在。

信江流域盛产石灰，烧制石灰历史悠久，自宋代以来，信江流域就有人以柴草作燃料，在地上挖掘地槽，一层石灰石一层柴草烧制石灰。明洪武年间，信江流域从安徽工匠处学得新的技术，改槽烧为窑烧，清代以后，信江流域石灰生产发展迅速，据清雍正版的《江西通志》记载，上饶地区在清代已是江西省重要的石灰生产地区。在清同治三年（1864 年）上饶四十八都一地，就建有石灰窑十余座，每窑 7 天就可烧制石灰1万斤[①]。石灰的大量生产，使得信江流域三合土在建筑中大量使用，特别是地面的三合土处理技术，保证了建筑的防潮防虫能力。

6.3.1.2　建筑顶层、底部的通风防潮构造

通风，就是为获得卫生、安全等适宜的空气环境，人们采用自然或机械方法，使风不受阻碍地穿过房间，到达密封环境内的技术。以通风的方式达成防潮目的，对于建筑来说有两种方法，一是采用自然通风手段，使建筑物处于迎风面来加强通风效果，让气流带走建筑表面湿气。或是让建筑物远离湿气较大的风，从而避开潮湿空气的影响；第二是采用人工送风和排风手段，用新鲜干燥的空气置换室内的潮湿空气，提高建筑物内部的空气质量。

信江流域的传统建筑通风方式主要是依靠自然通风。一层建筑的房间，地面多用架木抬起，在木地板与地面之间形成空隙间层，用于释散潮气；在建筑二层，一是在外墙上设置通风孔，以便驱散潮气，二是在朝向天井的厢房上方设置开敞的敞窗，与外墙的通风孔形成对流空气，用于驱除二层阁楼的潮气和热空气（图6-30）。因此信江流域的传统民居建筑多有通风、通气效果好的特点。

为防止储存的籽种、粮食发潮、发霉、变质，在粮仓的通风处理上，则注重粮仓底部的通风效果，或将粮仓底部架空，或在底部设通风孔，从而达到粮仓内部通风干燥的目的（图6-31）。

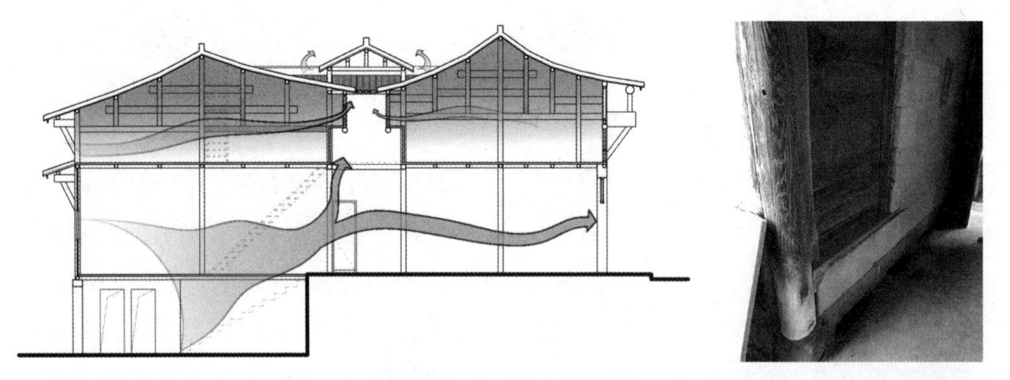

图6-30　信江流域集镇聚落中传统旱天井建筑中的通风设计（图片来源：自绘）

图6-31　石质谷仓的底部通风孔（图片来源：自摄）

6.3.1.3　檐下空间的通风防潮利用

信江流域的建筑檐下空间不仅仅是重要的劳作空间，也是重要的储物空间。农家通过挂、架、靠的方式将檐下空间在垂直方向上进行利用，用于农具的储放、保养，

① 上饶县县志编纂委员会.上饶县志[M].北京：中共中央党校出版社，1993：116.

农作物的储藏、干燥（图6-32）。

图 6-32　檐下空间通风储物利用
（图片来源：自摄）

架，这一储放方式主要是对檐下空间的上部空间进行利用，由于这一区域与屋顶之间的尺度较近，遮阳性较好，所以一些不便于日晒又需进行风干的物件的干燥性储放往往就在这一区域中进行，一些形态和尺寸细长的物件架也往往搁在屋架的穿枋与穿枋之间进行通风晾干。例如农家往往将采购的木材也搁置于屋架的穿枋与穿枋之间，进行木材的干燥处理，同时也利于免除太阳直接照射导致的木材变形，或者将细长而结构复杂精密的水龙车搁架于屋架之间，进行干燥，并可避免日照引起的木部件变形。

挂，主要利用的是檐下空间的中段部分，由于其良好的日晒条件，也是利用率最高的空间部位。农家往往在此设置挂架，用于悬挂储放大量的锄头、耙子等农具和诸如玉米、辣椒等农作物，菜干的晾晒也都是在这个部位进行，同时也是雨天晾晒衣物的区域。

靠放，多是大件的农具进行储放的方式，诸如扇车、打谷机、鸡公车、竹晒席等农具。这些农具的结构往往较为粗大、结实，不太惧怕日晒造成的变形。

乡村聚落中，主屋山墙挑枋以上多不封板，裸露柱枋、挑廊，敞开厅堂。这些通透的空间处理方式和手段均有利于形成当地所谓的“通气”通风效果，也在建筑的整体造型上形成了轻盈、通透、秀美的建筑风格。

建筑厅堂位置的层高较高，热空气聚集在屋脊处，此外，高大而深远的厅堂往往会形成浓厚的阴影区域，也便于通风、通气，使得厅堂的气温下降。再则，在建筑厅堂位置的层高较高处，热空气会形成空气隔层，使厅堂的气温在夏日不至于升温过快。

6.3.1.4　向阳加热防潮

由于信江流域春夏之际的高温多雨，日照除了是建筑自然采暖的重要手段以外，也是进行除潮、除湿的重要途径。因此，在信江流域，人们将建筑主方向迎向最具日照效果的东南方向，使建筑得到尽可能多的热量，从而排走屋内囤积的湿气。出于生产安全的考虑，乡村聚落中的人们除了多注重谷仓的通风以外，还将谷仓多布置于能够在一段时间内为太阳所照射得到的后部房间，以便于用阳光的光照维持室温与干燥，防止粮食与籽种的发霉变质，保证生产资料储存安全。

6.3.1.5　屋檐的避雨防潮

防雨主要依靠出檐深远的结构。对于信江流域的人们来说，山墙面的墙基与建筑正立面方向屋顶檐口的滴水位置标识着自家建筑基地的位置所在，故信江流域有“屋檐宁飘一丈，滴水一寸不让”的说法。山墙屋檐外挑则是三个椽距，最多不能超过四个椽距。

为了不让雨水飘落在木结构以及墙基上，信江流域建筑多为四面出挑深远的悬山屋顶样式，少部分房屋使用歇山顶样式，出挑深远的屋檐与墙体顶部交接处形成深深的阴影区，梅雨季节湿热的空气便会在屋檐形成的阴影下遇冷结露，在一定程度上能够减缓潮湿空气进入二层阁楼室内的速度，保证阁楼中存储物品的干燥。

在集镇中出挑深远的屋檐左右彼此相接相连，与檐下的台基一起形成连续的风雨街廊，既能防止屋面雨水飘入店铺室内，也能防止街道上的雨水溅落店铺室内。在屋面的排水组织主要集中在天井周边的檐口部位，雨水沿屋顶流入檐下横向放置的竹枧、木枧中，然后通过中空陶雨水管排到天井中（图 6-33）。

6.3.1.6　排水通畅防潮

雨水在建筑周围的长期囤积会形成对建筑基础有害的高湿环境。在信江流域地区，建筑基础部分的红砂岩、青石或花岗岩质地的台阶、柱础、门槛石、压槛石等石质建筑构件若被露水、雨水、雪水打湿浸透，在冬季石质构件就会因石材内部、构件缝隙之间的水分结冰而导致崩坏。且红砂岩、青石或花岗岩等石材被打湿后，会因温度的变化导致石材内部水分挥发速度不同而发生不均匀膨胀，致使石质建筑构件发生变形、断裂等问题，青苔等喜阴湿植物在石质构件裂缝处的生长则会加速石材的崩坏。因此要保证建筑石质基础的干燥，就要营建好建筑基地的排水系统，通盘考虑天井和周边排水沟渠的关系设置（图 6-34）。

图 6-33　河口古镇陶雨水管

（图片来源：自摄）

图 6-34　天井与检修排水沟、检修孔设计

（图片来源：自摄）

6.3.2　建材选择适应运输方式

由于信江流域的山地面积约占流域面积的 40%，丘陵面积约占 35% 左右，所以当地稻作生计方式有着明显的山地梯田稻作农耕模式的特点，以肩挑为主的运输方式是其生计方式的重要特征之一。在信江流域，扁担与独轮车是其陆地运输的主要工具，但正如宋应星在《天工开物 · 舟船》中所谓的："其南方独轮推车，则一人之力是视。容载两石，遇坎即止，最远者止达百里而已。"[①] 独轮车在山地为主体道路崎岖不平的信江流域并不是各处都可以通行的，而水上运输也同样受到河流运输范围的限制，因此在建筑的营建技术中，匠人们不得不考虑本地的运输情况能给自己带来的工具与材料，以及相应的技术选择范围。也就是说，建筑的营建技术体系不得不去考虑与当地生计方式的适应性。

1. 首先表现在建筑材料的选择上

在信江流域，地处于拥有较好的航运条件和经济条件的滨水聚落，其聚落内部的高质量民宅往往好用尺寸巨大的整块的青石材料。虽地处山区，交通不便，但具备较好经济条件的聚落，依然可见青砖与当地大块的石材（诸如花岗岩等）作为主要建筑材料。山区中的普通民居则往往是以夯土墙、木墙作为建筑的营建材料。

在农业经济条件下，对于一户人家来说建造房屋是件非常重大的事情。对于信江流域的人们来说，在自己手上新建一栋住宅是人生重要的任务之一，往往需要以大半生的时间来准备和实施。因此如何最大限度地节约成本，达到最佳的经济性这些重要因素是房主必须要考虑的。建筑材料运输费用占据了营建房屋所需费用中的很大一部分比例，特别是在信江两岸的山区地带，交通不便会导致建筑材料运输费用的上涨。故而乡村聚落中民居外墙建筑材料的选择必须与聚落本身的交通条件关系相适应，为节约成本要尽可能使用聚落周边的建筑材料。

以竹材的运输为例，在调研中灵山水晶村的村民就竹材运输给笔者算了一笔账：当地成材的楠竹市场收购价为 0.5 元每根，雇佣工人将竹子从竹林搬运到山下的工钱是 100 元每人每天。水晶村地处灵山海拔 415 米位置左右，离最近的山区公路海拔高差在 90 米左右，虽有宽度不足一米的石径小道沟通山村与公路上下往来，但车辆无法进入山村，竹子的搬运全靠工人肩扛手拖。每个工人每次大约只能拖动楠竹 4 根左右，上下一趟需 25 分钟左右的时间，要使工人搬运的竹子价格等于工人的工钱，工人最少要搬运 33 趟，也就是说工人需要在一天内进行 13 ~ 14 个小时的竹子搬运作业，雇主才不会亏钱。面对如此高强度长时间的工作量，工人们是不能接受的，所以水晶村的

① 宋应星 . 天工开物译注 [M]. 上海：上海古籍出版社，1998：302.

竹林生长茂密，却无人乐意去开采、砍伐、销售。

竹子如此，木材、石材和砖瓦等建筑材料更是如此，如不注意把控，木材的运输费用往往会超过木材本身的价格。所以在山地聚落中，大多数家庭经济不是十分宽裕的情况下，对于建筑营建的材料就近进行选择是十分明智的事情。在这个意义上，建筑材料就地解决是山地地区人们营建聚落最为经济的方式。所以相较于丘陵与河谷地带的聚落，信江流域山区地带的聚落其民居在建筑材质外观上会呈现出更多的多样性来。

信江流域山区地带山高水长，河流湍急，难以行舟，山区聚落的居民到山区外多依靠步行。山区地带，道路狭窄，且平地难得，所以耕地面积变得十分珍贵，人们是不太愿意将自家田地的田埂让出来成为公共道路的，宗族安排下在稻田中延伸的主干道路往往只有一米左右的宽度，这也就意味着人们在山区中营建住宅的时候，各种建筑材料的运输多要依靠人力或畜力才能得以进行（图 6-35）。所以在营建技术上匠人们和房主必须考虑如何经济地将建筑材料从产地运送到住宅基地上。从这个意义上来说，选择粗大的木料和大块沉重的青石，以及从山外平原地区运来烧制的青砖、布瓦来建造房屋，这是房主人经济实力绝对的体现。

2. 其次表现在对建筑结构与构造的选择上

穿斗式屋架由于用料少，所以在运输木材的时候就相对节省运输成本。在山区，为了能够节省运输成本，许多住宅会在外墙建造材料上进行替换，替换的材料往往结合建筑基地周边具体情况进行，如果周边石材资源充裕，就会选择石材作为外墙建筑材料，且石材的大小形状与运输手段结合紧密。如果基地周围石材匮乏，就会使用夯土墙作为外墙建造材料。是以红壤、黄壤，还是水稻土作为建筑外墙，就需依据本地土壤资源状况具体而定。石材的外墙做法上，会简化建筑穿斗木结构，或是将柱子的底部取消，只保留穿枋以上的木构屋架部分，或者是干脆将外墙的两榀屋架直接取消，将檩子直接架在石外墙的顶部。

图 6-35　漏底村村民运瓦方式
（图片来源：自摄）

6.3.3　适应稻作经济劳作模式的营建互助机制

水稻的种植需要群体的协作。出于灌溉稻田需要大量持续水源的要求，在水稻种植区域人们要相互合作建立完善灌溉系统，而且在灌溉稻田时需要彼此稻田间的协调。且稻作生产是一种劳动密集型的生产方式，对于农时和气候的要求极高，同时集体的协作是水稻生产必不可少的生产方式。从水稻的插秧、除草、灌溉和收割等各个方面都需要集体的协作才能够完成。这种集体的生产方式在乡村聚落的内部形成了彼此协作与合作的人际关系。这种关系也渗透到乡村聚落中人们的各个生活方面，在住宅的营建方面也不例外。

在匠人的选择上，信江流域的匠人们大致可以分成两个群体：一是本地匠人，这些匠人多为兼职，平日从事其他营生，需要的时候被业主所雇佣；再一个是四处跑江湖的外来匠人，这些匠人四处打听哪里有生意，主动上门揽活。相较而言本地工匠的平均水平低于外来匠人，但胜在工钱便宜。而外来工匠多有成熟的班子相互配合，专业技术人员多，所需要的工钱也较高。外来工匠在建造中注意炫技，以便宣传自己的技术，好多招揽生意。

不同的匠人群体导致了在民居建筑营建技术体系的差异。外来匠人多受雇于富裕的乡绅、商人，营建建筑的时候多在基地附近挑选空地建立独立的木工房，所有建筑构件需在木工房制作完毕，再挑运到施工现场安装。建筑构件的制作多是师父带徒弟式的制作方式，安装也不太让外人插手。但在乡村聚落中，居住空间的主体建设者是农户本人，并非大户人家，经济性永远是农户在建设住房时要重点考虑的，因此不会去刻意雇请特别优秀的匠师，而多在本地雇请技术中等的匠师。所以乡村聚落中，匠师多为本土人士。其中由于本地匠人是最为大多数的民居建筑营建主体，其工作范围最为广泛，所以相较而言其技术体系与当地的生计方式的生态适应性有着最为密切的联系。

信江流域的传统建筑业从行业规则上来说，匠人们的工作内容彼此划分清晰，无特别情况不允许其他匠人介入自己的工作内容，即便是帮忙也不行，以免未来发生纠纷时无法辨清责任。在修建房屋的时候，匠人的人数是有限的，因此在乡村聚落中营建民居住宅的时候，需要在工匠的指挥下通过邻里的相互帮助才能将上梁、搭架、运砖等粗笨的力气活完成，《怀玉山志》中记载："山多蓬居。其制：先得山上采木，次延工匠斫料；择日兴筑，则鸠集各蓬，众举其事，是兴工之日，即落成之时。酬以酒肉，彼此相易，不告劳，亦不见德，颇有古风。至丧葬、嫁、娶，大概易事通功，以俗无费繁云"[①]，虽然文中所记载的是以茅草为屋顶的民居样式，但在信江流域的乡村聚落中，邻里之间在建房时的互助关系，一直到今天还在延续着。

由于农户住宅只是为了在有限的经济成本下建成满足生活、生产的住宅建筑，因此建筑本身很少会关注装饰性的行为。更多的是考虑建筑的合理布局、结构与材料的成本关系。在技术上也多考虑成熟的技术和对于基地不足之处的合理处理。加之需要邻里的帮助，所以技术体系不能过于复杂，技术要简明，对不具备行业背景和技能的

① 朱承煦，曾子鲁．怀玉山志．卷一．土产民风 [M]. 南昌：江西人民出版社，2002：707.

左邻右里们能够简单说明，或者让他们一目了然地理解匠师的意图，否则会增加不必要的技术沟通麻烦。因此在许多营建的技术选择上，不以精巧为能事，而是以简明有效为目的。

由于本地匠人的平均技术水准低于外来匠人，再加之受雇对象多是本地普通百姓，所以营建技术的经济性是本地工匠的最大优势。相较于外来匠人的精细化、高成本化的营建技术特点，本土匠人在营建技术上明显地具有以简驭繁的特色，主要体现在以下几个方面：

1. 除少数关键技术外，多数技术简便易学。

由于信江流域的乡村聚落中存在着邻里的互助式营建习俗，为适应这种习俗风气，所以匠人在营建建筑的时候，尽量按照当地人们都熟悉的传统样式进行建造。这样就可以在建造房子的时候，村民们依照共同的建筑心理图谱，在本地匠人的指挥下，能够很好地相互配合，保证建筑施工的顺利进行。同时，为了保证村民们能够有效地配合匠人的指挥，所以在具体营建活动中，匠人们除关键性的技术掌握在自己手中外，会尽量选择简单的，便于现场传授的技术来指导村民。

2. 了解本土材料特性，能够就地取材。

在信江流域，外来匠人多受雇于富裕的乡绅、商人，所以面对的建筑材料往往是较为昂贵的，甚至是不惜工本，从外地购运的石材、木材和砖瓦，建筑的营建材料质量和性能变化范围相对较为稳定。而本地普通百姓家庭的经济实力有限，所以只会在建筑重要部位使用一些昂贵的建筑材料，其余部位便使用低廉的建筑材料，如生土、茅草、竹子、鹅卵石、碎石等进行建造，所以本地匠人要应对各种质量参差不齐、性能多样的建筑材料，进行处理和组合。这也就使得本地工匠往往需要具备对这些本土低廉材料性能的深入了解，能够就地取材来解决建筑营建中遇到的多种问题。

3. 建筑结构简化，考虑建筑的有效寿命。

富裕的乡绅、商人由于经济条件好，建筑规模大，对于建筑质量要求高，除在商业建筑上有时间限制以外，对居住建筑的营建时间多不催促，以求建筑质量保证，所以在居住建筑上，外来匠人一干三五年的情况是较为普遍的。但在普通百姓家庭中，对于住宅的建设工期往往是要求十分紧迫的，大多数情况下，普通民宅在三五个月内就需要建成，其中在现场组装木构件的工序在几天之内就要完成。因此对于本地匠人来说，建筑的效率是必须被考虑的，结构简洁、施工方便的建筑方式是其最优的选择。例如在信江流域的不少民宅建筑中，辅助用房，甚至主屋的屋架在与外墙结合的时候，往往将外墙处的木柱结构与铁壁虎等构件省略，直接埋入夯土外墙，或是直接架在石质外墙的墙头上，利用夯土墙或石墙本身较好的直立性来承接屋架的重量。结构简化自然使得建筑的施工周期被大大降低，虽然建筑的生命周期会受到影响，但考虑到信江流域农民们都会在自己有生之年建造一座住宅的传统习俗，所以匠人们认为，只要保证建筑在 50 ~ 70 年之内的寿命即可，无需过于追求世代相传的永久性。

4. 工具简单，一物多用，便于携带。

由于本地匠人多是兼职，居住地离雇主家多不远，平日也从事其他营生，所以经常需要在工地与家乡之间往返奔波，而在木工的传统习俗中，诸如斧子、墨斗等不少工具必须随身携带，不能留放于主人家或工地上。因此本地匠人在工具上往往强调一物多用、便于携带，以便减少所需携带的工具数量，并以个人技巧来弥补因工具数量少而造成的不足。例如本地匠人常用的尺子样式大致有五尺木尺、直角尺和折尺三种，其中五尺木尺的作用除了作为测量用具外，还被匠人作为扁担使用，用来搬运工具。

5. 度篙制度简洁。

信江流域匠人所称的度篙，即为北方匠人所称的丈杆。丈杆是用于建筑大木制作和安装时使用的一种既有施工图作用，又有度量功能的特殊工具①。度篙多由断面为 4 厘米 ×6 厘米矩形的杉木制成。度篙四面按照一定的秩序标识反映建筑开间、面阔、进深、构件高低安装尺寸的数据，且这些尺寸在垂直高度上多是按照等比例尺寸纪录的，具有指导施工的施工图作用和检查建筑构件尺寸与安装准确与否的作用，需仔细保管不能丢失。度篙根据建筑的规模不同而有多根。由于在垂直尺寸上是等比例绘制，在邻接信江流域东部的闽北地区，其度篙的长度要求长于建筑最高的中柱尺寸，所以在存放和搬运的时候颇为不便。而信江流域的本地匠人在使用度篙时，如果是在营建精度要求不高的普通民宅时，就会将度篙下部截短五尺以便于度篙的搬运与存放②，使用的时候再结合五尺木尺来配合使用。虽然在建筑构件的精度上有所下降，但便于建筑木构件的制作效率提高。

6.4　小结

在建筑单体与建筑营建技术层面上，信江流域稻作生计方式所衍生出来的其他家庭生产活动，需要民居建筑在平面与样式以及结构上予以适应性建构。农耕时代的民居建筑平、立面关系以及技术系统，不仅仅支持着人们生活与居住的生态性与舒适性，也支持着人们日常生产环境的生态性与适宜性。

信江流域乡村聚落中，独栋式建筑是聚落的主体，其样式能够在一定程度上对当地的气候关系予以回应与调整。信江流域传统稻作经济生计方式下形成的家庭手工业、副业生产活动要求民居建筑在平面、结构上予以适应性建构；并对“雨热同期”气候导

① 马炳坚 . 中国古建筑木造营建技术 [M]. 北京：科学出版社，1991：135.

② 由于建筑的墙体和柱子靠近地面五尺的高度上多无重要的建筑构件安装，所以在这个范围内无重要数据。

致农产品存储易受潮发霉的问题予以解决，从而形成乡村聚落建筑样式与聚落生计方式之间的生态适应性。

对于信江流域的集镇聚落而言，“雨热同期”气候特点下因潮湿而影响到茶、纸等货物的储藏问题，同样要求集镇聚落内部的建筑在平面、立面、采光结构的营建上做出生态性回应，使得聚落内部建筑能够在商业经济文化与自然环境之间形成生态适应关系。

在建筑技术体系上，信江流域稻作经济生计方式影响下的协作机制和流域内部的交通运输特点，使得本土匠人们不得不考虑建筑的营建材料、技术体系与环境之间的生态适应性关系；信江流域特定的交通条件下，在稻作经济生计方式的协作机制基础上形成了：多数技术简便易学，就地取材，建筑结构简化、考虑建筑的有效寿命，工具简单、一物多用、便于携带，度篙制度简洁的营建技术特点。

本章结构图

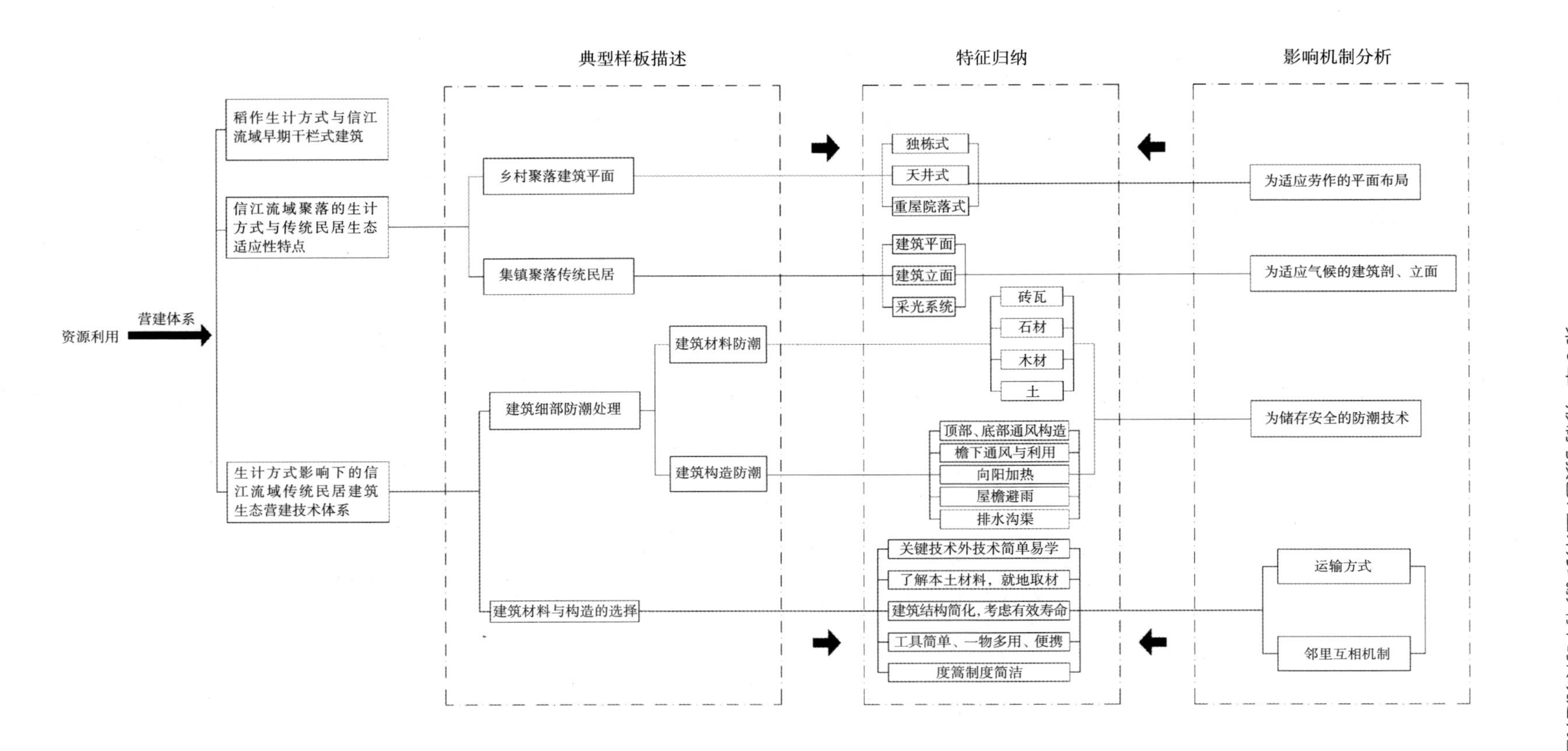

典型样板描述
特征归纳
影响机制分析
资源利用
营建体系
稻作生计方式与信江流域早期干栏式建筑
信江流域聚落的生计方式与传统民居生态适应性特点
生计方式影响下的信江流域传统民居建筑生态营建技术体系
乡村聚落建筑平面
集镇聚落传统民居
建筑细部防潮处理
建筑材料防潮
建筑构造防潮
建筑材料与构造的选择
独栋式
天井式
重屋院落式
建筑平面
建筑立面
采光系统
砖瓦
石材
木材
土
顶部、底部通风构造
檐下通风与利用
向阳加热
屋檐避雨
排水沟渠
关键技术外技术简单易学
了解本土材料，就地取材
建筑结构简化，考虑有效寿命
工具简单、一物多用、便携
度篙制度简洁
为适应劳作的平面布局
为适应气候的建筑剖、立面
为储存安全的防潮技术
运输方式
邻里互相机制

第7章 结 论

7.1 研究成果

本书以信江流域传统聚落为研究对象，在广泛的资料收集与大量田野调查的基础上，立足于信江流域传统聚落对自然资源的需求差异与利用方式差异，通过对聚落环境择址、空间肌理形态、环境营建观念、建筑形制及营建技艺四个环境营建活动内容的生态适应性特征总结，就生计方式这一非物质动因对聚落环境生态适应性特征的作用及其影响机制展开分析与研究。

7.1.1 生计方式影响下的信江流域传统聚落营建活动生态适应性特点

传统聚落生态适应性特点受到当地集约型农业经济文化的直接影响。信江流域传统聚落生计方式是以稻作经济为主导，辅以林业经济及商业经济所构成的；在这种生计模式下，信江流域传统聚落营建活动的生态适应性具有如下特点：

1. 聚落的择址特点：稻作经济主导下的信江流域乡村聚落，优先考虑结合“水、土”等稻作生产所需资源，在争取最大耕地面积这一目的指导下，以集村、居坡、“惜水土、重朝向”的择址次序，形成了“林池相伴”的聚落环境模式。而林业经济主导下的乡村聚落，在择址要素上则更加注重林木和水源等资源要素，以“林”“水”“热”为主导资源，并依据耕地的碎块化特点，结合“惜水、爱林、垂直布局”的择址次序，形成了居于林地与耕地之间的山地村落“近山林远河谷”的聚落环境模式。

商业经济作为主导生计方式的集镇聚落更关注自然环境的交通条件，以“崇山、遵水”为原则选择所需的自然资源类型，结合以便于交通为目的的“处众水聚处”择址次序，形成了“山水交汇”的环境结构模式。

2. 聚落的空间形态特点：信江流域以山地丘陵为主导的地形地貌条件的限制，使得在丘陵地带主导生计方式的稻作经济对土地、热资源的需求超越对水资源的需求。因此大多数乡村聚落依土地功能进行“分区布置”“集中经营”，以集村模式进行组织，使得村落的土地利用适应于丘陵地区的土地资源分布条件和丘陵山体的热资源分布条件，因此在村落空间形态上呈现出致密的面状肌理、街区集中布局、纵巷组织的路网结构等特征。

山林经济的多样化经营思路，要求村落的土地经营克服山地地区日照不足带来的热资源相对匮乏的问题，从而导致了该生计方式主导下的乡村聚落以散村模式进行组织，空间形态上呈现出疏朗的面状肌理、地块带状交错布局、横巷组织的路网结构特点，以利于山地地区村落获得较好的日照条件，改良热资源环境，实现山林经济的可持续发展。

信江流域传统集镇聚落以茶纸贸易为核心的工商贸易要求相关行业进行细分和专业化，加之集镇本身因功能定位不同，导致街区以直屋式商铺和天井式商铺为基本要素，并在天井这一建筑空间结构的保证下形成不同面状肌理形式；在肌理的骨骼组织方式上契合聚落的等级关系，在一级集镇聚落中形成了“疏朗包围密集”的“镶边”式的面状肌理组织关系，在二级集镇聚落中形成密度“渐变”的面状肌理组织关系；在路网结构上，一级集镇聚落中以网格化的路网结构保证了街区之间的流通关系，而二级集镇聚落中以“梳状”和“叶脉状”的路网结构保证了物资的单向输入或输出的高效性。

3. 聚落环境生态适应性营建观的特点：信江流域水稻在信江流域日常生活中兼有粮食作物和经济作物的特性，“稻作独尊”的稻作经济使人们形成了精耕细作的生产技术观念，以实现水稻生产的高效，从而使得信江流域乡村聚落中土地经营具有改良性、长期性、计划性、可持续性的特点。同时由于信江流域山地丘陵为主体的地形条件的限制导致的水、土、热等资源在不同地形条件下的分布不均，所以在聚落选址确定后，人们便通过营建活动将聚落内外依旧存在各种缺陷的自然环境进行优化、改造，使之成为适于生产、生活的人工环境，聚落环境正是在营建实践中形成的成果。这种做法被融入当地聚落环境营建观念之中，形成了以改良、加强环境资源效能为目的，以“地力常新壮”“废弃再利用”“用养相结合”“相资以利用”为原则，以稻作经济、山林经济所需的“土”“肥”“热”资源的可持续获得为目标，指导乡村的地形改造、土地改良、卫生设施建设、废弃环境再利用、环境稳定性恢复与可持续性维护、土地多样化经营、微气候调节、水系建设等聚落环境生态适应性营建活动。

信江流域集镇聚落的生存与发展主要依托于运输业和茶、纸贸易，以完善集镇环境的服务功能为目标，在三才思想的指导下形成了“因天”“辅地”“巧工”的聚落环境生态适应性营建原则。

4. 聚落建筑营建技艺体系特点：以维护农作物与商品货物存储安全为目的的建筑防潮处理技术，适应山林经济运输方式的建筑材料选择，适应稻作经济和山林经济的邻里互助营建机制。

本书从信江流域传统聚落的经济文化类型出发，就信江流域的生计方式与传统聚落环境营建之间的生态适应性关系进行探讨，得出相关结论：

信江流域传统聚落在集约化农耕经济文化背景下，立足当地的稻作经济、山林经济和工商业经济等生计方式，以自然资源的获得与利用方式为手段，将生计方式所需的生产要素选择、生产要素组织、生产技术观念、生产技术体系与具体的聚落环境营建活动相结合，形成具有地域特点的环境生态价值观、聚落空间形态结构、聚落环境营建观以及建筑营建技艺体系，使建成的聚落环境与周边自然之间建立了生态适应性关系，实现了农耕文化背景下聚落的可持续发展。

7.1.2 生计方式影响传统聚落营建活动生态适应性的途径

从生计方式影响下的信江流域传统聚落营建的生态适应性特点的分析与总结中可见，生计方式对于传统聚落营建的生态适应性的影响途径主要集中于以下几个方面：

1. 以生产要素选择的方式影响聚落的择址原则；
2. 以生产要素组织的方式影响聚落的空间组织方式；
3. 以生产技术思想的方式影响聚落的环境资源利用观念；
4. 以生产技术需求的方式影响建筑的单体形制与营建技艺。

7.1.3 生计方式对传统聚落生态适应性营建活动的影响作用与意义

7.1.3.1 生计方式对传统聚落营建活动的生态适应性影响作用

本土的生计方式是传统聚落营建的生态适应性形成的根本影响因素。传统聚落建成环境生态性的形成，有着多方面的影响，比如文化层面的宗教思想、社会民俗等；自然因素方面有地形、气候等。但人类建立聚落不仅仅只是为了生存，而是要在其中持续发展。生计方式关系到聚落如何从自然界获得物质资料以及如何利用自然物质资料，并由此产生了一系列协调聚落与所在自然环境之间关系的营建方式。因此相较于其他影响聚落生态适应性的因素而言，生计方式是决定聚落可否存活与发展的根本因素，因此影响到了传统聚落的生态适应性营建的各个层面。生计方式对传统聚落的生态适应性营建具有如下的作用：

1. 生计方式提供了传统聚落的择址要素；

2. 生计方式指导下的生产要素的组织方式对聚落空间肌理形态形成具有决定性影响；

3. 生计方式决定了聚落空间格局的基本结构模式，并以朴素的可持续资源利用方式指导环境的生态适应性营建；

4. 由生计方式形成的聚落产业体系不仅是聚落营建的经济基础，还对聚落营建的建材选择、适应性技术选择以及营建习俗的生态性起着深层的影响。

传统聚落营建活动的生态适应性形成过程中，自然环境、聚落环境、生计方式三者之间形成的关系如图 7-1 所示。

7.1.3.2 生计方式对传统聚落的生态性营建活动实践指导意义

聚落的可持续发展必须以聚落本身的生计方式为参照依据。聚落营建的生态适应性，其根本目的是为了实现人的可持续发展。缺少人类以及罔顾人类发展的环境建设都是没有意义的。

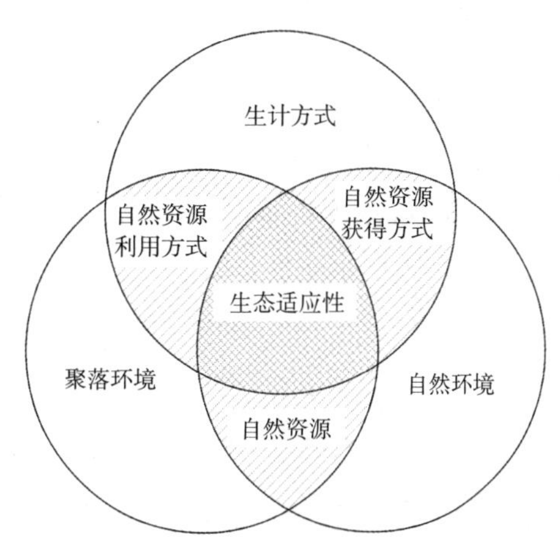

图 7-1 自然环境、聚落环境、生计方式三者的生态适应性关系

（图片来源：自绘）

今天传统聚落作为中国历史文化的“基因库”和都市化背景下的“精神家园”被日益关注，自农耕时代起聚落与自然环境之间建立起的生态性营建价值也被人们所认知。尤其是在今天乡村振兴已经上升到国家层面的政策背景下，传统聚落的复兴和更新在业界和学界掀起了新一轮的实践和讨论。标本式的保护观念忽视聚落自身的发展逻辑，聚落中人们的生活生产被人为固化，不可能真正实现聚落的可持续发展；而盲目拷贝“典型”产业模式进行开发的方法也不适用，这会使得传统聚落趋于形象固化和“千村一面”的困境，进而失去原有的本土特征。例如在信江流域，就已经出现地方政府无视当地乡村山林经济生计方式特点，生硬移植其他乡村成功运营的生态旅游产业，不顾当地实际情况大力推进油菜花农业种植景观，使得当地村民生产生活反受困扰和不便的状况。

生计方式是推进聚落生存发展的基础，生计方式的改变会导致聚落中与生产相关的环境要素的变化，使得原有的环境构成要素的主次关系以及结构关系也随之改变，比如灵山东北麓石人乡南塘村，在生计方式从以造纸为业转向以水稻种植为业后，原有的空间格局就发生了巨大的变化，造纸的池塘群被填埋而成为菜园，再成为宅基地。旧有的生计方式被新的生计方式所代替，从而导致了生态环境的变化。

聚落不仅仅是居住空间，其本质还在于其具有生产的特性，正是聚落的生产特性使得聚落得以生存和发展。聚落环境的生态适应性营建与生计方式之间的内在逻辑是聚落更新与改造的重要依据。因此，传统聚落在今天如何得以可持续发展，必须充分考虑聚落生计方式的演进及现状。

7.2 本书创新点

1. 本书结合设计学、生态建筑学、文化人类学等学科的理论知识，从生计方式的角度，对传统聚落生态性营建的空间要素选择、组织，以及环境营建的观念和建筑样式、技艺体系等方面入手进行分析，就生计方式类型与人居环境生态性适应特征的对应关系进行了梳理、分析与总结。

2. 从自然资源获得与利用方式入手，就生计方式对人居环境的生态适应性特点形成的影响机制进行了揭示；并首次明确指出生计方式是传统聚落营建生态适应性特点形成的根本影响因素。

3. 从信江流域生计方式演化的角度，解释了信江流域当地干栏式建筑消亡、聚落空间及建筑形态演化、营建技术体系形成的原因。

4. 对自然环境、聚落环境、生计方式三者间的生态适应性关系进行了构建，对当下传统聚落、城镇的可持续性设计改造与更新具有现实的指导意义。

7.3　后续研究及尚可进一步展开的内容

文化人类学中的生计方式研究与生态建筑学中的传统聚落生态性营建研究都是具有复杂内容的学术体系，生计方式作为本土经济文化类型作用于生态环境的中介和枢纽，是研究聚落与自然生态联系的重要切入点，本书的研究综合了两个学术领域的相关内容，为聚落营建研究提供了新的视角。

本书从生计方式的角度，对特定区域聚落在建立自然与人之间的良性生态关系的模式及生成规律上进行了梳理和探索。但是由于时间和篇幅所限，本书对乡村发展过程中，新的生计方式在当今村落环境生态适应性营建与发展中理论与实践指导作用及其具体方法方面尚未触及，今后可进一步展开研究。

参考文献

[1] 任艺林 .“环境”观念溯源—— 一种整体系统性设计观念的诞生 [J]. 装饰，2018（01）：86.

[2] 刘先觉 . 现代城市发展中面临的生态建筑学新课题 [J]. 建筑学报，1995（02）：11.

[3] 王绍增 . 论 LA 的中译名 [J]. 中国园林，1994（04）：58-59.

[4] 王绍增 . 园林、景观与中国风景园林的未来 [J]. 中国园林，2005（03）：24-27.

[5] 李根蟠 . 自然生产力与农史研究（中篇）农业中的自然生产力和自然生产率 [J]. 中国农史，2014（03）：9.

[6] 李劼 . 生计方式与生活方式之辨 [J]. 中央民族大学学报（哲学社会科学版），2016（01）：45.

[7] 浦欣成，王竹 . 国内建筑学及其相关领域的聚落研究综述 [J]. 建筑与文化，2012（09）：15.

[8] Schjellerup Inge.La Morada. A Case Study on the Impact of Human Pressure on the Environment in the Ceja de Selva，Northeastern Peru[J]. AMBIO，2000，29（07）：451-454.

[9] Glenn D. Ston.Settlement Ecology：The Social and Spatial Organization of Kofyar Agriculture[M].Tucson University of Arizona Press，1996.

[10] Saleh MAE.Value assessment of cultural landscape in Al′ kas settlement，southwestern Saudi Arabia[J].AMBIO，2000，29（02）：60-66.

[11] Tripathi RS.Sah VK.Material and energy flows in high-hill，mid-hill and valley farming systems of Garhwa lHimalaya[J] .Agric Ecosyst Environ，2001，86（01）：75-91.

[12] Robert Chambers，Gordon R. Conway.Sustainable Livelihoods：Practical Concepts for the 21st Century[J].IDS Discussion，1992，52：296.

[13] Sen，A.K.Editorial：Human Capital and Human Capability[J].World Development，1997，25（12）：1959-1961.

[14] Scoones，I：Sustainable Rural Livelihoods：A Framework for Analysis[R].Working Paper.No.72，Brington：Institute of Development Studies，1998.

[15] Frank Ellis.Rural Livelihoods and Diversity in Development Countries[M].New York：Oxford University Press，2000.

[16] Victor Olgyay，Aladár Olgyay. Design with Climate：Bioclimatic Approach to Architectural Regionalism[M]. New Jersey：Princeton University Press，1963.

[17] Givoni，B. Climate Consideration in Building and Urban Design[M]. New York：Van Nostrand Reinhold Ltd.，1997.

[18] Paul Oliver. Dwelling：The Vernacular House World Wide[M]. Phaidon Press Ltd.，2003.

[19] 张芳 . 明清时期南方山区的垦殖及其影响 [J]. 古今农业，1995（04）：15.

[20] 韩荣培 . 贵州经济文化类型的划分及其特点 [J]. 贵州民族研究，2002（04）：63.

[21] 许怀林 . 江西历史上经济开发与生态环境的互动变迁 [J]. 农业考古，2000（03）：110.

[22] 黄志繁 . 清代赣南的生态与生计——兼析山区商品生产发展之限制 [J]. 中国农史，2003（03）：96.

[23] 潘莹 . 简析明清时期江西传统民居形成的原因 [J]. 农业考古，2006（03）：179.

[24] 潘莹 . 论江西传统聚落布局的模式特征 [J]. 南昌大学学报（人文社会科学版），2007（05）：94.

[25] 李国香 . 江西民居群体的区系划分 [J]. 南方文物，2001（02）：100.
[26] 潘莹 . 比较视野下的湘赣民系居住模式分析——兼论江西传统民居的区系划分 [J]. 华中建筑，2014（07）：143.
[27] 潘莹 . 江西传统民居的平面模式解读 [J]. 农业考古，2009（03）：197.
[28] 潘莹 . 探析赣中吉泰地区“天门式”传统民居 [J]. 福建工程学院学报，2004（03）：94.
[29] 万幼楠 . 赣南客家民居“盘石围”实测调研——兼谈赣南其它圆弧型“围屋”民居 [J]. 华中建筑，2004（04）：128.
[30] 鲁西奇 . 南方山区经济开发的历史进程与空间展布 [J]. 中国历史地理论丛，2010（04）：33.
[31] 曹树基 . 明清时期的流民和赣北山区的开发 [J]. 中国农史，1986（07）：14.
[32] 卢锋 . 精耕细作的技术体系——我国传统农业生产力系统考察之二 [J]. 生产力研究，1988（02）：52.
[33] 李根蟠 .“天人合一”与“三才”理论为什么要讨论中国经济史上的“天人关系”[J]. 中国经济史研究，2000（03）：7.
[34] 郑冬香，曾健雄 . 论自然环境变化的记述和意义——以第二轮《铅山县志》为例 [J]. 中国地方志，2015（07）：18-19.
[35] 上海市文物管理委员会 . 马桥 1993-1997 年发掘报告 [M]. 上海：上海书画出版社，2002.
[36] 张文彤 . 干栏建筑演变过程中的人文地理效应 [J]. 新建筑，1994（01）：44-45.
[37] 李先逵 . 论干栏式建筑的起源与发展 [M]// 中国民族建筑研究会编 . 族群·聚落·民族建筑：国际人类学与民族学联合会第十六届世界大会专题会议论文集 . 昆明：云南大学出版社，2009：7-16.
[38] 杨庭硕 . 苗族传统生态知识的演变 [J]. 鄱阳湖学刊，2016（01）：68.
[39] 陈忠平 . 太湖流域市镇名称形成、演变的特点及其规律 [J]. 南京师范大学学报（社会科学版），1985（03）：92.
[40] 雍振华 . 周庄古镇建筑空间形态分析 [J]. 苏州科技学院学报（工程技术版），2008（03）：57.
[41] 徐谦、杨凯健、黄耀志 . 长三角水网地区乡村空间的格局类型、演变及发展对策 [J]. 农业现代化研究，2012（05）：337-340.
[42] 李伯重 . 明清时期江南水稻生产集约程度的提高——明清江南农业经济发展特点探讨之一 [J]. 中国农史，1984（04）：34.
[43] 周邦君 .《补农书》所见肥料技术与生态 [J]. 农业长江大学学报（自科版）农学卷，2009（03）：104.
[44] 赵思渊 . 在明清苏州地区巡检司的分布与变迁 [J]. 中国社会经济史研究，2010（03）：33.
[45] 郑曙旸 . 环境艺术设计概论 [M]. 北京：中国建筑工业出版社，2007.
[46] 卢升高主编 . 环境生态学 [M]. 杭州：浙江大学出版社，2010.
[47] 林耀华 . 民族学通论 [M]. 北京：中央民族大学出版社，1997.
[48] 古市彻雄 . 风·光·水·地·神的设计——世界风土中的睿智 [M]. 北京：中国建筑工业出版社，2006.
[49] 布野修司 . 世界住居 [M]. 北京：中国建筑工业出版社，2010.
[50] 周大鸣 . 文化人类学概论 [M]. 广州：中山大学出版社，2009.
[51] 段进 . 城镇空间解析——太湖流域古镇空间结构与形态 [M] . 北京：中国建筑工业出版社，2002.
[52] 段进 . 空间研究 1：世界文化遗产西递古村落空间解析 [M]. 南京：东南大学出版社，2009.
[53] 黄浩 . 江西民居 [M]. 北京：中国建筑工业出版社，2008.
[54] 李秋香 . 浙江民居 [M]. 北京：清华大学出版社，2010.
[55] 高鈐明，王乃香 . 福建民居 [M]. 北京：中国建筑工业出版社，1987.

[56] 李先逵．四川民居 [M]. 北京：中国建筑工业出版社，2009.
[57] 柳肃．湘西民居 [M]. 北京：中国建筑工业出版社，2008.
[58] 江西省水利厅．江西省水利志 [M]. 南昌：江西科学技术出版社，1995.
[59] 游天林．铅山古建揽胜 [M]. 杭州：西泠印社出版社，2007.
[60] 顾朝林，甄峰，张京祥．集聚与扩散——城市空间结构新论 [M]. 南京：东南大学出版社，2000.
[61] 齐康．江南水乡一个点——乡镇规划的理论与实践 [M]. 南京：江苏科学技术出版社，1990.
[62] 贵溪县志．刻本．清同治．
[63] 程宗锦．江西五大河流科学考察 [M]. 南昌：江西科学技术出版社，2009.
[64] 大明一统志．刻本．明．
[65] 广信府志．刻本．清同治．
[66] 顾祖禹．读史方舆纪要 [M]. 北京：中华书局，2005.
[67] 嘉庆重修一统志・刻本．清嘉庆．
[68] 范大成．范大成笔记六种 [M]. 北京：中华书局，2002.
[69] 江西省大志．刻本．明万历．
[70] 西江志．刻本．清康熙．
[71] 安仁县志．刻本．清同治．
[72] 余干县志．刻本．清同治．
[73] 广信府志・刻本．清乾隆．
[74] 上饶县志．刻本．清同治．
[75] 玉山县志．刻本．清同治．
[76] 司马迁．史记 [M]. 北京：中华书局，1963.
[77] 铅山县志．刻本．清同治．
[78] 班固．汉书 [M]. 北京：中华书局，1964.
[79] 夏征农，陈至立．辞海（第六版）[M]. 上海：辞书出版社，2009.
[80] 铅山县县志编纂委员会．铅山县志 [M]. 海口：海南出版社，1990.
[81] 吴越春秋 [M]. 南京：江苏古籍出版社，1986.
[82] 陈寿．三国志 [M]. 北京：中华书局，1959.
[83] 徐松．宋会要辑稿 [M]. 北京：中华书局，1957.
[84] 严如熤．三省边防备览．刻本．清道光．
[85] 刘熙．释名 [M]. 北京：中华书局，1985.
[86] 胡平生，陈美兰．礼记 [M]. 北京：中华书局，2007.
[87] 笪继良．铅书食货第五．铅山县志网 .http：//ysxz.net/Html/yanshu/index.htm.
[88] 毛刚．生态视野．西南高海拔山区聚落与建筑 [M]. 南京：东南大学出版社，2003.
[89] 周振甫．诗经译注 [M]. 北京：中华书局，2002.
[90] 潘吉星．中国造纸史话 [M]. 北京：商务印书馆，1998.
[91] 施坚雅主编．中华帝国晚期的城市 [M]. 北京：中华书局，2000.
[92] 鹰潭市志编纂委员会．鹰潭市志 [M]. 北京：方志出版社，2003.
[93] 贵溪县志编纂委员会．贵溪县志 [M]. 北京：中国科学技术版社，2003.
[94] 灵山志编纂委员会．灵山志 [M]. 北京：方志出版社，2002.
[95] 福建省地方志编纂委员会．福建省志．武夷山志 [M]. 北京：方志出版社，2004.

[96] 袁康，吴平．越绝书全译 [M]. 贵阳：贵州人民出版社，1996.
[97] 朱彬．礼记训纂 [M]. 北京：中华书局，1996.
[98] 孔安国．尚书正义 [M]. 北京：北京大学出版社，1999.
[99] 铅山县志．刻本．清乾隆．
[100] 张双棣，张万彬，殷国光，陈涛．吕氏春秋译注 [M]. 长春：吉林文史出版社，1987.
[101] 梁启雄．荀子简释 [M]. 北京：中华书局，1983.
[102] 万丽华，蓝旭．孟子 [M]. 北京：中华书局，2007.
[103] 张道一．考工记译注 [M]. 西安：陕西人民美术出版社，2004.
[104] 黎翔凤，梁运华．管子校注（上、下）[M]. 北京：中华书局，2004.
[105] 魏元旷等编纂．西山志略 云居山志 武功山志 怀玉山志 华盖山志 [M]. 南昌：江西人民出版社，2002.
[106] （南宋）陈旉．万国鼎校注．陈旉农书集注 [M]. 北京：农业出版社，1965.
[107] 上饶县县志编纂委员会．上饶县志 [M]. 北京：中共中央党校出版社，1993.
[108] 江西内河航运史编审委员会．江西内河航运史 [M]. 北京：人民交通出版社，1991.
[109] 徐弘祖．徐霞客游记 [M]. 上海：上海古籍出版社，2010.
[110] 张履祥．补农书校释 [M]. 北京：农业出版社，1983.
[111] 宋应星．天工开物译注 [M]. 上海：上海古籍出版社，1998.
[112] 李允鉌．华夏意匠 [M]. 天津：天津大学出版社，2008.
[113] 马炳坚．中国古建筑木造营建技术 [M]. 北京：科学出版社，1991.
[114] 麦克哈格．设计结合自然 [M]. 天津：天津大学出版社，1992.
[115] 计成．园冶 [M]. 北京：中华书局，2011.
[116] 杨庭硕，罗康隆．西南与中原 [M]. 昆明：云南教育出版社，1992.
[117] 胡振洲．聚落地理学 [M]. 三民书局印行，1977.
[118] 熊小群，杨荣清．江西水系 [M]. 武汉：长江出版社，2007.
[119] 董天工．武夷山志 [M]. 北京：方志出版社，2007.
[120] 婺源县志．刻本．清光绪．
[121] 娄尽垣．龙虎山志 [M]. 南昌：江西人民出版社，1996.
[122] 金其铭．农村聚落地理 [M]. 北京：科学出版社，1988.
[123] 左大康．现代地理学辞典 [M]. 北京：商务印书馆，1990.
[124] 韩大成．明代城市研究 [M]. 北京：中华书局，2009.
[125] 石拓．中国南方干栏及其变迁研究 [M]. 广州：华南理工大学出版社，2016.
[126] 《龙虎山志》编纂委员会．龙虎山志 [M]. 南昌：江西科学技术出版社，2007.
[127] 江西省地方志编纂委员会．江西省志 [M]. 北京：人民交通出版社，1994.
[128] 上饶市信州区地方志编纂委员会．上饶市志 [M]. 北京：方志出版社，2005.
[129] 铅山县林业局编．江西省铅山县林业志 [M]. 铅山：铅山县林业局，1993.
[130] 虞文霞，王河．宋代江西文化史 [M]. 南昌：江西人民出版社，2012.
[131] 王仲奋．婺州民居营建技术 [M]. 北京：中国建筑工业出版社，2014.
[132] 杰拉尔德·G. 马尔腾．人类生态学——可持续发展的基本概念 [M]. 北京：商务印书馆，2012.
[133] 刘沛林．古村落：和谐的人聚空间 [M]. 上海：上海三联书店，1997.
[134] 唐纳德·沃斯特．自然的经济体系：生态思想史 [M]. 北京：商务印书馆，1999.
[135] 宋永昌，由文辉，王祥荣．城市生态学 [M]. 上海：华东师范大学出版社，2000.

[136] 伯纳德・鲁道夫斯基．没有建筑师的建筑：简明非正统建筑导论 [M]. 天津：天津大学出版社，2011.

[137] 南・艾琳．后现代城市主义 [M]. 上海：同济大学出版社，2007.

[138] 余英．中国东南系建筑区系类型研究 [M]. 北京：中国建筑工业出版社，2001.

[139] 陈纪凯．适应性城市设计：一种实效的城市设计理论及应用 [M]. 北京：中国建筑工业出版社，2004.

[140] 程菲．闽浙地区贯木拱廊桥营造技艺 [M]. 合肥：安徽科学技术出版社，2013.

[141] 钱达，雍振华．苏州民居营建技术 [M]. 北京：中国建筑工业出版社，2014.

[142] 崔晋余．苏州香山帮建筑 [M]. 北京：中国建筑工业出版社，2004.

[143] 张玉瑜．福建传统大木匠师技艺研究 [M]. 南京：东南大学出版社，2010.

[144] 姚承祖．营造法原 [M]. 北京：中国建筑工业出版社，1986.

[145] 周芬芳，陆则起，苏旭东．中国木拱桥传统营造技艺 [M]. 杭州：浙江人民出版社，2011.

[146] 唐寰澄．中国木拱桥 [M]. 北京：中国建筑工业出版社，2010.

[147] 李泽厚．中国古代思想史论 [M]. 北京：人民出版社，1986.

[148] 余谋昌．生态哲学 [M]. 西安：陕西人民出版社，2000.

[149] 乐爱国．管子的科技思想 [M]. 北京：科学出版社，2004.

[150] 雷毅．生态伦理学 [M]. 西安：陕西人民教育出版社，2000.

[151] 戴斯・贾丁斯．环境伦理学：环境哲学导论 [M]. 北京：北京大学出版社，2002.

[152] 吴庆洲．建筑哲理、意匠与文化 [M]. 北京：中国建筑工业出版社，2005.

[153] 林宪德．建筑风土与建筑节能设计亚热带气候的建筑外壳节能设计 [M]. 台北：詹氏书局，1977.

[154] （美）纳赫姆・科恩著．城市规划的保护与保存 [M]. 王少华，译．北京：机械工业出版社，2004.

[155] 刘致平．中国居住建筑简史 [M]. 北京：中国建筑工业出版社，2000.

[156] 刘敦祯．中国住宅概说 [M]. 北京：中国建筑工业出版社，2004.

[157] 王其钧．民居城镇 [M]. 上海：上海人民美术出版社，1996.

[158] 刘岳超．湿热环境对传统民居的影响．中国传统民居与文化（一）[M]. 北京：中国建筑工业出版社，1991.

[159] 东南大学建筑系徽州文物管理所．徽州古建筑丛书——渔梁 [M]. 南京：东南大学出版社，1998.

[160] 东南大学建筑系徽州文物管理所．徽州古建筑丛书——瞻淇 [M]. 南京：东南大学出版社，1996.

[161] 荆其敏．中国传统民居 [M]. 天津：天津大学出版社，1999.

[162] 叶歆．建筑热环境 [M]. 北京：清华大学出版社，1996.

[163] 王绍周．中国民族建筑 [M]. 南京：江苏科学技术出版社，1998.

[164] 亚历山大．建筑模式语言 [M]. 北京：知识产权出版社，2002.

[165] 祝亚平. 道家文化与科学 [M]. 合肥：中国科技大学出版社，1995.

[166] 冯友兰．中国哲学史新编 [M]. 北京：人民出版社，1998.

[167] 卜工．文明起源中国模式 [M]. 北京：科学出版社，2007.

[168] 阿诺德・汤因比．人类与大地母亲 [M]. 上海：上海人民出版社，1992.

[169] 克利夫・芒福汀．绿色尺度 [M]. 北京：中国建筑工业出版社，2004.

[170] 琳恩・伊丽莎白，卡萨德勒・亚当斯．新乡土建筑——当代天然建造方法 [M]. 北京：机械工业出版社，2005.

[171] 原广司．世界聚落的教示 100[M]. 北京：中国建筑工业出版社，2003.

[172] 张立文．和合哲学论 [M]. 北京：人民出版社，2004.

[173] 袁鼎生．审美生态学 [M]. 北京：中国大百科全书出版社，2002.

[174] 夏云，夏葵，施燕 . 生态与可持续建筑 [M]. 北京：中国建筑工业出版社，2006.
[175] 周曦，李湛东 . 生态设计新说 [M]. 南京：东南大学出版社，2003.
[176] 吴良镛 . 人居环境科学导论 [M]. 北京：中国建筑工业出版社，2001.
[177] 傅伯杰，王仰麟 . 景观生态学原理及应用 [M]. 北京：科学出版社，2001.
[178] （美）彼得·沃克，梅拉妮·西莫 . 看不见的花园 [M]. 王建，王向荣，译 . 北京：中国建筑工业出版社，2008.
[179] 俞孔坚，李迪华 . 反规划途径 [M]. 北京：中国建筑工业出版社，2005.
[180] 中国农业百科全书编辑委员会农业历史卷编辑委员会 . 中国农业百科全书：农业历史卷 [M]. 北京：中国农业出版社，1995.
[181] 叶群英 . 明清（1368-1840）信江流域市镇的历史考察 [D]. 南昌：江西师范大学，2004.
[182] 朱仁乐 . 20 世纪 30 至 40 年代赣北地区农家生计研究 [D]. 上海：华东师范大学，2016.
[183] 李慧 . 明清长江三角洲地区城镇化及城镇体系研究 [D]. 天津：天津大学，2007.
[184] 张华 . 江南水乡村镇住宅自然通风设计研究 [D]. 南京：东南大学，2016.
[185] 荣侠 .16-19 世纪苏州与徽州民居建筑文化比较研究 [D]. 苏州：苏州大学，2017.
[186] 朱炜 . 基于地理学视角的浙北乡村聚落空间研究 [D]. 杭州：浙江大学，2009.
[187] 赵群 . 传统民居生态建筑经验及其模式语言研究 [D]. 西安：西安建筑科技大学，2004.
[188] 朱怀 . 基于生态安全格局视角下的浙北乡村景观营建研究 [D]. 杭州：浙江大学，2014.

后 记

本书的撰写，是在周浩明教授的指导下完成的，在此衷心感谢周浩明教授对本人的悉心指导。周浩明教授提出了很多宝贵意见，他不厌其烦、严谨认真的治学态度深深地影响着我。在日常生活与工作中，导师的关怀与照顾亦让我心怀感恩，他的言传身教将使我终生受益。

感谢清华大学美术学院环境艺术设计系诸多老师的支持。在本书撰写期间，与他们的讨论使我开阔了课题研究的观察角度，促进了课题研究的探索深度。

在考察与调研的过程中，十分感谢上饶市城乡建设局、鹰潭市城乡规划设计研究院、江西河口文化旅游有限公司、铅山县石塘镇人民政府、鹰潭市月湖区四青乡西门村委各位领导的支持。并在此对铅山县石塘镇的卢志坚老先生、河口古镇的杨必源老先生致以深深的谢意。两位热心的老先生分别从当地的传统营建技艺与河口古镇历史资料方面为本书提供了大量的信息与资源。

感谢我的父母以及姬凌、祝家炎、潘自洪等各位亲友们对我在研究上的支持、帮助。就本课题研究内容而言，我的亲友们不仅仅为我提供了考察期间生活、出行上的帮助，还为我提供了最为直接的研究素材与资源。

特别感谢我的妻子华亦雄，在本书写作过程中，她不仅在日常生活上给以我精心的照顾，还作为第一读者和批评者，为本书的完善提出了许多宝贵的意见与建议。